GESCHICHTE DER
UNTERSEEBOOTE

Die französischsprachige Originalausgabe erschien 2002 unter dem
Titel »Histoire des sous-marins des origins à nos jours« bei E-T-A-I, Frankreich.
Copyright © 2002 by E-T-A-I.

First published in Germany by Motorbuch Verlag.

Deutsche Fassung: Kathrin Schultze-Lohölter

Einbandgestaltung: Luis Dos Santos
Graphische Gestaltung: Anne Chaponnay

Bildnachweis: Siehe Kapitel VII, letzte Seite.

ISBN 978-3-613-02791-6

1. Auflage 2007

Sie finden uns im Internet
unter www.motorbuch.de

Lektor: Joachim Köster
Druck und Bindung: Fortuna Print Export, 85101 Bratislava
Printed in Slovak Republic

Geschichte der Unterseeboote

Jean-Marie Mathey
Alexandre Sheldon-Duplaix

Motorbuch Verlag

INHALTSVERZEICHNIS

Bakterien und Bewohner der Unterwelt haben mit der Schwerkraft eines gemeinsam: Man kann sie nicht mit bloßem Auge sehen, weshalb einige an ihrer Existenz zweifeln. Aber diejenigen, die sich ihrer Präsenz bewusst sind, weil sie ihre Wirkung wahrnehmen, hüten sich vor ihnen, da sie sie weder beherrschen noch lenken können.

Die U-Boote fallen ebenfalls in diese Kategorie: Sie sind unsichtbar und für unser Auge nur erkennbar, wenn sie sich außerhalb ihrer gewohnten Umgebung aufhalten oder gebaut werden, also bevor sie ins Wasser gleiten. Dennoch existieren sie und bewegen sich unablässig außerhalb unseres Blickfeldes. Die Faszination für diese wunderbaren oder entsetzlichen tauchenden Maschinen und ihre Besatzungen ist ungebrochen.

Sie sind wie Bakterien: Sie können Gutes wie auch Schlechtes vollbringen, sie reparieren Ölleitungen oder töten ohne Vorwarnung. Wie die Bewohner der Unterwelt wollen sie kämpfende Kräfte ins Gleichgewicht bringen, wobei sie häufiger auf der Seite von David als von Goliath stehen. Sie sind wie die Schwerkraft allgegenwärtig und wegen der von ihnen ausgehenden Bedrohung von Strategen gefürchtet.

Die folgende Abhandlung öffnet die Tür zur unbekannten Welt der U-Boote. Sie ist ein Versuch, die großen Etappen der Geschichte der U-Boote durch die Beschreibung der verschiedenen militärischen und zivilen U-Boot-Familien, die auf den Weltmeeren existieren, darzustellen.

In den folgenden sieben Kapiteln soll die Entwicklung der Konzeption und des Einsatzes militärischer und ziviler U-Boote beschrieben werden. Zunächst versuchten die Taucher mit Glocken wertvolle Wrackteile (Artillerie) aus dem Meer zu bergen. Im 19. Jahrhundert tauchte ein neues Instrument des Seekriegs in Form eines mit Sprengstoff und später Torpedos beladenen Geräts zur Verteidigung der Reede auf, das Unterwasserboot. Um die Jahrhundertwende kam ein tauchfähiges Torpedoboot, das Tauchboot, hinzu.

Das tauchfähige Torpedoboot setzte sich gegenüber seinem Konkurrenten, dem Unterwasserboot, durch und war in der ersten Hälfte des 20. Jahrhunderts in den traditionellen Marinen weit verbreitet. Aufgrund seiner Form konnte es sich schnell und gut über Wasser fortbewegen. Es tauchte, um anzugreifen. Das Torpedoboot galt zunächst als Schiffswaffe des Schwachen gegen die überlegenen Schlachtschiffe des Stärkeren. Später wurde es jedoch zur Waffe des totalen Krieges, die die Wirtschaft des Gegners in beiden Weltkriegen blockierte und lahmlegte.

Das Unterseeboot, welches das Überleben der Nationen bedrohte, verschlang erhebliche Mittel. So kamen im Zweiten Weltkrieg neue Techniken wie das Sonar oder der Radar zum Einsatz, die das Navigieren über Wasser, auch in der Nacht, für das U-Boot zu einem riskanten Unternehmen machten. Das U-Boot musste unter Wasser bleiben. Die Holländer entwarfen einen Luftmasten, der von den Deutschen in Form eines Schnorchels optimiert wurde. Auf diese Weise war die Fahrt mit Dieselantrieb auch auf Sehrohrtiefe möglich und die Batterien konnten unentdeckt von den Radars wieder aufgeladen werden. Gleichzeitig erhöhte sich mit der Einführung des Elektroboots vom Typ XXI, einem echten U-Boot, das die großen Marinen kurz vor Beginn des Kalten Krieges zu kopieren versuchten, die Energiespeicherkapazität der Batterieelemente um mehr als das Doppelte.

Im folgenden Jahrzehnt wurden die Arbeiten an einem neuen luftunabhängigen Antrieb durch den Atomreaktor, der das U-Boot endgültig von der Oberfläche unabhängig machte, verdrängt. Die Beschaffung beschränkte sich wegen der hohen Kosten auf wenige Nationen: die fünf ständigen Mitglieder im Sicherheitsrat.

Das mit ballistischen Flugkörpern von immer größerer Reichweite bewaffnete U-Boot konnte nun in Gewässern operieren, die immer weiter vom Feind entfernt lagen und wurde zu einer totalen Abschreckungswaffe. Die Protagonisten bekämpften sich in einer heimlichen Treibjagd, die bis zu den eisigen Gewässern der Arktis reichte. Der Kampf zwischen U-Booten, die Träger des Feuers der Apokalypse waren, und U-Jagd-U-Booten entschied sich in einem Wettlauf um die Lautlosigkeit, bei dem sich die Amerikaner zunächst als die Stärkeren erwiesen, die Sowjets ihren Rückstand jedoch teilweise aufholten, als sie sich ihrer Verwundbarkeit bewusst wurden.

Mit dem Ende des Kalten Krieges änderte sich die Art der Konfrontation. Das U-Boot, das bis dahin auf den Ozeanen kämpfte, hielt sich nun wieder in Küstengewässern auf, von wo aus es mit seinen neuen Marschflugkörpern mit konventionellem Gefechtskopf Ziele weit im Landesinneren bekämpfen konnte. Diese neue Kombination im Dienste der »Hypermacht« USA interessierte auch andere Nationen und könnte durch die Ergänzung eines von Torpedorohren eines konventionellen U-Boots aus abgefeuerten Flugkörpers mit einem atomaren oder chemischen Sprengkopf zur Abschreckungswaffe der Armen werden. China baute in dieser Zeit sein Potenzial an strategischen und hochseefähigen U-

Booten durch die Einführung eines Langstreckenflugkörpers aus, während Indien und Brasilien den langen Weg beschritten, der zum Besitz eines Atom-U-Boots führte.

Spezialoperationen und Mini-U-Boote erfordern eine gesonderte Behandlung. Diese Form des gewagten Kampfes wurde von Italien im 2. Weltkrieg erfolgreich praktiziert. Die Ergebnisse waren jedoch unbedeutend, wie die hohen Verluste von deutschen und japanischen Klein-U-Booten in den letzten Kriegsmonaten zeigten. Solche Spezialoperationen gab es auch in der Folgezeit. Sie waren für den Einsatz von Seestreitkräften in Küstengewässern von großem Interesse.

Forschung, Rettung, Handel: Das militärische U-Boot findet im zivilen Bereich Anwendung ebenso wie zivile U-Boote zuweilen das Interesse der militärischen Seite wecken. Diese Wechselbeziehung inspirierte die Entwicklung der Meerestechnik und der Unterwasserforschung im 20. Jahrhundert.

Jean-Marie Mathey hat die Kapitel 6 und 7, Alexandre Sheldon-Dupleix die Kapitel 3, 4 und 5 verfasst. Die Kapitel 1 und 2 sowie die eingerahmten Texte und die Tabellen der Kapitel 6 und 7 sind ein Gemeinschaftswerk. Die Autoren verwendeten für ihre Arbeit die Referenzwerke mehrerer Forscher:

– Die Geschichte der U-Boot-Operationen in den beiden Weltkriegen von Vizeadmiral Hezlet (Royal Navy),
– Die Geschichte der U-Boote in der ersten Hälfte des 20. Jahrhunderts von Dr. E. Bagnasco,
– Die technische Geschichte der amerikanischen U-Boote und der Unterwasserwaffen von Dr. N. Friedman,
– Die technische Geschichte der sowjetischen U-Boote von den Ingenieuren Kapitän z.S. V.P. Kuzin, Kapitän z.S. V.I. Nikolski und A. Pawlow,
– Die technische Geschichte der französischen U-Boote von Kapitän z.S. C. Huan und G. Garier,
– Die technische Geschichte der deutschen U-Boote von Professor H. Rössler,
– Die technische Geschichte der japanischen U-Boote von N. Polmar und Carpenter,
– Die Entstehung der französischen Atom-U-Boote von Professor M. Vaisse,
– Die Geschichte der Unterwasserkriegführung im Kalten Krieg von Professor O. Cote und den Journalisten C. Drew und S. Sontag,
– Die Geschichte des chinesischen U-Boot-Programms von den Professoren J.W. Lewis und Xue Litai,
– Das britische Marineprogramm von Professor Eric Grove,
– Die U-Boote der Gegenwart von Flottillenadmiral Hervey (Royal Navy),
– Die Flotten der Gegenwart von A.D. Baker III, Kapitän z.S. B. Prézelin, Commodore S. Saunders (Royal Navy) und Kapitän z.S. R. Sharpe (Royal Navy).

Noch einige redaktionelle Anmerkungen: Die Namen der U-Boot-Klassen sind in Großbuchstaben und kursiv geschrieben. Die Namen der Boote sind in Kleinbuchstaben und kursiv gedruckt. Die russischen Namen werden in der deutschen Schreibweise angegeben mit Ausnahme der Fischnamen, die die NATO den jüngsten U-Boot-Klassen gegeben hat. Geschwindigkeit und Verdrängung werden zuerst über Wasser und dann unter Wasser angegeben. Die Leistung wird in Kilowatt ausgedrückt.

Jedes Kapitel endet mit einer Tabelle, die die Leistungsmerkmale der wichtigsten U-Boote und ihrer Bewaffnung enthält.

Das U-Boot *Gymnote* (1888) bei einer Erprobungsfahrt auf der Reede von Toulon um ca. 1900 nach Veränderung der Aufbauten.

KAPITEL I

VON DEN URSPRÜNGEN BIS ZU DEN KÜSTENVERTEIDIGUNGS-U-BOOTEN

Der Mensch ist dazu gemacht, auf festem Boden zu leben, Himmelsluft zu atmen, auf die Jagd zu gehen und zu angeln und das Wasser der Bäche zu trinken. In den Legenden der Volksüberlieferungen hat das Meer im Allgemeinen eine sehr negative Bedeutung. Es ist rau, riesig und kalt und wird nur von Dämonen und Monstern sowie von Drachen wie dem, den der Heilige Michael bezwang, und von Schlangen wie denen, die Laokoon töteten, oder von Sirenen, die die Seefahrer auf die Klippen locken, bewohnt. Unterwasserabenteuer kommen selten vor und enden häufig tragisch.

Der Absicht, nicht nur für einige Sekunden der Entspannung untertauchen zu wollen, wohnt also zumindest etwas Respektloses, wenn nicht sogar Rebellisches und Unvernünftiges inne. Die ersten Versuche, über die die Geschichte des Altertums berichtet, waren Unfälle (Jonas und der Wal) oder beruhten auf einer wirtschaftlichen Notwendigkeit wie die Perlenaustern-, Korallen-, Purpurschnecken- und Schwammfischerei und manchmal auch die Wracksuche.

Militärische Erwägungen markierten in der Folge das Überwinden bedeutender Etappen auf dem Weg ins 20. Jahrhundert, dem Jahrhundert der Luftfahrt und des Tauchens in den Tiefen des Ozeans mit persönlicher Ausrüstung und immer ausgeklügelteren Maschinen.

UNTER DER WASSEROBERFLÄCHE

Die ersten Taucher

Zahlreiche Quellen belegen, dass die Bewohner von Zivilisationen, die sich an den Ufern freundlicher Gewässer angesiedelt hatten, bereits sehr früh das Eintauchen in das Wasser und schließlich unter die Wasseroberfläche beherrschten. Die Geschichte der Technik beschreibt eine Vielzahl zerbrechlicher Teilerfolge auf dem Weg des Unterwasserabenteuers. Dieses setzte vier Bedingungen voraus:
– Eindringen unter die Wasseroberfläche, anschließend kontrolliertes Untertauchen und Wiederauftauchen,
– Möglichkeit des Atmens,
– Fortbewegen unter Wasser,
– Schutz vor den Gefahren einer solchen Operation (Erschütterungen, Kälte, Müdigkeit, Angriffe ...).

Die ersten Taucher begnügten sich damit, die beiden ersten Bedingungen zu erfüllen: untertauchen und wieder auftauchen sowie während des Tauchens die Luft anhalten oder mittels Rohren atmen.

So wussten beispielsweise die Assyrer, wie sie sich über Wasser halten konnten: Mit Hilfe von Lederschläuchen ließen sie sich im Strom der Flüsse treiben, wie auf Flachreliefs aus der Zeit Salmanazars des Zweiten im 9. Jahrhundert vor Christus zu erkennen ist. Die Lederschläuche dienten ihnen möglicherweise auch als Versteck. Schilfrohre ermöglichten dabei das Atmen. In griechischen Aufzeichnungen werden gelegentlich kühne Schwimmer und Schwimmerinnen erwähnt, die sich auf dem Meeresboden bewegten, um dort verschiedene Aufgaben militärischer Natur zu erfüllen (Durchtrennen der Ankerseile feindlicher Schiffe wie es Cyana, die Tochter von Scyllias, um 480 v. Chr. nach den Erzählungen Herodots getan hat, Verlassen einer belagerten Festung, Absägen von Pfählen, die die Schifffahrt behinderten). Der Beruf des Tauchers ist schriftlich belegt, jedoch wurde er nur von wenigen Spezialisten ausgeübt, wie aus den Aufzeichnungen hervorgeht. Das Problem der Fortbewegung unter Wasser war insbesondere in einer Welt, in der im Allgemeinen Tiere als Antriebsmittel dienten, schwer zu lösen, denn es gab keine Motoren. Auch Plinius der Jüngere vertritt in seiner bewundernswerten Geschichte vom Kind und dem Meer die poetische Sichtweise vom Delfin als ein dem Menschen freundlich gesonnenes Antriebsmittel.

Die Taucher sind die sportlichen und kühnen Verwandten der U-Boot-Fahrer. Denn ihre physische Kraft verleiht ihnen die Fähigkeit, sich fortzubewegen und mit nackter oder fast nackter Haut den Gefahren und Unbequemlichkeiten des Aufenthalts unter Wasser entgegenzutreten.

Cleopatra und Antonius auf einer Bootsfahrt (40 v. Chr.). Die Taucher von Cleopatra waren so positioniert, dass die Angelpartie garantiert ein Erfolg wurde ... mit geräuchertem Fisch.

Die ersten Tauchgeräte

Fast ein Jahrtausend lang kam das Eindringen unter die Wasseroberfläche nicht über das Anfangsstadium hinaus. Mit dem Auftauchen mechanischer Werkzeuge und Motoren zur Fortbewegung sowie von Metallgehäusen zum Schutz änderte sich jedoch das Aussehen der Welt.

Gegen Mitte des 2. Jahrtausends christlicher Zeitrechnung entdeckte die westliche Zivilisation die von den Arabern überlieferten Techniken der Antike wieder und nahm Verbindung zu den Chinesen auf. Die großen Entdeckungen zeigten rasch Wirkung in Form der Erschließung neuer Rohstoffe, der Erforschung neuer Materialien und der Entwicklung von Kommunikationsmitteln. Bis ca. 1900, d.h. vier Jahrhunderte lang, wurden parallel zwei Wege beschritten, um den Bedarf und die Neugier zu befriedigen: auf der einen Seite waren die Taucher mit ihrer Ausrüstung (Glocke, Tauchgerät), auf der anderen Seite die Unterwasserfahrzeuge (Boote oder Tauchwagen).

Nimmt man einmal die »gläserne Kugel«, derer sich Alexander der Große bei der Belagerung von Tyrus 332 v. Chr. bediente, aus, gehen die ersten von Reisenden beschriebenen Taucherglocken auf das 16. Jahrhundert zurück. Sie waren zunächst rund um das Mittelmeer (Nemisee 1531, Venedig 1540, 1552) und später fast im

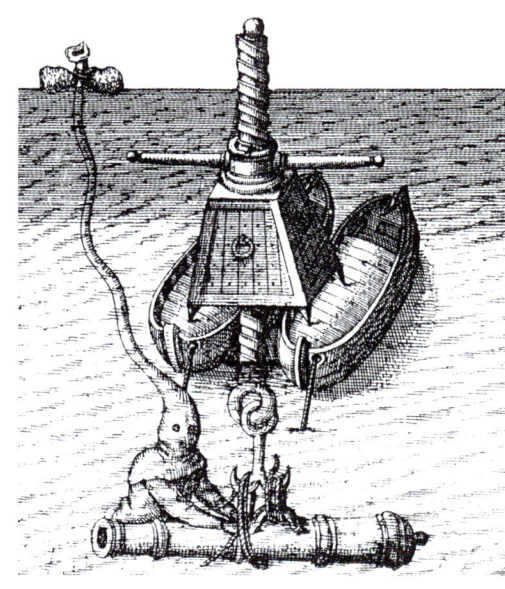

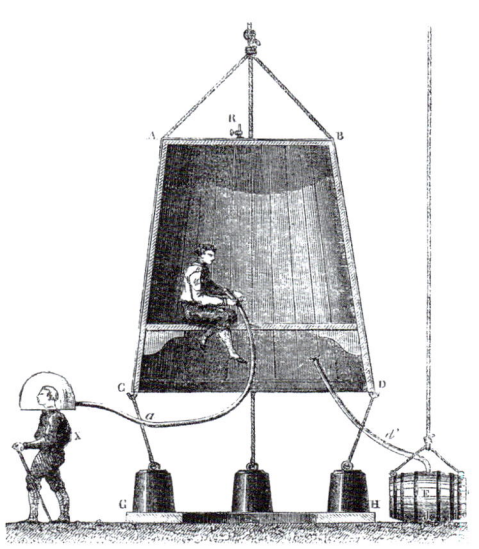

gesamten Westen (Portugal, 1538, Spanien 1540, Niederlande 1610, Großbritannien, Frankreich, Bayern 1678) zu finden. Die Techniken zum Bau von hölzernen und gläsernen Taucherglocken beschränkten sich zunächst auf die Kenntnisse der Handwerker der griechischen, persischen und römischen Antike. Mit Hilfe der Taucherglocke konnte ein teilweise erneuerbarer Atemluftvorrat für mehrere Taucher gebildet werden. Der Luftdruck in der Taucherglocke entsprach beim Untertauchen stets dem Wasserdruck, da der Boden der Glocke zum Meer hin offen war. So erklären sich auch die Form und der Name der Glocke. Es wurden verschiedene Vorrichtungen entworfen und erprobt, um die Luft in der Glocke, die durch das ausgeatmete Kohlendioxid schnell verbraucht war, zu erneuern. Dies geschah in der Regel durch Pumpen an der Oberfläche, doch es wurden auch verschiedene Mittel zur Reinigung der Luft in Betracht gezogen. Die Glocke erfüllte somit die Bedingungen der senkrechten Bewegung und der Luftzufuhr und bot außerdem einen einfachen Schutz gegen »Seeungeheuer«.

Eine Variante der Glocke war der mit Ballast beschwerte Tauchapparat – eine Art tragbare, wasserdichte, aber nicht druckfeste Glocke für einen Taucher – die kurze Spaziergänge am Meeresboden ermöglichte. Nach dem Tauchapparat von Borelli aus dem Jahr 1679 schien das von John Lethbridge 1715 entworfene und gebaute Fahrzeug der Vorläufer für eine ganze Reihe von Entwicklungen zu sein. Erwähnenswert sind in diesem Zusammenhang vor allem die Versuche von Fréminet in Paris 1771 (Luftei), die Arbeiten des Abbé de la Chapelle (er bildete aus den Worten *scaphos* Boot und *andros*

Unterwasserarbeiten im 17. Jahrhundert zur Bergung eines Artilleriegeschützes.

Haleys Tauchglocke von 1690: Der Luftschlauch für den Taucher diente gleichzeitig als Sprachrohr.

Tauchapparat von Klingert (1797).

ufttank von Klingert.

Tauchapparat von Klingert (1797): Der Taucher verfügte über eine Lampe und einen Lufttank, dessen Druck er verändern konnte.

11

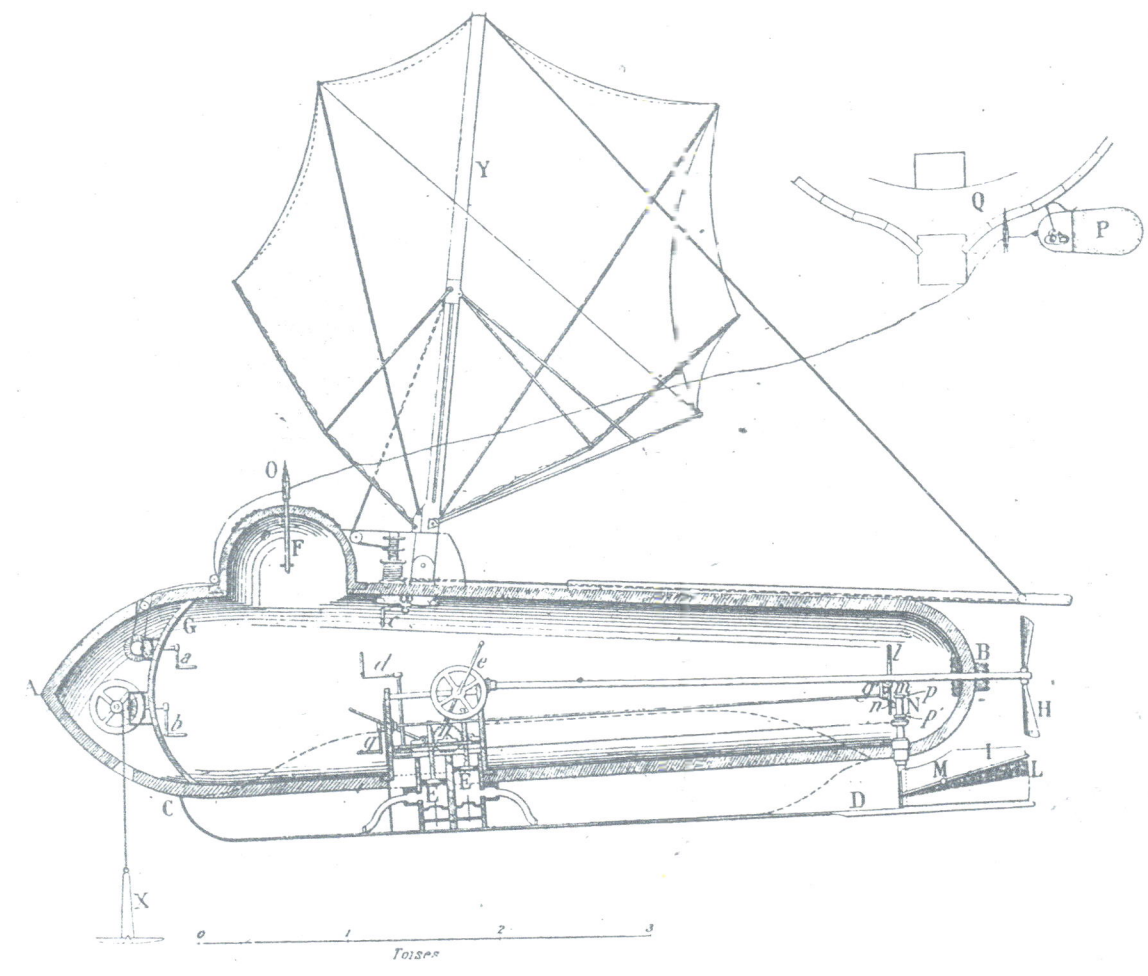

Skizze der bei Perrier in Paris (1800) gebauten *Nautilus* von Robert Fulton, die im September eine Fahrt im Ärmelkanal durchführte. Das Segel diente zur Fahrt an der Oberfläche.

Nikonow legte Zar Peter I. 1718 Pläne für ein mit Rudern angetriebenes U-Boot vor. Es sollte womöglich für eine Vorführung in Anwesenheit des Zars im Jahr 1720 gebaut werden.

Mensch das Wort *scaphandre* [Tauchapparat]), der Deutschen Klingert von 1797 und August Siebe von 1819 und der beiden Franzosen Rouquayrol und Denayrouze, die auf der Weltausstellung von 1867 für die Erfindung des Atemreglers mit dem Namen »Aerophore« ausgezeichnet wurden. Die mit Hilfe einer Pumpe an der Oberfläche mit Luft versorgten und durch ihre beschwerten Schuhe (daher auch der Spitzname »Schwerfüßler«) auf dem Grund gehaltenen Taucher führten unter Wasser die unterschiedlichsten Arbeiten durch (Sammeln von Muscheln, Bau von Häfen, Bergen von Wracks und sogar Schatzsuche). Mit der Physiologie des Tauchens und den Ursachen von Unfällen (Embolien durch Luftbläschen,

Lungenüberdruck, Sauerstoffvergiftung) beschäftigten sich vor allem der Franzose Paul Bert, dessen Hauptwerk 1878 veröffentlicht wurde, und der Brite John S. Haldane, der 1905 die ersten Dekompressionstabellen erstellte.

Der Brite Henry Fleuss (der 1872 den geschlossenen Kreislauf erfand) gefolgt von den Franzosen Georges Jaubert (Erfinder des Oxylit), Francis Boutan (der 1919 die Lufterneuerung erfand), Fernez und Yves Le Prieur (1926) und schließlich Jacques-Yves Cousteau und Emile Gagnan (Weiterentwicklung des »bedarfsgesteuerten« Atemreglers im Jahr 1943) gaben dem Tauchapparat die Unabhängigkeit und Tragbarkeit, die den heutigen sportlichen und kommerziellen Erfolg einer leichten und autonomen Variante gewährleisten, die den oben genannten vier Bedingungen im Großen und Ganzen entspricht.

Was den Weg der Unterwasserboote anbetraf, so wurde mit der Lösung des Problems der Fortbewegung der Grundstein für den langen Weg der Entwicklung der heutigen U-Boote gelegt.

DIE ENTSTEHUNG DES MILITÄRISCHEN U-BOOTS

Die ersten militärischen Tauchboote oder halbtauchenden Boote dienten dem Transport von Soldaten und dem Angriff von Schiffen, um diese anzubohren oder zu entern.

1472 entwarf der Venezianer Roberto Valturio ein mit einem dreiteiligen Wachstuch überzogenes Boot, das einen Fluss getaucht durchqueren und auf diese Weise nicht vom Feind entdeckt werden konnte. Der Geschichte der Nordländer Olaf des Großen zufolge stellten die Freibeuter von Grundtland (15. Jahrhundert) kleine, tauchfähige Barken aus Leder her, um damit den Rumpf der großen Handelsschiffe anzubohren. Ein Jahrhundert später beschrieb Jesuitenpater Georges Fournier die Taktik der Kosaken des polnischen Königs, die nachts die türkischen Galeeren angriffen, nachdem sie am Tage mit ihren Booten aus Kuhhaut untertauchten und mit Hilfe von Rohren atmeten. 1653 baute der Franzose de Son in Rotterdam ein zigarrenförmiges Gerät auf einem Querbalken aus Eisen mit einer Brücke. Es wurde von einem Schaufelrad in einem Behälter in der Mitte des Bootes mit Hilfe eines Uhrwerks für eine Dauer von acht Stunden angetrieben. Dieses Gerät sollte das feindliche Boot mit einem Stoß durchbrechen. Sein Erfinder pries es mit den folgenden Worten an: »Der Erfinder dieses Geräts kann versuchen, hundert Schiffe an einem Tag zu zerstören … und genauso schnell zu fahren, wie ein Vogel fliegen kann … Die Schiffe wägen sich zu Unrecht in Sicherheit in ihren Häfen, denn dieses Gerät kann sie überall aufspüren … «. Der Erfinder sagte eine für den 6. Juli 1654 geplante Vorführung ab und verschwand. 1718 legte Nikonow dem russischen Zar Peter I. Pläne für ein U-Boot vor.

Bushnell, Fulton und Bauer entwickelten die ersten mit Sprengstoff beladenen U-Boote zum Durchbrechen von Blockaden.

David Bushnell, Student an der Yale-University, beschrieb in einem Brief an den späteren amerikanischen Präsidenten Thomas Jefferson im Oktober 1787 ein Gerät, mit dem zum ersten Mal ein Schiff von einem U-Boot mit Sprengstoff angegriffen wurde: »Das Äußere glich zwei zusammengesetzten oberen Schildkrötenschalen gleicher Größe. … Das Innere konnte den Steuermann und genügend Luft für dreißig Minuten aufnehmen, ohne dass frische Luft zugeführt werden musste«. Bushnell setzte seine Schilderung mit dem Angriff dieses Geräts gegen ein britisches Flaggschiff im Jahr 1775 fort: »Nachdem ich mehrmals versucht hatte, einen Bediener zu finden, der meinen Vorstellungen entsprach, stieß ich schließlich auf jemanden, der geschickter zu sein schien als die anderen und den ich nach New York schickte, um dort ein Schiff mit fünfzig Geschützen, das in der Nähe von Governor's Island vor Anker lag, anzugreifen. Er tauchte mit dem Gerät unter das Schiff und versuchte, die Holzschraube am Schiffsrumpf anzubringen. Wie bereits vermutet, stieß er dabei jedoch auf eine

Eisenstange. Da er das Boot nicht besonders gut steuern konnte, entfernte er sich von dem Schiff in dem Glauben, entdeckt worden zu sein. Er ließ den Behälter mit 70 kg Sprengstoff zurück, um schneller vorwärts zu kommen. Nach einer Stunde war der Zeitzünder abgelaufen und die Ladung explodierte unter großem Lärm«.

Der Amerikaner Robert Fulton, ein leidenschaftlicher Mechaniker, schickte am 13. Dezember 1797 einen Brief an das Direktorium mit folgendem Wortlaut: »Angesichts der großen Bedeutung, die einer Verringerung der Macht der englischen Flotte zukäme, habe ich den Bau einer mechanischen *Nautilus* geplant. Ich bin sehr zuversichtlich, dass dieses Gerät in der Lage sein wird, die englische Marine zu vernichten; ich vertraue darauf, dass es durch die Praxis vollkommen wird«. Am 5. September 1789 empfahl die zur Prüfung von Fultons Projekt gebildete Kommission die Billigung des Vorhabens: »Lassen Sie uns zusammenfassen: Die vom Bürger Fulton geplante Waffe ist ein schreckliches Zerstörungsinstrument, dessen Einsatz geräuschlos ist und dem man nicht entrinnen kann; sie ist in besonderer Weise für die Franzosen geeignet, da ihre Marine (man könnte sagen zwangsläufig) schwächer ist als die ihres Gegners und damit die vollständige Vernichtung beider für sie von Vorteil wäre«. Fulton ließ seine *Nautilus* in der Werkstatt der Brüder Perrier in Paris bauen und führte erfolgreiche Tauchversuche in der Seine, in Rouen und in Le Havre durch. In La Hague versuchte er erfolglos, sich zwei englischen Briggs anzunähern und blieb sechs Stunden unter Wasser. Die Luftzufuhr erfolgte in dieser Zeit durch einen Schnorchel. Mit Hilfe der Wissenschaftler Laplace und Monge erhielt er schließlich die Unterstützung von Napoleon, was ihm die Durchführung eines Versuchs mit der *Nautilus* und Sprengstoffen (Juli 1801) ermöglichte.

Als die französische Marine zu der Überzeugung kam, dass der Einsatz eines Schiffs mit einer an einer Schleppleine befestigten Sprengladung vorteilhafter sei, stellte sie ihre Unterstützung für die *Nautilus* ein, und Napoleon wurde des Erfinders überdrüssig, der daraufhin seine Dienste Großbritannien anbot. Die Zerstörung einer 200-Tonnen-Brigg mit Hilfe von Unterwassersprengstoff in Anwesenheit von Premierminister Pitt und Marineminister Lord St. Vincent versetzte diese in Erstaunen. Großbritannien wollte zwar Minen in Boulogne einsetzen, doch von U-Booten wollte es lieber nichts wissen. Lord St. Vincent lehnte es ab, »eine Form der Kriegführung zu unterstützen, die von denjenigen, die die Meere beherrschen, nicht gewünscht wird und die uns, wenn sie Erfolg hat, der Seeherrschaft berauben wird«. 1805 wurde Fulton im *Naval Chronicle*, einer Marinezeitung, heftig kritisiert: »So wird man in Zukunft also Schlachten unter Wasser führen können! Unsere bedauernswerten Schlachtschiffe werden durch schreck-

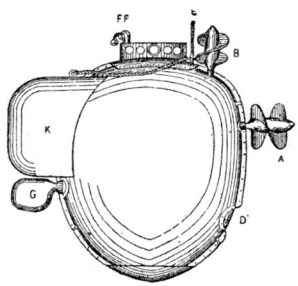

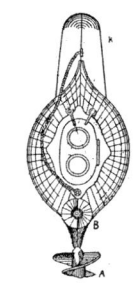

Die *Turtle* von Bushnell (1775–1777): Der Versuch, im September 1776 eine Sprengladung unter dem Flaggschiff *Eagle* anzubringen, scheiterte.

Der *Brandtaucher* von Bauer
(1850).

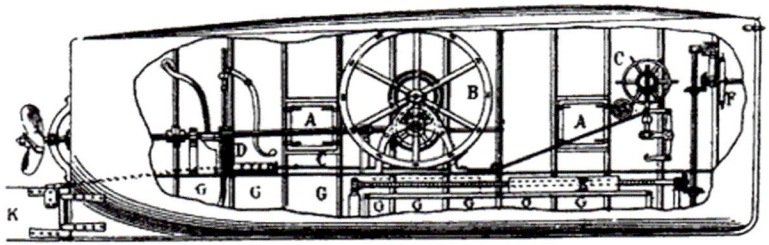

Probefahrt der *Plongeur*
(1863).

liche und unbekannte Geräte, unsere Fregatten durch Unterwasserminen, unsere Steuermänner durch Taucher und unsere mutigen Matrosen durch Mörder unter Wasser ersetzt werden!«

Fulton kehrte in die USA zurück, wo er neben seinen revolutionären Arbeiten an Dampfmaschinen ein weiteres U-Boot, die *Mute*, baute und 1815 vorzeitig starb.

Bestürzt über die Verwüstungen nach der Bombardierung der deutschen Küste durch die dänische Marine, entwarf ein Unteroffizier der Artillerie der schleswig-holsteinischen Armee namens Bauer den *Brandtaucher*, ein walfischartiges Gerät, das durch eine handbetriebene Schraube fortbewegt wurde. Das Tauchen erfolgte durch Fluten von Wasserballast, der zum Auftauchen mit Pumpen gelenzt wurde. Nach einer ersten Versuchsfahrt im Dezember 1850 zog sich die dänische Blockadeflotte weiter auf See zurück. Am 1. Februar brach Bauer in Begleitung von zwei Matrosen zu einer zweiten Versuchsfahrt auf. Die Eisenblechbeplankung wurde jedoch eingedrückt und das Schiff sank. Nach fünf Stunden in 18 Metern Tiefe gelang es der Besatzung, an die Oberfläche zurück zu schwimmen. Bauer fand in Großfürst Konstantin einen neuen Fürsprecher und setzte seine Arbeit unter strengster Geheimhaltung ab 1855 in Russland fort, wo er ein 15,8 m langes Gerät mit dem Namen *Seeteufel* baute, das immerhin 134 Tauchfahrten vor der Küste von Kronstadt durchführte. Er erhielt das Patent und den Rang des Submarine-Ingenieurs und

wurde mit dem Bau einer Untersee-Korvette mit 24 Kanonen beauftragt. Der wegen seines Erfolgs von den Ingenieuren der Admiralität verachtete und beneidete Bauer nahm schließlich seinen Abschied. Er starb vergessen 1875 in München.

Der Krim-Krieg (1853–1855) hatte zwar den Anstoß für eine Reihe von Erfindungen gegeben, aber die ersten Erfolge im Kampf sollte erst der amerikanische Bürgerkrieg (1861–1865) bringen. Die Konföderierten versuchten mit Hilfe des technischen Fortschritts die Blockade der Nordstaaten zu brechen. Sie bauten deshalb mehrere mit einer Dampfmaschine oder Kurbel angetriebene Torpedoboote, die mit einer an einer Stange befestigten Sprengladung bewaffnet waren. In der Nacht zum 5. Oktober 1863 nahm ein dampfangetriebener David unter dem Kommando von Leutnant Glassell in Begleitung von zwei Offizieren Kurs auf das vor Charleston liegende Panzerschiff New Ironsides. Das Torpedoboot wurde durch die Explosion der Ladung zerstört, das Panzerschiff indessen nur beschädigt. Der erste Erfolg sollte sich am 17. Februar 1864 einstellen.

Nach drei Untergängen (von denen der letzte den Entwickler Hunley das Leben kostete), zündete die mit der Kraft von acht Freiwilligen angetriebene *Hunley* unter dem Kommando von Leutnant Dixon an der Munitionskammer der Nordstaaten-Fregatte *Housatonic* eine Sprengladung und versenkte sie. Der Erste Offizier der Fregatte schilderte den Angriff wie folgt: »Gegen 20.45 Uhr entdeckte der Wachoffizier etwas im Wasser, das sich in etwa 100 Meter Entfernung vom Bug bewegte. Möglicherweise eine schwimmende Planke. Innerhalb von zwei Minuten hatte der Gegenstand das Schiff erreicht. Inzwischen war die Ankerkette geslipt worden, die Maschinen gingen rückwärts und alle Mann waren auf Gefechtsstation befohlen worden. Kurz darauf traf das Torpedoboot das Schiff vor dem Großmast an Steuerbordseite in Höhe der Pulverkammer. Es war unmöglich, das Boot mit Kanonen zu beschießen. Eine Minute später kam es zur Explosion, das Schiff sank über das Heck, im Sinken nach Backbord kenternd. Der größte Teil der Besatzung rettete sich in die Takelage und wurde von den Beibooten der *Canandaigua* aufgenommen«. Dixon und seine Männer kamen bei der Explosion ums Leben. Ihr Boot wurde 146 Jahre später gehoben.

Das militärische Potenzial eines Unterwassergeräts war damit zwar bewiesen worden, der Bau einer zuverlässigen Kampfmaschine ließ jedoch auf sich warten: Der Antrieb erfolgte bis zur Entwicklung des elektrischen Antriebs weiterhin manuell mit Druckluft oder Dampf; die Bewaffnung bestand immer noch aus einer unter dem Rumpf des feindlichen Schiffes befestigten Sprengladung, bis schließlich der Torpedo mit Eigenantrieb erfunden wurde.

Nachdem Bauer seinen Abschied genommen hatte, unterstützte Großfürst Konstantin mit Alexandrowski

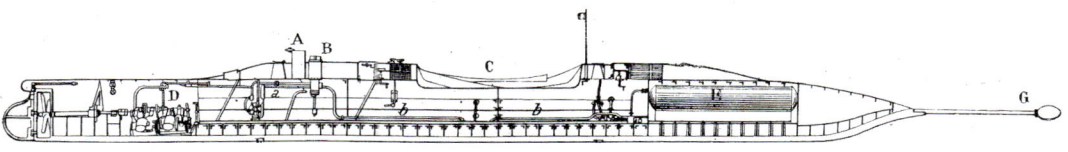

Der *Plongeur* von Brun und Bourgois (1859-1865)
A, Einstiegsluke; – B, Tauchkolben; – C, Boot; – D, Maschine; – E, Drucklufttanks; – F, F, Doppelboden, der als Wassertank zum Tauchen diente; – G, Pulverladung; – a, Rohr für Druckluft zwischen den Drucklufttanks, der Maschine und dem Tauchkolben; – b, b, Rohrleitungen für den Transport der Druckluft in die Wassertanks.

(1863) einen weiteren Erfinder, dessen U-Boot die anfänglichen Hoffnungen ebenfalls nicht erfüllen konnte. Im gleichen Jahr entwickelten der französische Admiral Bourgois und der Ingenieur Brun die *Plongeur*, ein 44 Meter langes, druckluftgetriebenes U-Boot. Da das Boot seine Tauchtiefe nicht aufrechterhalten konnte, wurde es 1867 außer Dienst gestellt und als Zisterne genutzt. Der von der amerikanischen Regierung beschaffte *Intelligent Whale* von Halstead (1864) tötete bei Probefahrten 39 Menschen, bevor er aufgegeben wurde.

Von 1877 bis 1879 gab die russische Marine anlässlich des russisch-türkischen Krieges zunächst ein und schließlich 52 pedalenangetriebene Tauchboote bei Drzewiecki in Auftrag. Das Gerät lief zwar, war aber zu langsam. In Schweden konstruierte Nordenfeldt ein dampfgetriebenes U-Boot, das sich mit Hilfe seitlicher Propeller unter Wasser hielt. Die griechische Regierung beschaffte 1886 ein U-Boot mit Torpedorohr. Batterien oder Akkumulatoren verliehen den militärischen U-Booten größere Beweglichkeit. Drzewiecki baute 1885 eine dritte Variante des Bootes, das seinen Namen trug; Goubet kopierte die Ideen des russischen Ingenieurs und baute ein U-Boot, das jedoch 1891 von der Marine abgelehnt wurde.

Die von Kurbeln angetriebene *Huntley* der Südstaaten unter dem Kommando von Leutnant Dixon versenkte am 17. Februar 1864 die Nordstaaten-Fregatte *Housatonic* und verschwand vor Charleston. Sie wurde am 8. August 2000 gehoben.

Ein am Ende des amerikanischen Bürgerkriegs im Hafen von Charleston auf Grund gelaufenes Südstaaten-Torpedoboot.

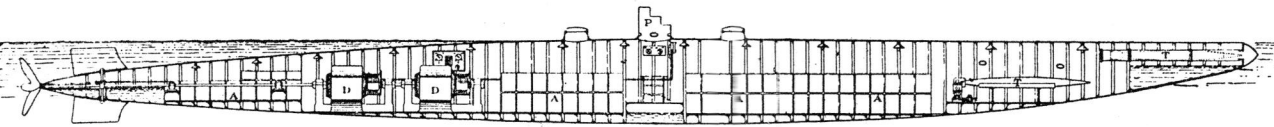

Das U-Boot *Morse* von Romazotti aus dem Jahr 1899: Auffällig ist der enorme Platz, den die Akkumulatoren (Mittelteil) und das Torpedorohr in Anspruch nahmen.

Für die Erfinder im 17. Jahrhundert war es schwer, sich immer leistungsfähigere Mittel zur Fortbewegung auf dem Land einschließlich des Überquerens von Flüssen und Kanälen auszudenken. Für die Fortbewegung auf dem Wasser standen ihnen nur Ruder und Segel zur Verfügung, bevor im 19. Jahrhundert Schaufelrad und Propeller erfunden wurden und die ersten Motoren auftauchten. Als sie versuchten, das Problem der horizontalen Beweglichkeit mit Hilfe eines Tauchgeräts zu lösen, hatten sie Schwierigkeiten, die Wirkung der Vorwärtsbewegung auf die vertikale Beweglichkeit und die Wechselwirkung zwischen diesen beiden Arten der Fortbewegung zu begreifen. Lange Zeit wussten die Ingenieure nicht wirklich, ob sie metallene Fische ohne Gewicht im Verhältnis zum Wasser oder Säugetiere aus Eisen bauen sollten, die durch ihr Gewicht tauchen, aber wie Wale zum Schlafen wieder auftauchen konnten. Diese tastenden Versuche kennzeichneten auch die Pioniere des Luftschiffbaus, die sich nicht einig waren, ob das Luftschiff leichter oder schwerer als Luft sein musste.

Das U-Boot von Alexandrowski

Iwan Fedorowitsch Alexandrowski, der als Kunstfotograf in Petersburg arbeitete, ging kurz vor Beginn des Krimkriegs nach Großbritannien. Der Anblick der vor Anker liegenden mächtigen englischen Flotte bewog ihn, sich dem Bau von Unterwasserbooten und Torpedos zur Verteidigung seines Landes zu widmen.

1862 legte er seine Pläne dem Marineministerium vor und erhielt die Unterstützung des Großfürsten Konstantin (»Großadmiral« und Bruder des Zaren) und die erforderlichen Geldmittel für die Umsetzung seines Projekts durch die Petersburger Ostsee-Gießerei und -Maschinenbaufabrik.

Nach dem Stapellauf 1865 begannen im folgenden Jahr die Versuche mit dem 33 Meter langen, dreieckigen U-Boot. Es hatte wie Fische eine lang gestreckte, dreieckige Form und oben eine Flosse. Man versprach sich von dieser Konstruktion eine gut kontrollierbare Tauchgeschwindigkeit. Zwei mit 294 kW-Pressluftmotoren angetriebene Propeller sollten eine Geschwindigkeit von 10 Knoten unter Wasser ermöglichen. Der Motor konnte mit einem Luftvorrat von 6 m bei 85 atm maximal acht Stunden laufen. Es handelte sich um ein reines U-Boot mit einem Innenballast von 11 m^3, der durch das Ablassen von Luft entleert wurde. Mit Hilfe eines Kolbens konnte der Auftrieb durch Veränderung des Innenvolumens korrigiert werden. Am Bug befand sich in der Nähe des Fahrstands neben dem Seitenruder und dem Bulauge ein Magnetkompass. Die Bewaffnung bestand aus zwei miteinander verbundenen Ladungen: Die am Schiffsrumpf angebrachten Ladungen mit positivem Auftrieb mussten unter dem Rumpf eines gegnerischen Schiffes angebracht werden und beiderseits des Kiels aufsteigen. Das U-Boot sollte dann die Ladung mit Hilfe eines elektrischen Kabels aus der Ferne zünden. Eine Taucherschleuse ermöglichte Unterwasserarbeiten. Auch eine Rettungsvorrichtung war vorgesehen: Leere Schläuche, die übereinander außen am U-Boot angebracht waren, wurden dazu mit Pressluft aufgeblasen.

Beim ersten Tauchversuch am 19. Juni 1866 riss ein Ballastank, aber durch eine schnelle Reaktion Alexandrowskis konnte das U-Boot durch Entfernen der anderen Ballasts wieder auftauchen. 1868 gelang es dem U-Boot, 17 Stunden unter Wasser zu bleiben, aber es konnte die Tauchtiefe nur mit Mühe halten. Bei einem Druckfestigkeitsversuch in 30 Meter Tiefe ging es im Juli 1871 ohne Besatzung unter. Es wurde 1875 geborgen, und das Projekt wurde später von der Admiralität verworfen.

Das dreieckige U-Boot von Alexandrowski auf einer Versuchsfahrt 1866 vor Kronstadt.

Das Antriebsproblem

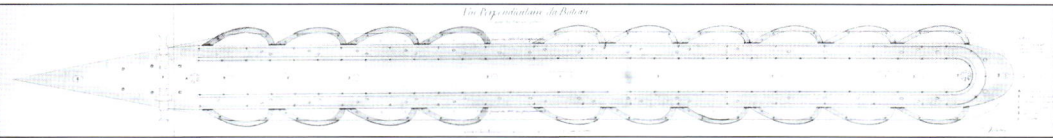

Antriebsmittel für die Fahrt unter Wasser

Ruder (fächerförmig Drebbel 1624, Mersenne 1634, beweglich Borelli 1678, Nikonow 1721, mit Gelenken Sillon 1780, zweireihig Le Tourneur 1796, Saugruder La Feuillade 1809, drehbar Johnston 1825, 28 Ruder Tscharnowski 1829, Ruder in Form von Wasservögelschwimmfüßen Schilder 1834).

Rad (Schaufelrad Valturio 1472, de Son 1653, mit variablen Schaufeln Armand-Maizière 1795, mit Blättern Montgéry 1823, mit klappbaren Blättern Villeroi 1862, mit Blättern Morhard 1885).

Räder auf dem Meeresboden (M.B. 1801, Alvaro 1896, Lake 1897, Hinsdale 1897, Pino 1903, Abbé Raoul 1908), Schienen auf dem Meeresboden (Lacomme 1869), Treideln mit Hilfe eines Seils auf dem Grund (Goubet 1892).

Schrauben und Propeller (du Quet 1731, Bushnell 1775, mit klappbaren Ruderblättern Maizière 1795, Fulton 1798, verstellbar Shorter 1800, Castera 1810, Payerne 1844, Bauer 1850, Babbage 1854, Monturiol 1859, Aunley 1863, Kardanschraube Merriam 1866).

Sonstige Antriebsarten: Martenotte (Martenot, 1703, Montgéry 1825), Wasserkolben (La Feuillade 1810), Löffelantrieb (Scheltema-Beduin 1857), Luftkolben (Spiridonoff 1854), Zylinder und Kolben (Abbé Carbon 1863), Kolben (Constantin 1870), Verdrängungspumpe (Toureau 1886), Gummifedern (J.B. Gerber 1888), Rückkopplung (Legros 1890), Ketten (Grillo 1918, Seeteufel 1945).

Antriebsmittel für die Überwasserfahrt

Der Antrieb mit Hilfe eines Segels wurde bereits 1798 von Fulton als Ergänzung zum Antrieb für die Unterwasserfahrt in Betracht gezogen. Die Ingenieure machten sehr früh die Vor- und Nachteile eines Einheitsantriebs für die Über- und Unterwasserfahrt (Einfachheit, Gewicht, Größe, Preis) und zweier getrennter deutlich.

Energiequellen

Menschliche Körperkraft mit Hilfe von Handrädern (Bushnell 1775), Kurbeln (Hunley 1863), Pedalen (Drzewiecki 1859, Holland 1875), verschiedenartigen Hebeln, Käfigläufern oder Rudern;

Uhrwerke als Speicher der menschlichen Energie (de Son 1653);

Dampf (Mersenne, 1644, Maizière 1795, Montgéry 1823, Winkler 1840, pyrotechnischer Kessel Payerne 1844, Nitratkessel Payerne 1855, Bauer 1857, Ätherkessel Riou 1861, mit chemischen Patronen Monturiol 1866, Kessel ohne Feuer Garrett 1878, mit Natriumcarbonat Tuck 1884, Nordenfeldt 1885, mit Öl Allest 1886, Laubeuf 1899);

Wasser (Wasserturbine Conseil 1859, Heißwasser Noury 1886);

Pulver (Montgéry 1825, Bauer 1853, Roy 1876, Holland 1883, Dalès 1884, Goupil 1889);

Pressluft Spiridonoff 1854, Bauer 1857, Brun 1858, Alexandrowski 1866, Castello 1898);

Gas (Garrett 1876, Body 1897);

Wasserstoff (Genoud 1881, Récheur 1892);

Sonstige chemische Reaktionen: mit verflüssigter Kohlensäure Gambier 1862 oder mit Druck Sebor 1862, mit Ammoniak Bardour 1869, mit Natronlauge Andley 1887, mit sonstigen Reaktionen (Masson 1862, Alexandrowski 1872, Mekarski 1885, Gerber 1889, Apostoloff 1889);

Elektrizität (Marié-Davy 1854, Akkumulatoren Riou 1861, Batterien Alstitt 1863, Drzewiecki 1884, Tuck 1884, Waddington 1886, Lecaudey 1886, Goubet 1887, Zédé 1886, Hovgaard 1887, Auer 1889, Peral 1889);

Erdölmotor: Holland 1879, mit Kohlenwasserstoffgas Fouré 1885, mit Vergaserluft Baron 1886, Shepard 1887, mit Benzin (Lake 1896, Holland 1901);

Dieselmotor (Breyton 1880 sowie viele andere nach ihm).

Wie beim Antrieb standen die Entwickler auch bei den Energiequellen vor der Frage, ob es eine oder zwei getrennte Energiequellen geben sollte. Mit jeder neuen Erfindung hoffte man auf die Ideallösung. Jules Verne versah seine *Nautilus* mit einer einzigartigen, frei erfundenen Energiequelle: der Erzeugung von Elektrizität durch die chemische Reaktion von Natrium mit Quecksilber. Diese Wahl könnte man als Ungewissheit des Visionärs und großen Romantikers über die Beschaffenheit der künftigen Energiequellen deuten. Er entschied sich bereits 1870 für zwei Zukunftslösungen: die komplette Elektrifizierung und die Schraube.

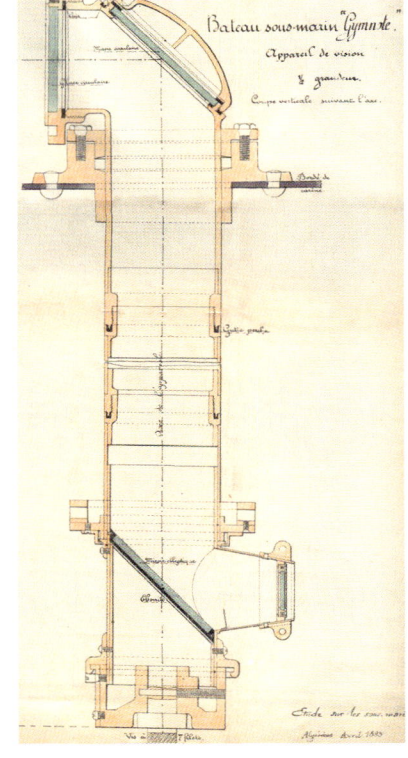

Das Sehrohr von
Gymnote (1889).

U-Boot oder Tauchboot

Das U-Boot *Fenian Ram*, das der Ire John P. Holland in den Vereinigten Staaten für die Irländisch-Republikanische Bruderschaft »Fenians« baute (1881). Es wurde 1927 im Passaic in Paterson, New Jersey, gehoben.

Die Vielfalt der angewandten Techniken zeigt den Erfindungsgeist der Entwickler im 19. Jahrhundert, denen der wissenschaftliche Fortschritt immer neue Ideen und Lösungen lieferte. Schrittweise kristallisierten sich bestimmte Wege als erfolgversprechend heraus: Der Antrieb erfolgte mittels einer Schraube am Heck des Geräts, der Elektromotor erwies sich für die Unterwasserfahrt als am besten geeignet, der Rumpf war aus Metall. Ausgehend von diesen Gegebenheiten konzentrierten sich die verschiedenen Forschungszweige gegen Ende des Jahrhunderts auf zwei Gerätefamilien, die sowohl bei Ingenieuren als auch bei potenziellen Nutzern, die im Allgemeinen dem Militär angehörten, ihre Anhänger und Kritiker finden sollten. Dabei handelte es sich zum einen um die (autonomen, reinen) *Unterwasser*boote oder -geräte und zum anderen um die *Tauch*boote und -geräte sowie *tauchfähige* Torpedoboote.

Das U-Boot

Das U-Boot besaß einen runden, druckfesten und gedrungenen Rumpf mit Ballasttanks und wurde während der Unterwasserfahrt von einem elektrischen Motor, der auf eine Schraube wirkte, angetrieben. Für die Überwasserfahrt zum Stützpunkt verfügte das U-Boot über einen getrennten Antrieb. Seine Manövrierfähigkeit während der Tauchfahrt war trotz seiner Instabilität aufgrund der eiförmigen Konstruktion gut. Dagegen war seine Seetüchtigkeit über Wasser katastrophal, sein Auftrieb gering und die Sicht schlecht. Zu dieser Familie gehören die U-Boote von Drzewiecki (1884), Campbell (1885), Goubet (1885), Zédé (1887), Peral (1889), Pullino (1889), Romazotti (1890), Holland (1894) und Lake (1894).

Nach und nach wurden diese Fahrzeuge durch folgende Maßnahmen verbessert: Längsdruck durch Wasserbewegung, Tiefenruder vorn und achtern, Luftreinigung und -erneuerung, Sehrohr. Die von Romazotti entwickelte *Gustave Zédé* und alle Nachfolgemodelle verfügten über Torpedos und waren deshalb militärisch verwendbar. Nichtsdestoweniger ähnelten ihre eigentlicher Leistungsmerkmale (Geschwindigkeit, Entfernung, Reichweite) weniger denen von Schiffen als denen von Booten. Die Glanzleistungen in Form der ersten Ausdauerrekorde zeigten, dass diese Geräte nur eingeschränkt für den Seekrieg taugten. Sie waren vielmehr zur Bekämpfung von Hafen- oder Küstenblockaden geeignet, weshalb sie folgende Bezeichnungen erhielten: Reedenverteidigungsboot, U-Boot zur beweglich geführten Verteidigung, Küstenverteidigungs-U-Boot, U-Boot zur Bekämpfung von Blockaden und U-Boot zur Überwachung von Küsten. In geringschätzigen Äußerungen einiger Zeitgenossen wurde der militärische Nutzen des U-Boots mit dem einer Treibmine verglichen, was implizierte, dass es großen Schaden anrichten konnte und es vielleicht besser wäre, seinen Einsatz zu verbieten. Dem hielt man entgegen, dass das U-Boot vielleicht eine Mine sei, diese aber denken könne.

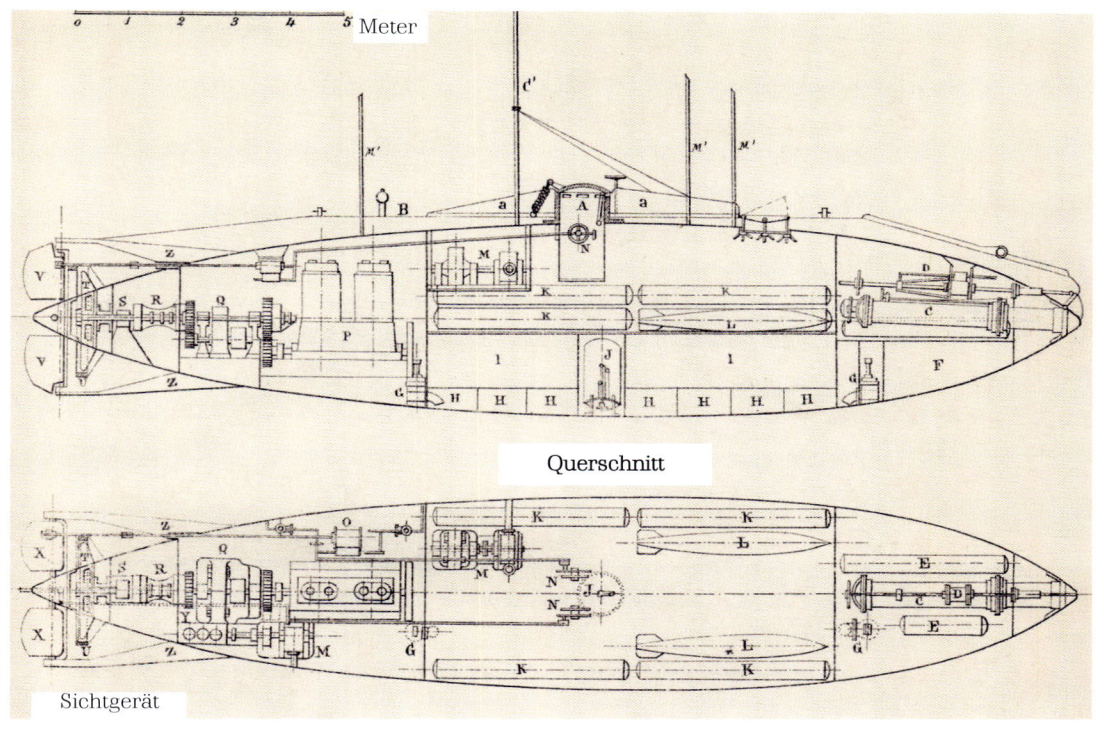

Querschnitt einer *Holland* aus
der von der französischen
Marine veröffentlichten ver-
traulichen Sammlung von
Illustrationen ausländischer
Flotten (1905).

Auslaufen des U-Bootes
Holland 3 aus dem Hafen von
Portsmouth 1902; im Hintergrund die *HMS Victory*. Ironie
der Geschichte: Großbritannien kaufte ein Modell dieses
U-Bootes, das ursprünglich
für den Kampf gegen die
Royal Navy gebaut worden
war.

Das von der Germaniawerft 1902 gebaute erste deutsche U-Boot *Forelle*: Dieses 1904 nach Russland verbrachte Schiff wurde mit der Eisenbahn nach Wladiwostock transportiert, wo es zur Verteidigung des Hafens eingesetzt werden sollte.

Rechts das französische U-Boot *Saphir* (1908) der *EMERAUDE*-Klasse (eines der ersten mit Dieselmotor ausgestatteten U-Boote) auf See und im Dock. Es wurde 1915 beim Versuch, den Bosporus zu passieren, von den Türken versenkt.

Zu einer Zeit, als die Kanone seit über 200 Jahren als wichtigste Schiffswaffe galt und man eine Rückkehr zum antiken Sporn (Schlacht von Lissa 1866) ins Auge fasste, stellte sich für die Generalstäbe die Frage nach der Wahl zwischen sehr großen und sehr kostspieligen, durch ihre Panzerung und ihre Geschwindigkeit gut geschützten Mehrzweckschiffen (Schlachtschiffe) einerseits und mehreren auf eine Kampfform (Kanone, Sporn, Torpedo) spezialisierten Einheiten andererseits, die im Kampf gegen die vielseitigen Capital Ships – die Schlachtschiffe – zusammenwirken könnten. Es wurden auch Stimmen laut, dass die Zeit der für Gefechte von Schlachtschiffen charakteristischen Kiellinienformation (wie in Tsushima 1905) vorbei sei und diese durch eine Frontlinie aus kleinen, spezialisierten Einheiten, die jedes große Schiff gemeinsam angreifen und dessen Verteidigung durch ihre zahlenmäßige Überlegenheit sättigen konnten, ersetzt werden müssten. Dieses im Jahr 1882 von Admiral Aube vorgetragene Problem beschäftigte auch die »junge Schule«. Mit dem U-Boot tauchte in dieser Debatte ein neuer Aspekt auf: Einige Meter Wasser reichen, um selbst die stärksten Geschützsalven der Artillerie unschädlich zu machen; somit ist ein getauchtes oder auch nur halb getauchtes U-Boot unverwundbar und kann sich selbst den größten Schiffen annähern und sie mit seiner tödlichen Waffe, dem Torpedo, bedrohen. Das U-Boot ermöglicht die Aufstellung von Schwärmen aus kleinen, spezialisierten Booten, um dem vielseitigen *Capital Ship* Schach zu bieten.

Das Tauchboot

Beim Tauchboot handelt es sich um ein kleines Überwasserschiff ähnlich einem Torpedoboot mit einem dünnen ovalen Außenrumpf, das gut in den Wellen liegt und von einer Dampfmaschine oder einem Ölmotor angetrieben eine zufriedenstellende Geschwindigkeit erreicht. Im Außenrumpf befindet sich ein weiterer Rumpf nach dem Vorbild eines U-Boots mit den oben beschriebenen Eigenschaften. Zum Tauchen wird der Raum zwischen dem Außen- und dem Innenrumpf (Ballast) geflutet, was sehr lange dauert. Während der Unterwasserfahrt wird es in der Regel durch einen Elektromotor angetrieben. Aufgrund seiner Form und seiner Länge ist es schwer zu manövrieren. Es verfügt über einen guten Auftrieb und ist geräumiger als ein U-Boot, da der Ballast im Zwischenraum von Außen- und Innenrumpf untergebracht und somit mehr Platz für Besatzung und Waffen vorhanden ist.

Der Wetteifer wurde durch offene Wettbewerbe, insbesondere in Frankreich (1896 und 1906), aber auch in der Vereinigten Staaten (1888, 1895 und 1900) angespornt – man könnte sogar sagen, organisiert. Der 1896 in Frankreich stattfindende Wettbewerb wurde vor allem vor den Tauchbootplänen von Maxime Laubeuf beherrscht, der den Wettbewerb mit seinem Entwurf gewann. Laubeufs Tauchboot, die *Naval*, wurde in Cherbourg gebaut und lief 1899 vom Stapel. Versuche mit diesem Tauchboot zeigten die Vorteile eines tauchfähigen Torpedoboots. Dieses Konzept wurde 1901–1902 mit den vier Booten der *SIRÈNE*-Klasse, 1902 mit den *AIGRETTE*-Booten mit Dieselantrieb für die Überwasserfahrt, 1903 mit der *Omega* und 1904 mit den beiden Booten der *CIRCE*-Klasse fortgesetzt.

Doch die Anhänger des sogenannten reinen Einhüllen-U-Boots ließen nicht locker. In Russland baute Bubnow 1901 die *Delphin*. In den Vereinigten Staaten entwarf Holland 1901 eine verbesserte Version seines Modells *Holland VIII*. In Frankreich wurde 1899 die *Morse* gebaut. Außerdem genehmigte man dort U-Boot-Programme, die mit den Tauchbooten konkurrierten. Dabei handelte es sich um 20 Boote der *NAIADE*-Klasse (1903–1904), die drei *X, Y* und *Z* (1903), die *GUEPE* (1905) und die 6 Boote der *EMERAUDE*-Klasse (1906). Für diesen Wettstreit zwischen U-Boot und Tauchboot gab es mehrere Gründe. Dazu gehörte auch eine gewisse persönliche Rivalität zwischen den Entwicklern in Form eines Kräftespiels zwischen der »jungen Schule«, die das Torpedoboot verkörperte, und der traditionellen Position der Admiralitäten, die für die großen Schiffe standen. Die Anhänger der »jungen Schule«, die den bestehenden Grundsätzen der großen Marinen, insbesondere der *Royal Navy*, ablehnend gegenüberstanden, fanden sich in den kleinen Schiffen zur Verteidigung der Küsten, den Serientorpedobooten und den U-Booten zur Verteidigung der Reeden wieder. Die vernünftigeren oder von den neuen Ideen weniger aufgestachelten Marineangehörigen sahen im Tauchboot, das für sie ein Schiff und kein Versuchsgerät war, ein Torpedoboot, das sogar am Tage und bei gutem Wetter seinen Auftrag durchführen konnte. Für sie war es ein potenzieller Träger für den künftigen Torpedo, der durch seine Reichweite mit der Schiffsartillerie konkurrieren könnte.

In Frankreich bedurfte es erst eines Vergleichs auf See, um die richtige Wahl als solche zu erkennen. Diesen Vergleich zwischen dem Tauchboot *Aigrette* und dem U-Boot *Z* im Jahr 1905 entschied das Tauchboot zu seinen Gunsten. Doch erst nach dem Wechsel des Marineministers wurde 1906 das Programm der zehn U-Boote der *GUEPE*-Klasse zugunsten der Tauchboote der *PLUVIOSE*-Klasse aufgegeben. In anderen Ländern wurden die sich aus dem Vergleich ergebenden Faktoren wie der Außenballast und die schlanke Form des Tauchboots von den Konstrukteuren berücksichtigt.

Diese Art von Plattform sollte in der ersten Hälfte des 20. Jahrhunderts den Erfolg des U-Boots, vor allem in der militärischen Anwendung, garantieren. Der Umfang der U-Boote wurde größer (zwischen 500 und 2 000 Tonnen), und der Überwasserantrieb erfolgte bei allen Booten mit einem Dieselmotor (sobald dieser zuverlässig arbeitete), da er günstiger und Dieselkraftstoff im Vergleich zu anderen Kraftstoffen am ungefährlichsten zu transportieren war. Die militärischen Eigenschaften (Geschwindigkeit, maximale Tauchtiefe, Bewaffnung) wurden den Aufträgen angepasst. Im Unterschied zu den reinen U-Booten, deren Auftrag sich auf die Verteidigung von Reeden, Häfen oder Küsten gegen gegnerische Blockaden beschränkte, waren die Tauchboote seetüchtiger und konnten auch für Angriffe eingesetzt werden.

Ab 1908/1910 verschmolzen beide Begriffe. Alle neuen U-Boote waren Tauchboote, die fälschlicherweise als U-Boote bezeichnet wurden.

Admiral Aube genehmigte den Bau der elektrisch angetriebenen *Gymnote*, welche die Form des *Whitehead*-Torpedos hatte. Die *Gymnote*, ein Versuchsfahrzeug, war das erste mit einem Sehrohr ausgestattete U-Boot.

Maxime Laubeuf (1864–1939) und die *Narval*

Der Ingenieur Maxime Laubeuf wurde am 23. November 1864 in Poissy geboren und starb am 23. Dezember 1939 in Cannes.

Nach dem Studium des Schiffbaus an der Polytechnischen Hochschule gewann er 1897 einen von Marineminister Lockroy ausgeschriebenen offenen Wettbewerb für die Entwicklung eines neuen U-Boots. Der Entwurf Laubeufs, ein Tauchboot mit einer Doppelhülle und einem zweifachen Antrieb, das sich über Wasser wie ein dampfgetriebenes Torpedoboot und unter Wasser wie ein elektrisches U-Boot verhielt, sollte die Entwicklung der U-Boote in den kommenden vierzig Jahren beeinflussen. Laubeuf, der in seiner beruflichen Laufbahn mit Neid und Missgunst zu kämpfen hatte und sich für die Privatwirtschaft interessierte, ließ sich zunächst beurlauben und nahm dann 1906 endgültig seinen Abschied. Er wurde beratender Ingenieur bei Schneider und den Ateliers et Chantiers La Brousse-et-Fouché in Nantes, unterbreitete seine Erfindungen aber weiterhin der Marine. Mehrere französische Torpedoboote wurden nach seinen Plänen gebaut. Seine Auslandsreisen waren umstritten, da man befürchtete, er könne Informationen weitergeben. Es wurden sogar Intrigen gegen ihn geschmiedet. 1912 erneut als Reservist in die Armee aufgenommen, da ihm die Verwaltung günstig gesonnen war, erhielt er im 1. Weltkrieg mehrere Aufträge. Er reiste nach Italien, um erbeutete U-Boote zu inspizieren, und kaufte englisches und amerikanisches Gerät in Großbritannien.

Nach dem Krieg setzte er seine Arbeit bei Schneider fort. 1920 wurde er Mitglied der Akademie der Wissenschaften und 1921 der Marineakademie, bevor er 1922 den Vorsitz der Gesellschaft der zivilen Ingenieure übernahm. Seine letzten U-Boot-Pläne stammen aus dem Jahr 1936. Drei Jahre später starb Laubeuf.

Leistungsmerkmale von einigen der ersten Unterwasserfahrzeuge

Gebaut in	Typ	Baujahr	Anzahl	Entwickler	Werft	Verdr. in (t) ü./u. Wasser	Maße L/B/H (m)
Deutschland	BRANDTAUCHER	1850	1	Bauer	Howaldt, Kiel	27,5/30	8/2/2,6
	W1/W2	1890	2	Nordenfeldt	Kiel, Danzig		35
	FOREL	1902	1	D'Equevilley	Germania	16/17	13,1/2,1/2,1
Spanien	ICTINEO	1859–62–66	1	Monturiol			
	PERAL	1887	1	Peral	Cadix	87	22/2,8
Frankreich	PLONGEUR	1858–63	1	Bourgois/Brun	Rochefort	420/453	42,5/6/3
	GYMNOTE	1888	1	Zédé	Toulon	30/31	17,8/1,8/1,6
	GOUBET I	1885–91		Goubet		1,4	5/1/1,8
	GOUBET II	1895–1902	1	Goubet	Paris	6,7	8/1,7/1,7
	GUSTAVE ZÉDÉ	1893	1	Romazzotti	Toulon	261/270	48,5/4,3/3,2
	MORSE	1892/97	1 + 2	Romazzotti	Cherbourg	143/150	36,5/2,7/1,6
	NARVAL	1898	1	Laubeuf	Cherbourg	116/202	34/3,7/1,6
	FARFADET	1899	4	Maugas	Rochefort	184/200	41/3/3
	SIRÈNE	1899	4	Laubeuf	Cherbourg	157/213	32,5/3,9/3,9
	NAÏADE	1901	20	Romazzotti	Cherbourg, Rochefort, Toulon	71/74	23,7/1,9/2,3
	AIGRETTE	1902	2	Laubeuf	Toulon	177/252	35,3/4/2,4
	EMERAUDE	1903	6	Maugas	Cherbourg Rochefort	392/425	45/4/4
	CIRCE	1904	2	Laubeuf	Toulon	350/490	47/5/3
Großbritannien	RESURGAM	1879	1	Garett	Liverpool		13,5
	NAUTILUS	1884		Campbell Ash			
	PORPOISE	1885		Waddington	Seacombe		11,3/1,8
	SMA Type A	1902	13	Vickers Holland	Vickers	165/180	30/3/3
Italien	DELFINO	1889	1	Pullino	La Spezia	103/113	23/3/2
Russland	DIABLE MARIN			Bauer			17
		1868		Alexandrovsk		300	37/3,7/4
	TYPE I	1877	1	Drzewiecki	Odessa		4
	TYPE II	1879	52 ?	Drzewiecki	Saint-Pétersbourg		6
	TYPE III	1884	?	Drzewiecki	—		
	DEL'FIN	1901	1	Boubnov	Baltique	113/124	19/3/3
Schweden	NORDENFELDT I	1885	1	Nordenfeldt	Suède	60	19,5/3,6/3,2
	NORDENFELDT IV	1887	1	Nordenfeldt			39,4
USA	TURTLE	1776	1	Bushnell			
	NAUTILUS	1800	1	Fulton			6,5/1,9
	DAVID TORCH	1863	1	Howgate	Stoney, Charleston1		54/5,6
	HUNLEY	1863	1	McClintock Hunley	Mobile		40/3,6
	INTELLIGENT WHALE	1864	1	Merriam Halstead			9/3/-
	PEACEMAKER	1886	1	Tuck	New York		9,2/2,6/1,8
	FENIAN RAM	1881	1	Holland			10,2
	HOLLAND	1899	1	Holland		64/75	
	ADDER	1900	7	Holland		105/125	
	PROTECTOR	1902	1	Simon Lake		157/174	20/4,2
	SIMON LAKE X	1904	1	Simon Lake		160	

Tiefgang (m)	Antrieb	Leistung ü./u. Wasser	Geschw. (kn) ü./u. Wasser	Fahrbereich/ Geschw. (sm/kn)	Anzahl der Schrauben	Be-satzung	Be-waffnung
	Uhrwerk		3		1	3	Sprengstoff
					2		2 TR
	elektrisch	44	4	20/4	1		2 TR
18						10	Kanonen
9	elektrisch	44					1 TR
	Pressluft		4	7,5/2,4 5,7/3,8	1	13	Sprengstoff
	elektrisch		7,3	65/5 31/7,3	1	5	2 TAE
	elektrisch				1		–
	elektrisch				1		–
	elektrisch		9,2/6,5	2 200/5,5 105/4,4	1	19	1 Tr
	elektrisch	209	7/5	90/4	1	13	1 TR
25	Dampf	162/59	11/6	300/9 10/5	1	11	4 TAE
	elektrisch	135	6/4	115/5 28/4	1	16	4 TAE
	Dampf	184/74	10/6	430/8 55/4	1	13	4 TAE
	Benzol	68/42	7/6	200/6 30/4	1	12	2 TAE
	Diesel	110/96	9/6	200/6 30/4	1	14	4 TAE
	Diesel	442/339	11/9	2 000/8 100/5	2	21	6 TR 137 mm
	Diesel	464/339	12/8	2 160/8 44/5	2	22	4 TAE
	Gas				1		
					1		
	elektrisch				1		
	elektrisch Benzin	368/110	6/4	115/5 28/4	1	11	2 TAE
		96/48	9/6	200/6 30/4		11	2 TAE
			6		2		
	mechanisch				1		
	elektrisch				1		2 TAE
	elektrisch				1		
50	elektrisch Benzin	220/88			1	10	2 TAE
	Dampf	12			1		
	Dampf				1		2 TLT
					1		Sprengstoff
					1		Sprengstoff
	Dampf				1		Sprengstoff
					1		Sprengstoff
	mechanisch				1		
17	Dampf	10			1	2	TAE
			3		1		
	elektrisch Otto-Motor		7/5	90/4	1		
25			11/6	300/9 10/5			
	elektrisch Gas						2 TR
	Benzin						3 TR

23

Das amerikanische U-Boot S-4 im Hafenbecken zur Überprüfung des Rumpfes:
Der Kimmkiel auf Steuerbord weist Beschädigungen auf.
Man kann einen weiteren Schaden erkennen, der durch einen Zusammenstoß verursacht wurde.

KAPITEL II

DAS TAUCHBOOT (1899–1943)

ZWEIFEL UND ENTWICKLUNGEN (1899–1914)

Die Eckdaten dieses Zeitraums sind für den einen die Erfindung des tauchfähigen Torpedoboots von Maxime Laubeuf und für den anderen die Entwicklung des Schnorchels und das Erreichen hoher Geschwindigkeiten während der Tauchfahrt, die dem Unterwasserfahrzeug seine wichtigste Bestimmung zurückgaben: das Leben unter Wasser.

In Frankreich überwand das Konzept des Tauchboots die tastenden Versuche des 19. Jahrhunderts, und auch der Widerspruch zwischen Tauchboot und reinem U-Boot verschwand. Mit dem Ende des Zagens und Zauderns endete auch die »Politik der Muster«, d.h. der Bau von Monotypen oder kurzen Serien. Die Entscheidung für den Bau eines Schiffs war herkömmlicherweise mit langfristigen Verpflichtungen für die Schiffswerften verbunden: Belegung der Docks, Anforderung von Material sowie Planung des Material- und Personalbedarfs. Um 1880 war die Industrie in der Lage, ein U-Boot-Vorhaben innerhalb weniger Monate zu realisieren. Der üblicherweise lange Entscheidungsfindungsprozess war für kleinere Einheiten wie U-Boote und Torpedoboote unangemessen, darum die «Politik der Muster», die in einer Zeit, in der man noch nach der besten Formel suchte, nachvollziehbar, für den Staat nicht zu kostspielig und für die Industrie vorteilhaft war. Aufgrund der schnellen Reaktion der Industrie schrieben die militärischen Führungen vermehrt Wettbewerbe aus, um das für die Erfüllung einer Spezifikation am besten geeignete Mittel zu finden und erprobten mehrere Lösungen gleichzeitig. Kurz gesagt, es gab eine Vielzahl sondierender Entwicklungen, was zuweilen zu Lasten der Mitteleinsparung ging.

Nach der gut überlegten Entscheidung für das Tauchboot im Jahr 1905 entstand in Frankreich ein umfangreiches Programm, das im Gegensatz zur Politik der vielfachen kleinen Aufträge stand. Es handelte sich um 18 Tauchboote vom Typ PLUVIOSE, die Gaston Thompson nach dem Weggang seines Vorgängers Camille Pelletan, eines Anhängers der Jungen Schule, übernahm. Dieser Auftrag erlaubte es, zum ersten Mal in Frankreich von einer U-Boot-Serie im Sinne von Industrialisierung, Finanzierung, Ausbildung und Logistik zu sprechen. Der Begriff existierte bereits in anderen Ländern, die an der schnellen und kostengünstigen Produktion einer militärisch nutzbaren Serie interessiert waren. So erhielt der U-Boot-Bauer Holland 1900 in den Vereinigten Staaten

einen Auftrag für den Bau von sieben Einheiten, während die in Großbritannien in Produktion gegangenen Serien 13 Einheiten für das zweite Modell (Typ A), 11 Einheiten für das dritte Modell (Typ B) und 38 Einheiten für das vierte Modell (Typ C) umfassten. 1903 wurden fünf Exemplare des zweiten italienischen Tauchboot-Typs GLAUCO gebaut.

Im Übrigen muss hier eingeräumt werden, dass es zu dieser Zeit bei einer Serie nur darum ging, gleichartige Einheiten zu bauen, während man heute um Gleichheit innerhalb eines bestimmten Typs bemüht ist. Die Vielfältigkeit der Hersteller und Werften, die Unabhängigkeit der Schiffswerften – insbesondere bei der Bearbeitung von Änderungen –, der Dilettantismus einiger Beteiligter, die Leidenschaft, mit der die Kommandanten für die Umsetzung ihrer Ideen eintraten und die Eifrigkeit, mit der die militärischen Führungen diesen Ideen folgten, führten zu einer Vielzahl von Varianten und Untervarianten, die heute die Liebhaber von Postkarten begeistern, aber den damaligen Beschaffungs- und Instandsetzungsdiensten große Sorge bereiteten.

Wie bei den vorausgegangenen Wettbewerben entsprachen die Spezifikationen für den Typ PLUVIOSE einem konkreten militärischen Programm, in dem sowohl für die Überwasser- als auch die Unterwasserfahrt Ausdauer, Geräumigkeit und Schnelligkeit gefordert wurde. Um diesen Forderungen zu entsprechen, schlug Maxime Laubeuf ein dampfgetriebenes Tauchboot vor. Diese Wahl war zwar aufgrund der schlechten Leistungen und insbesondere der mangelhaften Zuverlässigkeit der ersten in Frankreich gebauten Dieselmotoren gerechtfertigt, sie ist jedoch rückblickend betrachtet bedauerlich, da die französischen Tauchboote dadurch für lange Zeit eine Richtung einschlugen, die technisch gesehen keine Zukunft hatte. Der Verbrauch der damaligen Ölkessel war in der Tat vier Mal so hoch wie der der Dieselmotoren, von denen französische und deutsche Modelle bereits zuvor auf den AIGRETTE (1902), den CIRCE (1904) und den EMERAUDE (1905) erprobt worden waren. Dies führte dazu, dass die dampfgetriebenen U-Boote wegen ihres geringen Fahrbereichs als defensiv betrachtet wurden. Nur die anderen U-Boote waren aufgrund ihrer Eigenschaften für den Angriff geeignet. Laubeuf hatte zunächst jedoch die Idee, die britischen Schiffe in ihren Häfen an der Südküste Englands nach nächtlicher Durchquerung des Ärmelkanals anzugreifen. Die dampf-

Das britische Tauchboot B-9 vor Malta kurz vor Ausbruch des 1. Weltkriegs.

betriebenen U-Boote waren seiner Meinung nach dazu in der Lage, solange es noch keine leistungsfähigen Dieselmotoren gab.

Die PLUVIOSE waren Tauchboote mit einem starken Auftrieb und einer Verdrängung von ca. 550 t unter Wasser. Der Tauchvorgang dauerte vier bis fünf Minuten. Diese Zeit war notwendig, um die Außenballasttanks am Druckkörper zu fluten, den Schornstein einzuholen, den Kessel und die Kombüse an der Oberfläche unter Wasser zu bringen. Ab 1916 beschloss der Generalstab, die PLU-VIOSE-Serie mit einer zusätzlichen Serie von sechzehn Einheiten mit Dieselmotor, die den Namen BRUMAIRE trugen, fortzusetzen. Nachdem das Programm aufgrund von Studien zu verschiedenen Änderungen, die nach den Erfahrungen mit der PLUVIOSE und wegen verspäteter Lieferungen notwendig geworden waren, mehrfach verschoben wurde, lief es 1910 schließlich an. Dieses aus gut 30 U-Booten vom Typ PLUVIOSE und BRUMAIRE (diese werden zuweilen unter dem Begriff PLUMAIRE zusammengefasst) bestehende Potenzial erlaubte es der französischen Marine, die technische Vorgehensweise beim Bau von Tauchbooten zu verbessern und den militärischen Einsatz zu untersuchen.

Die PLUVIOSE und BRUMAIRE zogen zu mehreren Anlässen die Aufmerksamkeit der Öffentlichkeit auf sich: Bau in Cherbourg, Toulon und Rochefort, Aufenthalte in Häfen wie Dünkirchen, Calais, Boulogne, Dieppe, Caen, La Pallice und Bordeaux im Rahmen der Politik der beweglich geführten Verteidigung, Fahrten Seine-aufwärts (Montgolfier, Oktober 1918 – Newton, Juni 1922 und Juni 1924 – Euler, Juni 1923), Unfälle (Fresnel in La Pallice am 25. Oktober 1908), die häufig dramatisch (Pluviose in Calais am 26. Mai 1910, Vendemiaire in La Hague am 8. Juni 1912) und spektakulär (Prairial) verlie-

fen und später Kriegsvorkommnisse (Curie, Monge). Die PLUVIOSE, deren Dampfantrieb nach dem 1. Weltkrieg schließlich als vollkommen überholt galt, wurden nach dem Krieg ausgesondert und außer Dienst gestellt, während das letzte U-Boot der BRUMAIRE-Serie erst 1930 aus dem Bestand der Flotte verschwand.

Nach dem vielversprechenden Start dieser beiden Programme wurden in Frankreich die Versuche wieder aufgenommen und im Jahr 1906 ein neuer Wettbewerb für die Planung eines im Verband fahrenden U-Boots mit größerer Ausdauer und höherer Geschwindigkeit ausgeschrieben. Vier Projekte wurden ausgewählt und jeweils einmal realisiert. Die Politik der Muster – und der Rivalitäten – forderte erneut ihr Recht. Die Probleme, für die die Preisträger verschiedene Lösungen vorschlugen, betrafen den Antrieb (Dampf oder Diesel, Erprobung eines Energiespeicherkessels auf der Charles Brun), den Auftrieb und die Form des Rumpfes (verbessert bei der Archimede und unerwartet bei der Mariotte), die Anordnung der Torpedorohre und die Torpedoabschusseinrichtungen. Diese Einheiten wurden schließlich zwischen 1909 und 1911 gebaut. Ihre Erprobungen waren langwierig und wurden in einigen Fällen sogar durch den Krieg unterbrochen. Die Familie der Tauchboote der BRUMAIRE-Klasse wurde später in der französischen Marine mit den sogenannten Küstenwach-U-Booten (Typ CLORINDE) oder Küstenwach- und Blockade-U-Booten (Typ CLORINDE in der geänderten Version) fortgesetzt.

Zur gleichen Zeit wurden U-Boot-Bauten für den Export genehmigt, um das für die Belieferung der französischen Marine mit U-Booten erforderliche industrielle Potenzial aufrechtzuerhalten. Laubeuf entwarf während seiner Tätigkeit bei Schneider und Co. in Le Creusot, die auch Dieselmotoren herstellten, neue Tauchboot-Pläne

Type BRUMAIRE:
Die 16 Einheiten dieser Klasse bildeten die erste große Serie französischer Tauchboote mit Dieselmotoren.

für Peru, Griechenland, Rumänien, die Türkei, Japan und Italien. Einige dieser Aufträge konnten nicht mehr vor Ausbruch des Krieges ausgeliefert werden, und die entsprechenden Einheiten wurden bei Kriegsbeginn von der französischen Marine übernommen.

Das U-Boot beflügelte weltweit die Phantasien der Marineführungen ebenso wie die Luftfahrt die Geographie der Auseinandersetzungen am Boden grundlegend veränderte. In den Vereinigten Staaten fand die Vorstellung vom Einsatz eines U-Bootes gegen einen überlegenen Gegner zahlreiche Anhänger, zumal der Machtzuwachs Japans den amerikanischen Bestrebungen im Pazifik entgegenstand. Mittlerweile hatte man begriffen, dass eine Blockade unmöglich aufrechterhalten werden konnte, wenn U-Boote – auch nur in geringer Zahl – präsent waren. So konnten die Vereinigten Staaten die spanischen Besitzungen (Kuba, Philippinen) 1898 unter anderem deshalb leicht erobern, weil die Spanier dort keine U-Boote besaßen. Mit denselben U-Booten konnten später die Philippinen gegen Japan verteidigt werden. Nach der Beschaffung eines von Holland entworfenen U-Boots durch die amerikanische Marine im Jahr 1900 nahm die Anzahl der amerikanischen U-Boote rasch zu. Die *Octopus* von Holland setzte sich in einem Wettbewerb 1907 gegen *Simon Lake X* durch. Aufträge aus dem Ausland (Russland, Großbritannien, Japan, Brasilien) gewährleisteten den Fortbestand der amerikanischen Werften, die sich auf den Bau von U-Booten spezialisiert hatten. Größe und Leistungsfähigkeit dieser U-Boote nahmen rasch zu. Auch bei späteren Serien bestanden die Entwürfe von Holland und Lake parallel fort.

In Italien, das erst seit kurzem versuchte, sich unter den Seemächten zu etablieren, interessierte man sich sehr früh für die von der »jungen Schule« empfohlenen Seekriegsmittel und insbesondere für das U-Boot. Bereits 1889 entwarf der Marinebauingenieur Giacinto Pullino mit Hilfe von Cesare Laurenti den *Delfino*, ein reines U-Boot mit etwa hundert Tonnen, das heimlich und deshalb ohne großes Aufheben gebaut wurde. Die Debatte darüber, ob das Vertrauen in die neue Waffe gerechtfertigt sei, kam erst angesichts der raschen Entwicklung von Tauchbooten in Frankreich auf und führte – trotz einer dramatischen Explosion an Bord der Foca 1909 – zum Bau der beiden Tauchbootklassen *GLAUCO* (Laurenti, 1903) und *MEDUSA* (1910). Vor dem 1. Weltkrieg wurden in Italien sechs unterschiedliche Typen sowohl für den Export als auch für die *Regia Marina* entwickelt, von denen einige eine Verdrängung von 850 t unter Wasser erreichten und mit zwei 76-mm-Kanonen ausgestattet waren (*BALILLA*, *PACINOTTI*). Die ursprüngliche Bezeichnung »sommergibile« – Tauchboot – überdauerte mehrere Epochen und wird heute noch zur Bezeichnung der italienischen U-Boote verwendet.

In Großbritannien wurde aus der Gegenüberstellung von U-Boot und Tauchboot schnell eine vereinfachte Gegenüberstellung von Küstenoperationen und Überseeoperationen. Für erstere wurden die zunächst »reinen« kleinen U-Boote der Klassen *A*, *B* und *C*, für zweitere die Tauchboote der *D*-Klassen (3 000 sm bei 8 kn) mit einer größeren Ausdauer gebaut, die zu Beginn des 1. Weltkrieges am häufigsten von der *Royal Navy* eingesetzt wurden, insbesondere im Mittelmeer. Schon sehr früh entstand in Großbritannien der Wunsch nach einem gemeinsamen Einsatz von U-Booten und Überwasserkräften.

In Deutschland entschied man sich für Tauchboote mit Doppelrumpf nach Entwürfen des spanischen Marineingenieurs Ecquevilley, eines ehemaligen Mitarbeiters von Laubeuf. Die 1905 vom Stapel gelaufene *U1* (U für Unterseeboot, eine Bezeichnung, die häufiger verwendet wurde als der Begriff Tauchboot) diente als Vorbild für spätere Serien.

In Russland hatte die Marine schon lange ein Augenmerk auf das U-Boot gerichtet. So tauchten U-Minenleger (Typ *KRAB* aus dem Jahr 1912) zum ersten Mal in Russland auf. Die zaristische Flotte besaß kurz vor Kriegsbeginn die viertgrößte Unterseebootflotte im Hinblick auf die Anzahl der Einheiten.

1914 gerieten die Monarchien und Kaiserreiche ins Wanken, die Allianzen wurden in Frage gestellt, die Gesellschaften wurden von neuen Bewegungen heimgesucht und das Gespenst des Krieges rückte in greifbare Nähe.

Deutsche U-Boote vom Typ *U9* (vier Einheiten) mit ihren Tendern im Jahr 1910.

Querschnitt des deutschen U-Bootes *U1*: Das von einem Schüler Laubeufs entwickelte und von der Germania-Werft (Kiel) gebaute Tauchboot war vergleichbar mit den Einheiten von Laubeuf.

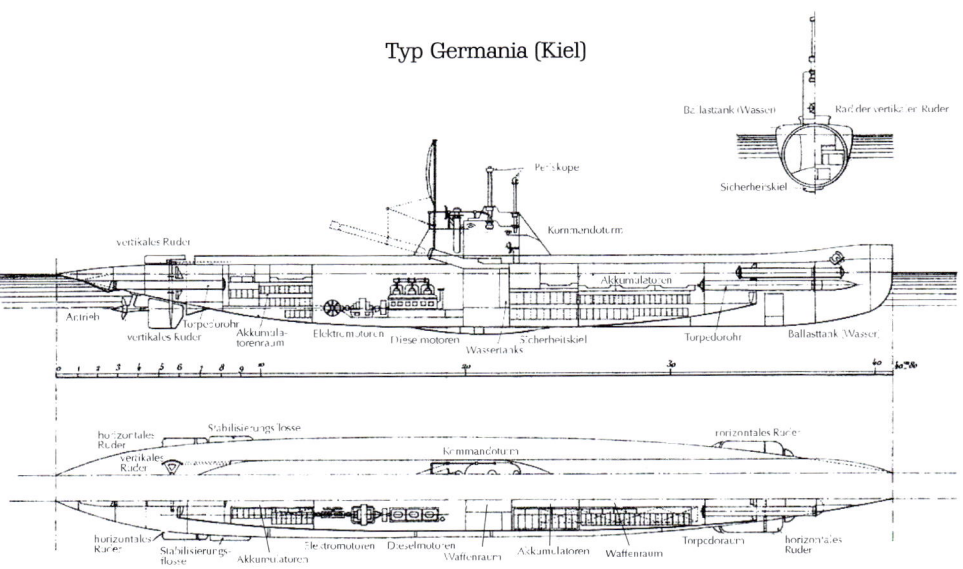

Typ Germania (Kiel)

Die deutsche *U10* der *U9*-Klasse auf See.

Das von Vickers 1913 gebaute britische U-Boot *E-9*: Die *E-9* wurde im 1. Weltkrieg in der Ostsee eingesetzt und musste sich selbst versenken, um nicht in die Hände der Deutschen zu fallen. Die *E*-Typen waren mit querliegenden Torpedorohren ausgestattet.

Stapellauf der russischen
Akula in der Ostseewerft in
Sankt Petersburg am 22.
August 1909: Dieses Tauchboot besaß einen Einhüllenrumpf mit zwei Ballasttanks
am Bug und am Heck.

Amerikanische U-Boote der
A-Klasse in der Werft von
Cavite im Jahr 1912: Die
U-Boot-Waffe diente zur Ver-
teidigung der Philippinen
gegen den möglichen Gegner
Japan, der in diesem Einsatz-
gebiet weit überlegen war.

Aufteilung der 1914 vorhandenen 377 U-Boote nach Nationen

Frankreich: 89	**Italien:** 20	**Schweden:** 6
Großbritannien: 87	**Japan:** 15	**Norwegen:** 4
USA: 39	**Österreich:** 12	**Brasilien, Spanien:** 3
Russland: 37	**Niederlande:** 9	**Kanada, Griechenland, Peru, Türkei:** 2
Deutschland: 36	**Dänemark:** 7	**Argentinien, Portugal:** 1

Der deutsche Minenleger *UC II* (52) im Hafen von Cadiz (12. Juni 1917): Bemerkenswert ist das Seitentorpedorohr; die 6 Minenschächte befinden sich im Bug.

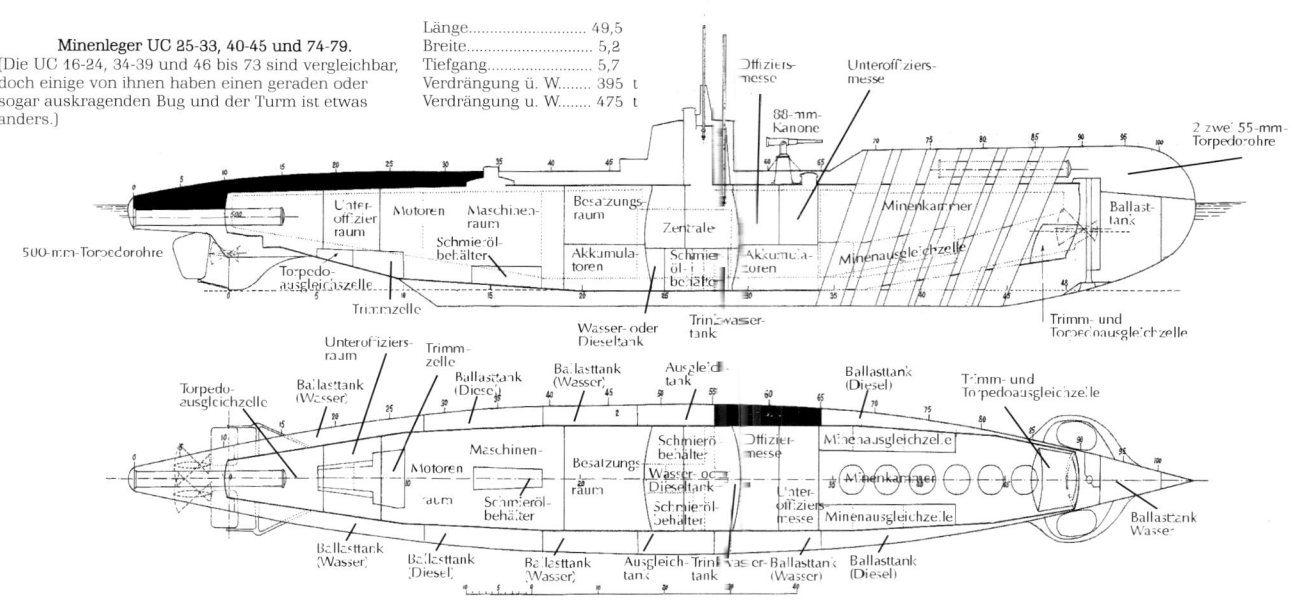

Minenleger UC 25-33, 40-45 und 74-79.
(Die UC 16-24, 34-39 und 46 bis 73 sind vergleichbar, doch einige von ihnen haben einen geraden oder sogar auskragenden Bug und der Turm ist etwas anders.)

Länge	49,5
Breite	5,2
Tiefgang	5,7
Verdrängung ü. W.	395 t
Verdrängung u. W.	475 t

Schnittbild der deutschen Minenleger *UC II* (23-30, 40-45, 74–79). Die achtzehn Minen sind in 6 Schächten untergebracht.

30

DER U-BOOT-KRIEG UND DER TOTALE KRIEG: ERSTE EPISODE (1914–1918)

Der U-Boot-Bau

Fast 900 U-Boote sollten in den viereinhalb Kriegsjahren von den Kriegsparteien gebaut werden, davon mehr als die Hälfte von Deutschland. Der Verlauf der Operationen und die Erkenntnisse über den Gegner hatten einen direkten Einfluss auf die Bauweise dieser U-Boote, deren Vielfalt von großen Kreuzern mit 2500 t über die ersten U-Jagd-U-Boote bis hin zu kleinen Minenlegern reichte. Unter den ca. 30 einsatzbereiten Schiffen, die Deutschland 1914 besaß, gab es nur sechs dieselelektrische Einheiten mit Seeausdauer. 22 weitere dieselelektrische Einheiten befanden sich im Bau, davon fünf für die österreichisch-ungarische Marine.

Die Besetzung der belgischen Küste ermöglichte die Durchführung von U-Boot-Operationen von Brügge aus: Eine Sonderklasse mit 17 kleineren U-Booten vom Typ *UB* (1914–1915) mit einer Verdrängung von 142 t wurde in nur 75 Tagen für den Einsatz im Ärmelkanal gebaut. Man plante zunächst einen »vollkommen elektrischen« Antrieb, fügte aber dann einen Dieselmotor hinzu. Der Unterwasserfahrbereich dieser Boote betrug 45 sm bei 4 kn. Sie konnten in Einzelteile zerlegt und auf dem Schienenwege zur Adria, in die Ägäis oder zum Schwarzen Meer transportiert werden. Die *UC*-Boote, eine geringfügig größere Version des *UB*-Typs (183 t), die genauso einfach zu transportieren waren, führten nur Minen in senkrechten Rohren mit und kamen in Brügge und Pola zum Einsatz. Eines dieser U-Boote, das von den Engländern versenkt und untersucht wurde, diente als Vorbild für den Umbau von zwei britischen U-Booten der *E*-Klasse für den gleichen Einsatz. Die Kriegserfahrungen veranlassten die deutsche Marine, ihre Küsten-U-Boote vom Typ *UC* zu modifizieren. Es entstanden zwei Varianten mit 493 t bzw. 560 t Verdrängung und einer Geschwindigkeit über Wasser von ca. 12 kn. Deutschland baute eine weitere Serie von hochseefähigen Minenlegern, die *UE*, mit einer Verdrängung von 832 t (34 Minen), von denen eine Variante bis in amerikanische Gewässer fahren konnte. Schließlich stellte Deutschland im März 1916 die *Deutschland* in Dienst, ein großes Handels-U-Boot (1 820 t), das die Blockade durchbrechen sollte. Zwischen 1916 und 1917 fuhr es zweimal nach Amerika und zurück und beförderte 900 t strategische Rohstoffe von Amerika nach Deutschland. Mit dem Kriegseintritt der Vereinigten Staaten endete diese Mission. Die *Deutschland* wurde zu einem U-Kreuzer mit zwei 150-mm-Kanonen umgebaut und erhielt den Namen *U155*. In ihrer militärischen Verwendung wurde sie bald durch vier Schwesterschiffe (*U151* bis *U154*) unterstützt.

Großbritannien, das seinen Rückstand mit allen Mitteln aufholen wollte, bestellte kurz vor Kriegsbeginn 20 U-Boote der *E*-Klasse (mit einer Überwassergeschwindigkeit von 16 kn) in den Vereinigten Staaten, von denen zehn in Kanada zusammengebaut wurden. Den Briten wurden falsche Informationen zugespielt, laut derer deutsche U-Boote angeblich eine Geschwindigkeit von 22 kn erreichten. Die britische Admiralität, die von einem U-Zerstörer zum Geleit eines Verbands träumte, nutzte dies als Begründung für den Bau von drei U-Boot-Klassen:
– *Nautilus* und *Swordfish* mit einer Überwassergeschwindigkeit von 17 bzw. 18 kn,
– *J*-Klasse mit einer Geschwindigkeit von 19 kn und
– *K*-Klasse mit einer Verdrängung von 2 560 t und einer Geschwindigkeit von 21/22 kn über Wasser (anstelle der angegebenen 24). Der Antrieb erfolgte durch Dampfturbinen. Diese großen Boote sollten den Überwasserkräften Geleitschutz bieten und einen feindlichen Verband bei dessen Rückzug angreifen. Sie wurden von einer Reihe von Unfällen heimgesucht, die mit Schwierigkeiten beim Einsatz von Dampf in U-Booten zusammenhingen.

Der Kampf gegen deutsche U-Boote, die auf ihrer Fahrt zum Atlantik Schottland passierten, veranlasste Großbritannien zur Entwicklung der ersten U-Jagd-U-Boote der Geschichte mit der Bezeichnung »*R*-Klasse«. Mit Hilfe der sechs Bugtorpedorohre sollte ein über Wasser geortetes deutsches U-Boot torpediert werden. Sein profilierter Einhüllenrumpf verlieh diesem U-Jagd-U-Boot eine Unterwassergeschwindigkeit von 15 kn. Diese reichte jedoch häufig nicht aus, um das Boot in eine angemessene Schussposition zu bringen. Die Vorläufer der späteren hydrodynamischen U-Boote hatten nach dem Waffenstillstand ihren Nutzen verloren und wurden außer Dienst gestellt. Schließlich bewaffnete die Admiralität ein U-Boot der *M*-Klasse mit einem schweren Geschütz (12 Zoll oder 305 mm), um die belgische Küste zu bombardieren und Überwassereinheiten aus einer halb getauchten Position anzugreifen. Nur eine dieser gigantischen Einheiten wurde vor Kriegsende in die aktive Flotte eingeführt.

Insgesamt stellte Deutschland ca. 170 U-Boote (mit einer Verdrängung von 500 bis 2 300 t) in Dienst. Hinzu kamen 339 Küsten-U-Boote und Minenleger. Großbritannien hingegen baute nur 145 Einheiten.

Da die Ressourcen der Industrie vor allem für den Krieg an Land mobilisiert wurden, bauten die anderen Nationen wesentlich weniger U-Boote. Die Vereinigten Staaten und Russland standen mit ca. 60 U-Booten an erster Stelle, gefolgt von Italien (40), Österreich-Ungarn (27), Frankreich (20) und Japan (6).

31

Deutsches U-Boot der *UD*-Klasse im Hafen von Newport (USA) im Jahr 1916: Dieses Boot diente als Vorbild für den amerikanischen U-Boot-Bau.

Britisches U-Boot der *L*-Klasse: Das Geschütz befand sich oben auf dem Turm und konnte deshalb schnell und auch bei schlechten Witterungsbedingungen eingesetzt werden. Die durch Kanonen bolschewikischer Schiffe in der Ostsee (Juni 1919) versenkte *L-55* wurde 1928 von der sowjetischen Marine gehoben und wieder in Dienst gestellt.

Dampfgetriebenes englisches U-Boot der *K*-Klasse: Diese großen Einheiten mit einer Verdrängung von 2 560 t sollten eine Überwassergeschwindigkeit von 24 kn erreichen und dem Verband Geleitschutz geben. Sie erwiesen sich zwar als gefährlich, waren aber nicht schneller als 22 kn.

Für die *US Navy* hatte der 1. Weltkrieg die Unzulänglichkeiten der amerikanischen U-Boote zu Tage gebracht. Das *General Board* vertrat die Ansicht, dass die Marine zwei Arten von Booten einsetzen müsse: zum einen Küsten-U-Boote zur Verteidigung der Häfen und zum anderen hochseefähige U-Boote für Fahrten in entfernte Gebiete. Daraufhin wurden U-Boote der *H-*, *K-*, *L-*, *M-*, *N-* und *O*-Klasse mit einer Verdrängung von ca. 500 t gebaut. Der Aufenthalt eines deutschen U-Boots mit einer Verdrängung von 800 t im Hafen von Newport im Jahr 1916 war einer der Gründe, weshalb die Marineführung zu der Überzeugung gelangte, dass diese Verdrängung für Operationen im Atlantik ausreichend sei. Deshalb veranlasste sie den Bau der *S*-Klasse (1 280 t) und der *T*-Klasse (1480 t), die sich im Einsatz als unbefriedigend erwiesen. Die ersten waren zu klein, die zweiten tauchten zu langsam und hatten mit Antriebsproblemen zu kämpfen.

Die Vereinigten Staaten waren auch der größte Exporteur von U-Booten. Auf kanadischen Werften wurden bereits unter strengster Geheimhaltung amerikanische Einheiten der *H*-Klasse für Großbritannien und Italien zusammengebaut. Der Stahl stammte in Wirklichkeit von der Firma Bethlehem und ihren beiden Werften in Quincy und San Francisco. Auf dem gleichen Weg gab die russische Regierung 17 U-Boote der *AG*-Klasse in Auftrag. Die ersten U-Boote wurden im Dezember 1915 in Einzelteilen ausgeliefert und in Petrograd zusammen-

gebaut. Drei U-Boote einer zweiten Lieferung wurden auf dem Seeweg nach Wladiwostock und anschließend auf dem Schienenweg nach Nikolajew transportiert, um dort zur Schwarzmeerflotte zu stoßen, drei weitere wurden aufgegeben. Die Oktoberrevolution verhinderte eine dritte Lieferung, die von der *US Navy* zurückgekauft wurde. Eine in Italien in Auftrag gegebene Einheit erreichte nach einer Reise von mehr als 2 300 sm die Arktis. Alle weiteren von der russischen Marine in Dienst gestellten Einheiten gehörten zur *BARS*-Klasse (22 Einheiten).

Nach Beschaffung amerikanischer Pläne vor dem Krieg baute Österreich-Ungarn deutsche Küsten-U-Boote (der Klassen *SM*, *U10*, *U27* und *U43*, die dem Typ *UB I/II* entsprach) in Lizenz zusammen oder kaufte sie. Frankreich baute sechs große U-Boote (1 287/1 318 t unter Wasser) der Klassen *DUPUY DE LOME*, *JOESSEL* und *LAGRANGE* nach den Plänen von Simonot und Hutter. Diese über Wasser mit Dampfmaschinen angetriebenen U-Boote wurden alle auf Dieselmotoren umgestellt. Es gab vier weitere Klassen mit einer Unterwasserverdrängung zwischen 600 und 900 t: *AMPHITRITE* (acht Einheiten mit einer Verdrängung von 609 t), *GORGONE* (drei Einheiten mit einer Verdrängung von 788 t), *DIANE* (zwei Einheiten mit einer Verdrängung von 891 t) und *ARMIDE* (drei Einheiten mit einer Verdrängung von 670 t). Die letzten drei waren für Japan und Griechenland bestimmt und wurden beschlagnahmt.

Britisches U-Boot der *M*-Klasse (Monitor): Die drei mit einer 305-mm-Kanone bewaffneten Einheiten dieses Typs sollten ein Ziel überraschend bekämpfen und konnten dabei in halb getauchter Position bleiben.

Die *Akula* diente als Prototyp für die *MORJ* (1909: drei Einheiten) und die *BARS* (1912: 22 Einheiten). Sie arbeitete mit den englischen U-Booten in der Ostsee zusammen und verschwand bei einem Minenlegeeinsatz vor Memel im November 1915.

Das Geleitzugsystem im 1. Weltkrieg

Versenkung des von der *US Navy* erbeuteten ehemaligen deutschen Transportschiffs *Covington* durch die *U86* vor Brest am 1. Juli 1918: Dieses Schiff hatte bis dahin 21.000 amerikanische Soldaten nach Frankreich gebracht.

Das 1917 nach mehreren Erprobungen eingeführte Geleitzugsystem war eine Antwort auf den uneingeschränkten U-Boot-Krieg. Es handelte sich um ein schwerfälliges und langsames Verfahren zum Transport von Gütern, das nicht ohne Nachteile und Gefahren war. Im 17. und 18. Jahrhundert waren Geleitzüge eine weit verbreitete Methode, um wertvolle Fracht über den Atlantik zu transportieren. Mit Einführung der Dampfmaschine verlor der Gemeinschaftsgeist der Seefahrer an Bedeutung und die Kommandanten wurden unabhängiger.

Um die Geleitzüge so effizient wie möglich einzusetzen, musste zunächst eine große Anzahl von Handelsschiffen zusammengefasst werden. Dies verlangsamte die Überfahrt und erforderte große, geschützte Reeden, in denen die Schiffe weiterhin Angriffen aus der Luft ausgesetzt waren. Nach dem Sammeln der Schiffe wurde das Startsignal zum Treffen mit den Geleitschiffen gegeben, das gelegentlich auf offener See stattfand. Die Marschgeschwindigkeit richtete sich immer nach dem langsamsten Handelsschiff des Geleitzugs und nach dem Wetter. Das Manöver einer großen Anzahl von Schiffen, die es nicht gewohnt waren, gemeinsam zu fahren, führte zu Verwirrungen und damit zur Gefahr von Zusammenstößen, insbesondere in Notsituationen infolge einer bedrohlichen Entdeckung oder bei Nebel, Dunkelheit etc.

Der Geleitzugkommodore (Offizier, der mit der Leitung des Geleitzugmanövers und dem bestmöglichen Einsatz der Geleitschiffe beauftragt war) musste je nach Bedrohung zwischen einer für die Verteidigung gegen Luftangriffe günstigen geschlossenen Formation und einer aufgelockerten Formation wählen, die den U-Booten die Annäherung an den Geleitzug erschwerte. Er musste entscheiden, ob die infolge einer Havarie oder eines Angriffs nur mit langsamer Fahrt vorankommenden Schiffe aufgegeben und damit die Überlebenden ihrem Schicksal überlassen werden sollten, damit die anderen ihm anvertrauten Schiffe schneller weiterfahren konnten.

Zerstörung eines deutschen Handelsschiffs im Atlantik durch ein U-Boot. Das U-Boot stellte ein Prisenkommando ab, das die Papiere beschlagnahmte und die Ladung kontrollierte; nach Evakuierung der Besatzung wurde das Schiff durch Sprengladung oder Kanonen zerstört.

Die Operationen

U-Boote gegen Hochseeflotten

Die britische Strategie bestand darin, das Auslaufen der deutschen Hochseeflotte mit Hilfe der in den Häfen im Nordosten stationierten *Grand Fleet* (die doppelt so viele *Dreadnought* besaß) zu blockieren. Ein Teil der U-Boote befand sich in Verteidigungsstellung entlang der Nordseeküste, während 17 weitere in Harwich stationiert waren, um in feindlichen Gewässern in Erwartung eines möglichen Auslaufens der Hochseeflotte zu patrouillieren.

Die Deutschen wollten eine Schlacht um jeden Preis vermeiden. Sie rechneten mit einem englischen Angriff auf Borkum oder Sylt. Die vor der helgoländischen Küste eingesetzten deutschen U-Boote sollten einerseits einen englischen Angriff verhindern und andererseits versuchen, die Überlegenheit der *Grand Fleet* durch Angriffe zu mindern, wodurch beide Flotten gleich stark gewesen wären und sich die Aussichten der Deutschen in einer Schlacht mit Schlachtschiffen verbessert hätten. Die Fähigkeiten der U-Boote waren begrenzt. Nachts fuhren sie über Wasser und am Tage blieben sie unter Wasser. Die Reichweite der Torpedos betrug kaum mehr als eine Seemeile. Die Sicht durch das Periskop war verschwommen.

In den ersten beiden Kriegsjahren lagen die Erfolge des U-Boot-Krieges eher auf Seiten der Mittelmächte. Die eiligst an die deutschen Küsten geschickten englischen U-Boote waren zu langsam, um den Angriff der Schlachtkreuzer auf Scarborough und Hartlepool abfangen zu können. Im September 1914 versenkte die *U9* die drei alten englischen Kreuzer *Cressy*, *Hogue* und *Aboukir* und verlieh damit dem U-Boot eine Bedeutung, die noch einen Monat zuvor niemand für möglich gehalten hatte. Die Deutschen richteten Stützpunkte im belgischen Brügge und Zeebrügge ein, um ihre Operationen an der englischen Küste zu verstärken. Umgekehrt schickten die Briten sechs U-Boote in die Ostsee, um den Bewegungsspielraum der Kaiserlichen Marine einzuschränken. Sie versenkten einen Kreuzer mit Geleitschutz und einen leichten Kreuzer, mussten sich aber zum Zeitpunkt der russischen Niederlage den Deutschen ergeben. In der Adria beschädigten die Österreicher das französische Schlachtschiff *Jean Bart*.

Im Mittelmeer gelang es den Engländern und Franzosen nicht, die türkischen Meerengen zu blockie-

Deutscher U-Minenleger vom Typ *UBII*, von dem mehrere Einheiten an Österreich-Ungarn übergeben wurden.

ren, um die Durchfahrt der Schlachtkreuzer *Breslau* und *Goeben* zu verhindern. Dagegen gelang der ausdrücklich zur Abwehr der Dardanellen-Operation geschickten *U21* mit der Torpedierung der alten Schlachtschiffe *Triumph* und *Majestic* ein bemerkenswerter Erfolg.

Insgesamt gab es nur wenige Einsätze mit Beteiligung bedeutender Einheiten. Die Engländer setzten weiterhin auf die Zusammenarbeit zwischen den Überseeverbänden und den U-Booten, doch diese waren zu langsam, um die Verbindung zur Oberfläche aufrechterhalten zu können. Um diese Schwäche zu beheben, beschloss *First Sea Lord*, Admiral Fisher, den Bau der berühmten *K*-Klasse (mit einer theoretischen Geschwindigkeit von 24 kn).

Nachdem Admiral Scheer das Kommando über die deutsche Hochseeflotte übernommen hatte, nahmen ihre

Das französische U-Boot *Joessel* (1917) bei Kriegsende.

Den deutschen und britischen U-Booten gelang es nicht, die gegnerischen *DREADNOUGHT* in die Falle zu locken.

Das amerikanische U-Boot *L-11* und das Schlachtschiff *Florida* oder *Utah* wahrscheinlich in der Bantry Bay (Irland) im Jahr 1918.

Aktivitäten zu. Im April 1916 griff sie die Küste vor Lowestoft an und durchbrach dabei die Blockade der englischen U-Boote. Im Mai beschloss Scheer den Einsatz aller deutschen U-Boote, um die Häfen, in denen die Schiffe der *Grand Fleet* zusammengezogen worden waren, zu blockieren und zu verminen. Die *Grand Fleet* wiederum konnte die Blockade der deutschen U-Boote umgehen und ungehindert auslaufen, so dass die beiden Flotten bei der Schlacht im Skagerrak aufeinander trafen, aus der keiner als Sieger hervorging und in der die Angriffe der U-Boote erfolglos blieben. Im August 1916 sollte die kaiserliche Flotte unter dem Geleit von 24 U-Booten Sunderland bombardieren. Die vorgewarnten Briten schickten 26 U-Boote.

Beim Auslaufen aus Helgoland griff die *E-23* die kaiserliche Flotte an und zwang das Schlachtschiff *Westfalen* zur Rückkehr zum Stützpunkt. Zwei deutsche U-Boote versenkten ihrerseits zwei leichte englische Kreuzer. Insgesamt waren fast 50 U-Boote bei dieser Operation im Einsatz, deren Wirkung eher psychologischer Natur war. Admiral Jellicoe kam zu der Schlussfolgerung, dass Scheer versucht hatte, seine Flotte in eine U-Boot-Falle zu locken und entschied, die *Grand Fleet* nördlich der Dogger Bank zu belassen. Durch die deutschen U-Boote und ihre Minenfelder verlor die *Grand Fleet* die Kontrolle über die Gewässer der Nordsee, in die sie sich nicht länger wagte. Die Engländer zogen daraufhin ihre U-Boot-Kräfte an der Ostküste zusammen, wo sie in Verteidigungsstellung gingen.

1917 rückte der Krieg gegen U-Boote immer mehr in den Vordergrund. Die englischen U-Boote wurden zu den deutschen U-Boot-Routen, die zum Atlantik führten, an die Ost- und Westküste Schottlands verlegt. Im getauchten Zustand und in Zusammenarbeit mit Trawlern lauerten sie den deutschen U-Booten an der Oberfläche auf, um sie zu bekämpfen. Auf diese Weise wurden 1917 sieben deutsche U-Boote und im darauffolgenden Jahr sechs U-Boote versenkt.

Das U-Boot und der Untergang Großbritanniens

Zum Zeitpunkt der Kriegserklärung gab es keinen deutschen Plan zum Angriff von Handelsschiffen mit U-Booten. Ein im November vorgebrachter Vorschlag zur Erwiderung der englischen Blockade wurde im Januar 1915 von der Regierung erörtert. Man wollte die neutralen Staaten, die ein Drittel des Verkehrs nach Großbritannien ausmachten, aufschrecken. Der Vorschlag von Vizeadmiral Pohl wurde angenommen und die Gewässer um Großbritannien zum Kriegsgebiet erklärt, in dem die Rettung der Besatzung nicht in jedem Fall möglich sei. Von Februar bis Mai 1915 besaß Deutschland 27 einsatzbereite U-Boote, von denen sich durchschnittlich sechs im Wasser befanden. Von den 93 Angriffen mit Geschützen und 57 Angriffen mit Torpedos waren 38

Das an der englischen Küste bei Hastings gestrandete U-Boot *U 118*.

erfolgreich. Ab Juni verlegten die deutschen U-Boote Minen bis in die Themsemündung hinein. Im Mittelmeer wurden sechs U-Boote gegen französische und italienische Handelsschiffe eingesetzt. Das Ergebnis der Operation war jedoch enttäuschend, da auf diese Weise nur 1% des Verkehrs ausgeschaltet werden konnte. Auf die Zerstörung der *Lusitania* durch die *U20* am 7. Mai und später der *Arabic* reagierten die Amerikaner mit Empörung. Die Operationen wurden daraufhin im Herbst 1915 unterbrochen.

Die Wiederaufnahme der Operationen erfolgte jedoch bereits im Februar 1916, als die *Sussex* ohne Vorwarnung torpediert wurde. Ende des Jahres betrug die Zerstörungsrate im Durchschnitt 300 000 t pro Monat. Das Kalkül der Deutschen war zynisch: Würden die neutralen Staaten den Handel mit England einstellen, führte dies zu einer Reduzierung des Handelsverkehrs um 39% und die Amerikaner hätten keine Zeit, eine Armee aufzustellen, denn bis dahin hätten die Deutschen bereits gesiegt. Am 1. Februar 1917 waren von insgesamt 152 deutschen U-Booten 111 einsatzbereit und weitere 105 befanden sich im Bau. Im April 1917 wurde ein Viertel aller Schiffe auf der Fahrt nach Großbritannien versenkt. Insgesamt konnten im ersten Halbjahr 1917 die von den Deutschen zugefügten Verluste (600.000 t monatlich) durch die neu gebauten englischen Schiffe (500.000 t), durch die von den anderen Nationen gebauten Schiffe (500.000 t) sowie durch die erbeuteten deutschen Schiffe ausgeglichen werden. In der zweiten Jahreshälfte ging das Handelsvolumen zurück, da die weltweiten Verluste (2,25 Millionen t) nicht mehr durch neu gebaute Schiffe (1,5 Millionen t) und erbeutete Schiffe (0,5 Millionen t) ausgeglichen werden konnten. Die Rationierung, das Geleitzugsystem, das Aufspüren von deutschen U-Booten durch Peilung, Hydrophone, das Beschießen von Torpedoschwalls mit Sprengladungen, die Unterstützung durch die amerikanische Marine und die Minensperren in der Nordsee führten schließlich zum Sieg der Entente. Aber zum ersten Mal hatte der mit U-Booten geführte Handelskrieg Großbritannien, das am Rande einer Niederlage stand, beinahe zugrunde gerichtet.

Die U-Boote der Entente störten ihrerseits die Schifffahrt der Mittelmächte in der Ostsee und im Schwarzen Meer. In der Ostsee wurden die deutschen Schiffe durch anglo-russische Kräfte behindert, während im Schwarzen Meer die häufigen Patrouillen der U-Boote des Zaren die türkische Küstenschifffahrt lähmten. Die Äußerungen des ehemaligen Oberbefehlshabers der russischen Marine, Admiral Gorschkow, unterstreichen die Rolle der U-Boote: »Der 1. Weltkrieg hat gezeigt, dass die größte Gefahr für die Marine und die Wirtschaft der Krieg führenden Mächte nicht von den Schlachtschiffen ausging, die im russisch-japanischen Krieg eine bedeutende Rolle gespielt hatten, sondern von den U-Booten ... «.

Bericht von Kapitän David Evans, Kommandant des von der U151 torpedierten britischen Frachters SS Pennistone anlässlich seiner Befragung durch das »Office of Naval Intelligence« (Marinenachrichtendienst).

»Die Pennistone verließ New York am 9. August 1918 im Geleitzug. Wir waren 18 Schiffe im Geleitzug, als ich torpediert wurde ... Wir wurden an Backbord in Höhe des Maschinenraums getroffen. Der Ausguck erklärte mir, dass er den Torpedo in einer Entfernung von ca. 15 Fuß gesehen habe ... Wir begannen zu sinken. Ein Beiboot wurde durch eine Explosion zerstört, so dass wir das Schiff mit zwei kleinen Booten verlassen mussten. Wir haben einen SOS-Ruf abgesetzt ... Der Kreuzer hat ihn nicht gesehen ... Wir brauchten fünf bis zehn Minuten, um das Schiff zu evakuieren. Wir waren 41 ... aber ich konnte nur 39 Männer in den Booten zählen ... Das Schiff sank bis zur Brücke und stabilisierte sich dann. Ich wollte gerade zum Schiff zurückkehren, als das U-Boot auftauchte und auf unsere Seite kam ... Sie fragten nach dem Kapitän ... und man schickte mich in das U-Boot. Sie brauchten zehn Minuten, um an unserem Schiff festzumachen, den Sprengstoff zu deponieren und es zu versenken ... Ich war von Sonntagmittag bis Samstagmittag, also sechs Tage, an Bord des U-Boots. Ich war bei der Mannschaft untergebracht ... Wir waren ungefähr 40 im gleichen Raum. Die Mannschaft bestand aus 77 Männern, von denen fünf Wache hatten. Einige waren Berufssoldaten, andere Reservisten ... Die Disziplin war lasch. Zwischen den Offizieren und unter der Mannschaft gab es Meinungsverschiedenheiten. Der Kommandant, Korvettenkapitän Lothar Arnauld de la Perrière, hatte kaum Kontakt zur Mannschaft ... Er war ungefähr 30 Jahre alt und wirkte sehr militärisch ... Die Besatzung war zwischen 20 und 30 Jahre alt ... Es gab Tee, Kaffee, Brot, Butter und Marmelade, alles in Dosen, sogar das Brot. Mehrere Besatzungsmitglieder hatten an Bord der Hamburg America Line oder der North German Line gearbeitet. Es wurde niemals über den Krieg gesprochen ... Sie haben mich ganz gut behandelt und nicht beleidigt ... Das U-Boot war seit zwei Monaten auf See und sollte dort noch einen Monat bleiben ... Ich verbrachte die meiste Zeit auf der Brücke. Die Geschwindigkeit über Wasser betrug ca. 12 Knoten ... Sie haben ungefähr 40 Schüsse auf einen amerikanischen Tanker abgegeben ...der die Flucht ergriffen hat ... Samstags, als die Besatzung Rauch am Horizont sah, befahl man mir, herunterzukommen. Eineinhalb Stunden später rief mich der Kommandant zu sich. Er erklärte mir, dass er den norwegischen Dampfer versenken werde und ich das U-Boot entweder mit den Flößen der Besatzung verlassen oder an Bord bleiben könne. Ich entschied mich für die Flöße ...Man gab mir Verpflegung für drei bis vier Tage und sie sagten uns, dass wir 84 Meilen von Cap Sable entfernt seien ...«.

Auszug aus Submarine activities off the Atlantic Coast of the United States, from June 18 to August 20, 1918. Office of Naval Intelligence, Navy Department, Washington DC, 1918.

Das ehemalige Handels-U-Boot Oldenburg, Schwesterschiff der Deutschland, das als U151 in die Marine übernommen wurde; das als Kriegsreparation an Frankreich übergebene Schiff wurde 1921 als Ziel versenkt.

Ein deutsches U-Boot
(wahrscheinlich die *UB98*),
das im November 1918
der *Royal Navy* übergeben
wurde.

Unterwasserakustik

Seit der Antike weiß man, dass sich der Schall im Wasser schneller ausbreitet (1 500 Meter pro Sekunde) als in der Luft. Die Geschwindigkeit ist von der Tiefe, der Temperatur und dem Salzgehalt des Wassers abhängig. Chinesische Angler halten beispielsweise Bambusrohre ins Wasser, um die Bewegungen der Fischschwärme zu verfolgen.

Zu Beginn des 20. Jahrhunderts wurden die ersten Echolote entwickelt. So empfing der Amerikaner Fessenden mit Hilfe eines elektrodynamischen Lautsprechers zur Entdeckung von Treibeis Echos von einem Eisberg.

Aufgrund der U-Boot-Bedrohung verstärkten Frankreich, Großbritannien und die Vereinigten Staaten Ende 1915 ihre Bemühungen im Bereich der Grundlagenforschung. Im Vordergrund stand die Untersuchung des von einem U-Boot erzeugten Schallspektrums und der vom Schall zurückgelegten Entfernung. Der 1917 von Kapitänleutnant Walzer entwickelte passive Sensor wurde auf französischen Patrouillenbooten eingesetzt, während die *Royal Navy* ihn für zu anfällig hielt. Mit Hilfe dieses einfach zu bedienenden Sensors konnte man das von einem U-Boot erzeugte Geräusch in einer Entfernung von 800 bis 2 000 Meter hören. Die *US Navy* und die *Royal Navy* führten amerikanische Hydrophone mit einer niedrigen Frequenz (2 bis 6 kHz) ein. Ihr Betrieb war nur bei Stillstand des Trägerschiffs möglich, eine gefährliche Position im Hinblick auf U-Boote. Deshalb entwickelte man Schlepphydrophone, um auf diese Weise einen Abstand zwischen dem Gerät und dem Eigengeräusch des Trägerschiffs zu schaffen. Die deutschen U-Boote wurden hingegen mit Hydrophonen ausgerüstet, die eine Weiterentwicklung der Navigationshilfen der Vorkriegszeit darstellten. Ihre Ortungsreichweite betrug bis zu 25 sm. Die U-Boot-Bedrohung veranlasste Großbritannien, ein ortsfestes Hydrophonnetz entlang der Küsten einzurichten, von denen einige mit Minen verbunden waren. Zur U-Boot-Abwehr eingesetzte Trawler und Wasserflugzeuge wurden ebenfalls mit Hydrophonen ausgestattet. Letztere mussten in dem Bereich, in dem ein U-Boot gemeldet worden war, landen und einen Zerstörer zum Sonarkontakt lenken. Im Juli 1918 wurden die Hydrophone erstmals erfolgreich eingesetzt: Nachdem der Trawler *Calvia* das Geräusch eines U-Boots wahrgenommen hatte, führte es den Zerstörer *Vanessa* zur *UB107*, die daraufhin durch Granaten versenkt wurde. Gleichzeitig gab es Versuche zur Entwicklung einer aktiven Akustik. Der russische Student Chilowski und der französische Professor Paul Langevin erfanden den Quarzsender.

Der Waffenstillstand verzögerte die Forschungen. Dies hinderte England jedoch nicht daran, ein erstes Modell des *ASDIC* (1918) zu entwickeln, das an Bord der Elbro erprobt wurde. In Frankreich entstand das aktive Sonargerät Langevin-Chilowski, das jedoch nicht so leistungsfähig war. Das *ASDIC* sendete Signale aus, die von den Hüllen der U-Boote reflektiert wurden. Auf diese Weise konnten die Entfernung des U-Boots und sein Azimut bestimmt werden. Die maximale Reichweite des *ASDIC* (2 000 bis 3 000 Meter) war für den Angriff (nach Ortung des U-Boots) ausreichend, jedoch nicht für den Wachdienst. Die ersten *ASDIC* arbeiteten mit Frequenzen zwischen 15 und 30 kHz.

Im 2. Weltkrieg setzten die Alliierten und in geringerem Umfang auch die Japaner aktive Antennen ein. Die Deutschen hingegen bevorzugten passive Horchgeräte und die Italiener verwendeten nach wie vor Hydrophone.

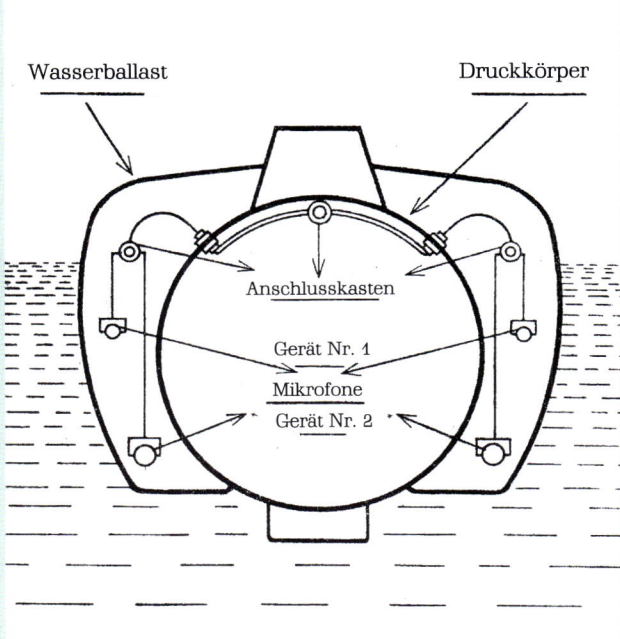

Anordnung der Hydrophone in den Tauchzellen der deutschen U-Boote im 1. Weltkrieg.

Verbots- und Begrenzungsversuche

Alle Beteiligten des Seekriegs versuchten, die Lehren aus diesem Krieg zu ziehen. Die Überlegungen der Alliierten zum Einsatz von U-Booten veranlassten diese, auf einer Reihe von internationalen Abrüstungskonferenzen der Siegermächte ein vollständiges Verbot oder zumindest eine Verringerung der erlaubten U-Boot-Einheiten zu erreichen. Zunächst wurde den Deutschen im Versailler Vertrag vom 29. Juni 1919 der Bau und Besitz von U-Booten untersagt: 380 Einheiten wurden den Alliierten übergeben und größtenteils zerstört. Schließlich wurde auf mehreren internationalen Flottenkonferenzen (Washington 1922, Genf 1927, London 1930) eine Reihe von Verträgen unterschiedlicher Bedeutung und Tragweite geschlossen.

In Washington wollten die Briten ein Einsatzverbot für U-Boote erreichen, ähnlich dem Verbot von Dumdumgeschossen oder Kampfgas. Die Vereinigten Staaten ihrerseits waren auf einen diplomatischen Erfolg aus, und Frankreich wollte die Rolle der U-Boote als Gegengewicht zu den Schlachtschiffen erhalten. Letztlich kam es nicht zu einem U-Boot-Verbot, und die Washingtoner Konferenz endete lediglich mit einem Dokument, das die Pflichten der U-Boote gegenüber Handelsschiffen regelte. Dieser Vertrag war sehr vage gehalten und blieb deshalb ohne große Bedeutung. Bei der Washingtoner Konferenz wurde zwar eine Begrenzung der Anzahl und des Umfangs der großen Überwasserverbände erreicht, Beschränkungen für U-Boote waren jedoch nicht vorgesehen, sondern nur internationale Normen zur Messung der Verdrängung von Schiffen (die seitdem in Washington-Tonnen oder tW angegeben wird) oder von U-Booten (die sogenannte Genfer konventionelle Verdrängung).

Der wiederholte Widerstand Frankreichs, Japans, ja sogar Amerikas gegen ein U-Boot-Verbot führte dazu, dass die bei der Londoner Konferenz beschlossenen Vereinbarungen zum U-Boot-Krieg nur Bestimmungen zum Gerät enthielten: Beschränkung der Verdrängung auf 2 000 tW, Begrenzung der Artilleriekaliber auf 130 mm, Quoten für die Gesamttonnage der U-Boote, Austausch Stück gegen Stück nur nach 13 Jahren Betrieb. Da der Londoner Marinevertrag nicht von Frankreich und Italien ratifiziert wurde, hatte er auch keine rechtliche Bedeutung.

Nach der Wiederbesetzung des Ruhrgebiets wollte Hitler-Deutschland 1935 seine Handlungsfreiheit in allen Bereichen zurück erlangen und lehnte deshalb den Versailler Vertrag und die darin enthaltenen Klauseln ab, die Deutschland den Bau und Besitz von U-Booten untersagten. Mit Großbritannien wurde ein Abkommen zur Begrenzung der Gesamttonnage der deutschen Marineverbände (35% der britischen Tonnage für Überwasserschiffe und 45% für U-Boote) geschlossen. Damit war der Traum vom Verbot des U-Boots und der Verhinderung der deutschen Wiederbewaffnung zerronnen.

Einsatzerfahrungen und Einsatzgrundsätze

Die Einsatzkonzepte der U-Boote wurden weiterhin von der Küstenverteidigung und dem Angriff der

Die englische Flotte vor Spithead: Großbritannien bemühte sich vergeblich um ein Verbot von U-Booten, die England im 1. Weltkrieg an den Rand der Niederlage gebracht hatten und die englische Seeüberlegenheit bedrohten.

Schlachtschiffe des Starken durch den Schwachen bestimmt, um auf diese Weise die Machtunterschiede zu verringern. Für die Sowjetunion, die 1939 die weltweit größte U-Boot-Flotte besaß, stand die Verteidigung ihrer Küsten gegen die »kapitalistischen« Linienschiffe, mit denen sie nicht konkurrieren konnte, im Vordergrund. Für Großbritannien war das Konzept des gemeinsamen Einsatzes von Überwasserkräften und U-Booten nicht mehr realisierbar: Die Überwasserschiffe fuhren immer schneller, und die Kommunikation mit den U-Booten blieb problematisch. Letztere wurden von nun an in zwei Kategorien unterteilt: Einheiten mit mittlerer Reichweite für Einsätze in der Nordsee und Hochseeeinheiten. Für die Vereinigten Staaten war das U-Boot ein Mittel zum Schutz des Panamakanals sowie der Philippinen. Außerdem sollten große, hochseefähige U-Boote bereits zu Beginn eines Krieges mit Japan dessen Flotte in ihren Gewässern behindern und die von allen vorausgesehene große Schlacht der Schlachtschiffe vorbereiten. Dagegen verließ sich Japan, dessen Linienflotte der amerikanischen zahlenmäßig unterlegen war, auf das U-Boot, das die amerikanischen Überseestreitkräfte aufklären und deren zahlenmäßige Überlegenheit durch Behinderung der Schlachtschiffe bei der Fahrt durch den Pazifik ausgleichen sollte. Der Einsatz von U-Booten gegen den Handel war nicht beabsichtigt. Italien wollte mit seinen U-Booten der englischen Marine den Zugang zum Mittelmeer versperren und die Verbindungen zwischen Frankreich und Nordafrika unterbrechen.

Für Deutschland war das U-Boot vor allem die Waffe par excellence für den totalen Krieg, mit der der unerbittliche Kampf gegen Großbritannien wieder aufgenommen werden sollte. Als Antwort auf das Geleitzugsystem empfahl Admiral Dönitz den Einsatz von U-Boot-Rudeln, die den Geleitschiffen über Wasser im Gegensatz zu isolierten Einheiten Widerstand leisten konnten. In Frankreich wollte man mit dem U-Boot die zahlenmäßige Unterlegenheit der Schlachtschiffe gegenüber der britischen Flotte ausgleichen.

Der spanische Bürgerkrieg bot die Möglichkeit, die U-Boot-Waffe im Einsatz zu testen.

Italien setzte mehr als 60 Einheiten ein, gegenüber 12 im republikanischen und zwei im nationalistischen Lager. Rom schickte zunächst die *Legionarii* und die *Torricelli*, die Franko bis Februar 1937 verdeckt Hilfe leisteten, wobei die *Torricelli* den Kreuzer *Miguel de Cervantes* beschädigte. Von August 1937 bis Februar 1938 griffen Mussolinis U-Boote den für das republikanische Lager bestimmten Handelsverkehr an. Infolge der Empörung, die diese Angriffe hervorriefen, wurde die Konferenz von Nyon einberufen, auf der man die Einführung einer internationalen Seeüberwachung beschloss. Italien überließ daraufhin den Nationalisten vier U-Boote mitsamt ihren Besatzungen, und Rom stellte seine Seeaktivitäten ab Februar 1938 ein. Das Eingreifen deutscher U-Boote war unauffälliger. Hinter der im Dezember 1936 eingeleiteten Operation Ursula (Name der Tochter des späteren Admirals Dönitz) verbarg sich die heimliche Stationierung von zwei U-Booten entlang der republikanischen Küsten. Nach einer Reihe erfolgloser Angriffe gegen republikanische Einheiten, die unbemerkt passieren konnten, versetzte die Torpedierung des U-Boots *C-3* durch die *U34* vor Malaga die deutsche Führung in Unruhe, da man glaubte, enttarnt worden zu sein. Die Operation Ursula wurde abgebrochen. In Wirklichkeit ging man jedoch irrtümlicherweise davon aus, dass die *C-3* durch eine Explosion im Inneren des U-Boots zerstört worden sei.

Die Sowjetunion schickte ihrerseits sechs Offiziere – die später als Helden der Sowjetunion gefeiert wurden –, um ebenso viele republikanische U-Boote zu führen oder diesen als Berater zur Seite zu stehen. Der Einsatz dieser U-Boote sollte sich als enttäuschend erweisen.

Der Einsatz von U-Booten gegen Kriegsschiffe war wenig erfolgreich. Was den Handel anbetraf, so gelang es den italienischen Einheiten zwar, den republikanischen Verkehr zu beeinträchtigen, sie konnten ihn jedoch nicht unterbrechen.

Die mit zwei 150-mm-Geschützen bewaffnete *U139* (2 483 t): Sie wurde der französischen Marine als Kriegsreparation übergeben und diente als Vorbild für den Bau von U-Boot-Kreuzern in Frankreich (*SURCOUF*), Großbritannien (*X-1*), Japan (*I-52*) und in den Vereinigten Staaten (*ARGONAUT*).

Die *Argonaut* passiert die Brooklyn Bridge in New York.

41

Der mit zwei 203-mm-Geschützen bewaffnete und einem Wasserflugzeug ausgerüstete U-Kreuzer *Surcouf* (1926). Auf dieser Aufnahme, die kurz vor seinem Verschwinden in der Karibik 1942 gemacht wurde, trägt er die Flagge der *Forces Navales Françaises Libres*.

Der mit zwei 152-mm-Geschützen bewaffnete U-Kreuzer *Argonaut* (1928) verdrängte 4 160 Tonnen und tauchte 91 Meter tief anstelle der bisher in der amerikanischen Marine üblichen 30 Meter.

nach 1918, die sich an den Leistungen der deutschen U-Boote orientierten, auch wenn der Handelskrieg mit Ausnahme von Deutschland nicht im Vordergrund stand. Das Torpedo-U-Boot mit ca. 1 000 t Verdrängung unter Wasser so wie es am Ende des 1. Weltkriegs existierte, blieb für die Marineführungen eine geeignete Waffe für den Seekrieg. Durch eine höhere Geschwindigkeit konnte das U-Boot entweder als Kreuzer, d.h. als ein für lange Fahrten ausgelegtes Schiff eingesetzt werden oder als Torpedoboot, das die Überseekräfte bei ihren schnellen Verlegungen begleitete, um Aufklärungsarbeit zu leisten, ihnen eine zusätzliche Handlungsmöglichkeit zu bieten oder sie zu schützen. Durch eine verbesserte Geräuscharmut konnte es seine Erfolgsaussichten in Zeiten kurzer Nächte oder gegen die aufkommenden Mittel zur Ortung aus der Luft zurück erlangen. Eine längere Seeausdauer und eine größere Geräumigkeit sowie eine höhere Anzahl an Waffen eröffneten die Möglichkeit, den Kaperkrieg auf alle Meere auszudehnen, indem man dabei insbesondere auf die Stützpunkte in Übersee zurückgriff. Durch eine größere Vielfalt an Waffen (Torpedos, Artilleriegeschütze, Minen, Kommandokräfte) konnte man das Handlungsspektrum des U-Boots in feindlichen Gewässern verbessern. Zwar wurden diese Verbesserungen teilweise von mehreren Ländern umgesetzt, doch 1939 waren die U-Boot-Flotten der U-Boot-Mächte zahlenmäßig nicht größer als 1914, und der militärische Wert der Einheiten entsprach nahezu dem von 1918.

Konzepte und technische Entwicklungen

Die Lehren, die Sieger und Besiegte aus dem 1. Weltkrieg zogen, inspirierten die U-Boot-Programme

Geschwindigkeit

Die Frage der Geschwindigkeit stand für die Nutzer von U-Booten an erster Stelle. Mit Hilfe zuverlässiger und sparsamer Dieselmotoren konnten Überwassergeschwindigkeiten von 15 und später 20 kn erreicht werden. Dies war für U-Kreuzer, die die Beute ihres Kaperkrieges mit Kanonen beschießen konnten, ausreichend. Dazu gehörte zum Beispiel die 1921 in Großbritannien gebaute *X-1* mit 3 600 t Verdrängung (Verdrängungsrekord), sechs Torpedorohren (TR) und zwei 130-mm-Zwillingsgeschützen. In Frankreich wählte man 1927 mit der *Surcouf*, einem sogenannten »Kanonen-U-Boot«, eine ähnliche Vorgehensweise. Mit einer Verdrängung von 4 300 t, zwölf Torpedorohren, einem 203-mm-Zwillingsgeschütz (vor der Londoner Konferenz) und einem kleinen Aufklärungswasserflugzeug, das in einem wasserdichten Hangar untergebracht war, löste sie die *X-1* als größtes U-Boot seiner Zeit ab. Die Vereinigten Staaten bauten ebenfalls ein U-Boot dieser Kategorie, die *V-4*, aus der später die *Argonaut* wurde. Diese hochseefähigen U-Boote wurden als »U-Kreuzer«, »Patrouillen-U-Boote« und später als »U-Boote erster Klasse« bezeichnet. Ihre Aufgabe war der Angriff der Verbindungswege und der Schutz der Kolonien. Um einen Verband begleiten zu können, musste ein U-Boot eine Geschwindigkeit zwischen 22 und 25 kn erreichen. Mit dieser Geschwindigkeit über Wasser konnte man aus einem U-Boot ein Geleit-U-Boot, also ein tauchfähiges Geleit-Torpedoboot, machen. In Großbritannien erfüllte die *THAMES*-Klasse mit einer Geschwindigkeit von 22 kn über Wasser und einer Reichweite von 16.000 sm bei wirtschaftlicher Geschwindigkeit ab 1928 diese Forderung. Die Beschränkung der Höchstverdrängung von U-Booten (1 800 t wurden bei der Washingtoner Konferenz vorschlagen und 2 000 t in London beschlossen) beeinträchtigte die Entwicklung schneller U-Boote mit einem großen Aktionsradius und

Die *X-1* (1925) verkörperte den britischen Traum von einem U-Zerstörer, der den Überseekräften Geleit geben und einen Zerstörer angreifen sollte. Sie war jedoch zu langsam (19,5 kn), um der Flotte folgen zu können. Antriebsprobleme führten dazu, dass sie vorzeitig außer Dienst gestellt wurde (1933).

großer Seeausdauer erheblich, denn man benötigte einen großen Rumpf zur Unterbringung leistungsfähiger Motoren. Der Antrieb eines großen Rumpfes erforderte wiederum viele Kilowatt und viele Tonnen Brennstoff. Nach dem 1. Weltkrieg brachte Frankreich das erste Patrouillenboot-Programm auf den Markt. Die 1922 gebauten neun *REQUIN* (mit einer Verdrängung von 1 100 t) dienten als Vorbild für die sogenannte 1 500 t-Klasse (31 Einheiten), deren Bau 1924 mit der *Redoutable* begann und bis 1930 mit mehreren Serien fortgesetzt wurde. Diese Klasse wurde nach 1936 von der *ROLAND MORILLOT*-Klasse abgelöst.

Daneben wurde ein Potenzial an kleinen Booten »zweiter Klasse« für den Küstenschutz im Mutterland und in den Kolonien aufrechterhalten. So gab Großbritannien die *S*-Klasse (1929) und die *T*-Klasse (1935) in Auftrag,

Mit einer Geschwindigkeit von 22 kn über Wasser waren die drei *THAMES* (1932–1934) ein neuer Versuch eines Geleit-U-Bootes. Da die Geschwindigkeit der Überwasserverbände jedoch 25 bis 30 kn betrug, konnten sie diese Funktion nicht erfüllen.

beschlossen hatten, sich über die Auflagen des Versailler Vertrages hinwegzusetzen. Die kontinuierliche Fortsetzung des deutschen U-Boot-Baus von 1917 bis zum 1936 gebauten ersten Typ der *VII*-Klasse (745 t getaucht, fünf Torpedorohre, 17 kn über Wasser und 8 kn unter Wasser, 6 200 sm bei einer Geschwindigkeit von 10 kn) erklärt sich durch eine Reihe heimlicher Programme, die zwischen 1927 und 1935 von deutschen Ingenieuren in aufnahmebereiten Ländern (Niederlande, Spanien und Finnland) realisiert wurden. Ihr erster Entwurf eines Hochsee-U-Boots oder U-Boots »erster Klasse« vor dem 2. Weltkrieg war die *IX*-Klasse (1 150 t Verdrängung, sech Torpedorohre, 10.000 sm bei einer Geschwindigkeit von 10 kn).

Seeausdauer

Die Frage der Seeausdauer war für den japanischen Generalstab von großer Bedeutung. Als Vorbild dienten die englische *K*-Klasse und die deutschen *U139*. Zur Vorbereitung von Operationen an der amerikanischen Westküste begann Japan bereits 1919 mit dem Bau großer U-Boote (100 m lang und 2 500 t Verdrängung) vom Typ *KD*, das von *kaidai* abgeleitet ist und große Einheit bedeutet. Als Reaktion auf die im Washingtoner Vertrag festgeschriebenen Tonnagebeschränkungen für japanische Überwasserschiffe baute Japan große, hochseefähige Einheiten mit ca. 3 000 t Verdrängung und einer Überwassergeschwindigkeit von über 20 kn. Einige dieser U-Boote (*J*-Klasse, von *junsen*, was soviel wie Kreuzer bedeutet, und später die *B*-Klasse) waren mit Wasserflugzeugen oder Katapultflugzeugen zur Ortung feindlicher Kräfte (und sogar zur Bombardierung der Ver-

Frankreich die *ONDINE*-Klasse, bei der es sich um mittlere Patrouillenboote, sogenannte »600 t«-Boote handelte (Gegenstand des Wettbewerbs von 1921, 600 t, 14 kn, sieben Torpedorohre und eine 100-mm-Kanone, 1922 gebaut und bis 1930 in mehreren Serien produziert), die Sowjetunion die *SCHTSCH* (für »schtschuka«, Hecht) und Italien die *ARGONAUTA* (1929), *SIRENA* (1931), *PERLA* (1935) und die *ADUA* (1936) für Einsätze im Mittelmeer und im Roten Meer (diese U-Boote wurden 1937 tatsächlich zur Blockade der spanischen Küsten zugunsten der nationalistischen Marine von General Franco eingesetzt).

Sie besaßen alle eine Verdrängung von ca. 700 t über Wasser. Ihre Fähigkeiten ähnelten denen der Einheiten des 1. Weltkriegs mit Ausnahme der Mitführung von Torpedos, die erheblich verbessert wurde (ca. zehn Torpedorohre, Reservetorpedos). Die Deutschen entschieden sich für ein vergleichbares U-Boot, nachdem sie

einigten Staaten) oder mit starken Artilleriegeschützen (*C*-Klasse mit einer 140-mm-Kanone) ausgestattet, andere sollten U-Boot-Verbände führen (*A*-Klasse).

Briten, Niederländer und Franzosen standen vor dem gleichen Problem. Sie planten die Verlegung eines Teils ihrer U-Boot-Flotte in ihre Besitzungen in Übersee – insbesondere nach Asien, Malaysia und China für die einen und nach Indonesien oder Indochina für die anderen –, um das Fehlen einer starken Überseeflotte auszugleichen und auf die drohende Gefahr durch die japanische Marine zu reagieren. Ab 1924 löste die britische *OBER-ON*-Klasse die *L*-Klasse ab. Auf sie folgten die *P*- und die *R*-Klasse mit einer Verdrängung von 1 500 t über Wasser, während in Frankreich die 1 500-t-Klasse entwickelt wurde. Auch die Niederländer verlegten ihre U-Boote nach Indonesien, zunächst die kleinen *K XI* (*K* ist der Anfangsbuchstabe von Kolonie) ab 1924 (815 t getaucht), dann 1932 die *K XIV* (1 000 t getaucht) und schließlich 1939 die *O-19* (*O* für *Onderzeeboot*, Minenleger mit einer Verdrängung von 1 000 t getaucht), deren Aufgaben weit über den ursprünglichen Auftrag, die Abwehr von Blockaden, hinausging.

Einheiten mit vergleichbaren Leistungen wurden auch in Italien gebaut: die U-Boote »de grande crociera« (U-Kreuzer) *BALILLA-II* (1925), *PIETRO CALVI* (1932), *FOCA-II*, *BRIN* (1936), *MARCELLO-II* (1937) vor dem Krieg und die *AMMIRAGLIO CARACCIOLO* 1939. Diese U-Boote mussten sechs Monate auf See bleiben können. Ihnen entsprach in der Sowjetunion die *S*-Klasse (Anfangsbuchstabe von »mittel«) nach 1934 und vor allem die *K*-Klasse (Anfangsbuchstabe von »Kreuzer«) nach 1936. Was die amerikanischen U-Boote anbetraf,

Wiederaufnahme des deutschen U-Boot-Baus: eine *U8* der Klasse *II B* bei einer Versuchsfahrt auf See am 20. September 1935

Stapellauf des Prototyps der *OBERON*-Klasse (1926): Der Bug der nachfolgenden Einheiten war leicht verändert.

Das große japanische U-Boot *I 61* (1929) der *KD 4*-Klasse (2 300 t): Mit einer Seeausdauer von über 10.000 sm konnte dieses U-Boot den Pazifik durchqueren und ohne Nachschub nach Japan zurückkehren.

Italienischer mittlerer
U-Kreuzer *SQUALO*.

Rechte Seite: Stapellauf
des U-Bootes *Swordfish* am
3. April 1939 in der Werft
von Mare Island.

so mussten sie in den Weiten des Pazifiks operieren können, wo die Entfernungen zwischen den Marinestützpunkten sehr groß waren. Deshalb waren die amerikanischen U-Boote wesentlich größer und hatten einen viel ausgedehnteren Fahrbereich als der Durchschnitt der europäischen U-Boote: Mit einer Wasserverdrängung von mindestens 1 500 t konnten sie über Wasser in sechzig Tagen 10.000 sm zurücklegen. Dazu wurden beachtliche Einheiten mit einer Geschwindigkeit von 20 kn über Wasser und 9 kn unter Wasser eingesetzt. Bei diesen Einheiten handelte es sich um die *BARRACUDA*-Klasse von 1921 mit 2 620 t Verdrängung unter Wasser und die *P*-Klasse (1935), die *S*-Klasse (1937) und die *T*-Klasse (1939) mit einer Verdrängung von 2 000 bis 2 500 t unter Wasser.

Bei den Booten mit geringer Seeausdauer erfreuten sich die Küsten-U-Boote (Einheiten mit einer Verdrängung von 200 bis 600 t) einer gewissen Beliebtheit,

insbesondere bei der Ausbildung von Personal. Dies war beispielsweise der Hauptauftrag der britischen U-Boote der *H*-Klasse, mit deren Bau im 1. Weltkrieg begonnen und der bis 1919 fortgesetzt wurde, bevor sie 1936 von der *U*-Klasse abgelöst wurde. In einigen Marinen, denen nur geringe Mittel zur Verfügung standen, waren Einheiten dieser Größe sehr erfolgreich. So wurde beispielsweise in der Sowjetunion ab 1932 die *M*-Klasse (Anfangsbuchstabe von klein) gebaut.

Kleine U-Boote schienen für die Marineführungen das einzige Mittel gegen die aufkommende elektromagnetische und akustische Ortung zu sein, der die Anhänger von Unterwasseroperationen dennoch wenig Beachtung schenkten. Die ausbleibende Reaktion westeuropäischer Flottenführungen auf die Fortschritte in der Ortung und die Entwicklung von Luftfahrzeugen sowie Flugzeugträgern in der Zwischenkriegszeit hatte schwerwiegende Folgen für den Ausgang des 2. Weltkriegs.

Die niederländische *KXVIII*
(*KXIV*-Klasse) im Hafen von
Pernambouc in Brasilien auf
der Fahrt nach Jakarta
(Februar 1934).

Bewaffnung

Bei der Weiterentwicklung der Waffen wählten die Konstrukteure das Prinzip druckfester Torpedorohre für den Ausstoß von Torpedos. Die Torpedorohre waren entweder fest im Bootsinnern eingebaut oder in schwenkbaren Türmen auf dem Oberdeck untergebracht. Die Rohre im Bootsinnern wurden mit Reservetorpedos wieder geladen. Mehrere Marinen führten neue Torpedomodelle (1924V in Frankreich) mit einer wesentlich größeren Reichweite ein, die nunmehr bei 3 000 m lag gegenüber ein paar hundert Metern im 1. Weltkrieg.

Die Standardisierung der Kaliber schritt zwar voran (Abschaffung der 400-mm-Rohre), doch der kommende Krieg sollte zeigen, dass es für französische Torpedorohre (550 mm) keine geeigneten Torpedos aus den Beständen der Alliierten gab. Auch die von den Japanern entwickelten Torpedos waren einzigartig auf der Welt. Dazu gehörte unter anderem der Typ 95 für U-Boote, der eine Reichweite von 9 km bei 49 kn hatte.

Bei der Weiterentwicklung der U-Minenleger gab es verschiedene Lösungen für die Unterbringung der Minen. Sie waren entweder im Druckkörper angeordnet (wie bei der 1927 in den Vereinigten Staaten in Dienst gestellten *Argonaut* und ehemaligen *V-4* mit einer Unterwasserverdrängung von 4 165 t und der *LENINETS*-Serie in der Sowjetunion nach 1929, bei der die Minen aus Heckrohren abgeworfen wurden) oder befanden sich im Außenschiff (wie bei der *M-3* aus dem Jahr 1927, der *PORPOISE* in Großbritannien, der *SAPHIR*-Serie, von der in Frankreich zwischen 1930 und 1937 sechs Boote gebaut wurden und den vier ab 1938 geplanten *EMERAUDE*).

Japan hatte als einziges Land große U-Minenleger in geringer Stückzahl in Auftrag gegeben, die an der ameri-

Die *Holland*, ein amerikanischer Versorger für U-Boote, im Hafen von San Diego im Jahr 1940: längsseits die *Salmon, Seal, Stingray, Perch, Pollack, Cachalot, Cuttlefish, Skipjack, Sturgeon* und *Snapper*.

Sechs Küsten-U-Boote der *M*-Klasse waren bei Kriegsausbruch bei der Nordflotte eingesetzt. Zwischen 1933 und 1947 wurden ca. 100 Einheiten dieser Klasse gebaut.

kanischen Küste operieren konnten (bereits 1919 wurden drei Minenleger vom Typ *KRS* mit einer Verdrängung von 1 800 t und einer Reichweite von 10.500 sm bei 8 kn in Auftrag gegeben).

Alle weiteren technischen Leistungen der U-Boote verbesserten sich entsprechend der Fortschritte in der Metallurgie, der Optik, der Elektronik usw. So wurde beispielsweise die Elektroschweißung ab 1931 von den Amerikanern angewandt (Bau der Versuchs-U-Boote vom Typ *CACHALOT*), doch 1939 waren geschweißte U-Boot-Hüllen noch nicht überall die Regel – in Frankreich waren sie bis 1936 genietet –, denn die Verbesserung der Tauchtiefe hatte keine Priorität. Vor dem 2. Weltkrieg lag die durchschnittliche Tauchtiefe bei 50 bis 80 m, was bei weitem nicht ausreichte, um das U-Boot vor der Bekämpfung mit Wasserbomben zu schützen.

Alltag an Bord eines U-Bootes

von J. Legrand, Mechaniker an Bord der Heros im Jahr 1938

Am 3. Oktober kehrte ich nach Toulon zurück und begab mich zu meinem Boot des 3. U-Boot-Geschwaders in Le Mourillon. Nun begann meine Lehrzeit als Besatzungsmitglied. Ich musste mich mit allen Anlagen vertraut machen: Wasser, Brennstoff, Hoch- und Niederdruckluft, Drucköl etc. Ich lernte, wie man Pumpen, Turbinen, Turbogebläse, Kompressoren, Tiefenruder, Kupplungen sowie Ventile, Absperrungen und Hähne bediente. Ich lernte Ballasttanks, Trimmzellen, Aufbauten und »Gertrude« (mechanische Schmierpumpe) kennen. Ich beteiligte mich am allgemeinen Außenanstrich wie die gesamte Besatzung, bis ich es konnte; die Farbe war schwarz, der Arbeitsdienst dauerte weniger als einen Tag.

Schließlich lief das Boot zum ersten Mal aus, um mit dem gesamten Geschwader zu üben. Mein Platz war auf dem Achterdeck: Nach dem Verholmanöver passierten wir die Schiffe an der Pier oder in den Ankerplätzen. Alle befanden sich in Paradeaufstellung, während der militärische Gruß ausgetauscht wurde. Die Elektromotoren liefen mit geringer Geschwindigkeit. Nach Verlassen des Fahrwassers wurden die Dieselmotoren gestartet, und die gesamte Besatzung begab sich durch das Turmluk ins Bootsinnere. Nur der Kommandant, der Wachoffizier, der Decksmeister und ein Rudergänger, der gleichzeitig auch Maschinentelegraf war, blieben auf der Brücke. Die gesamte Mannschaft befand sich in Bereitschaft, ein Drittel war mit dem Tauchmanöver beschäftigt. Die Sicherheitskeile, die ein ungewolltes Tauchmanöver verhindern sollten, wurden entfernt. Das Boot war bereit zum Tauchen. Auf allen Stationen ertönte ein dreimaliges Hupen. Sofort wurden die Dieselmotoren gestoppt und die Elektromotoren gestartet, während das Boot langsam abtauchte und ein lautes Zischen zu vernehmen war, das durch die herausströmende Luft und das Fluten der Ballasttanks verursacht wurde. Innerhalb von dreißig Sekunden war das Boot halb getaucht, und alle Luken waren geschlossen. In der Zentrale kontrollierte derjenige, der den Tauchvorgang leitete, mit einem einzigen Blick, ob alle Öffnungen geschlossen waren und meldete: »Klar zum Tauchen«. Vom Turm aus gab der Kommandant die Tauchtiefe vor. Die Rudergänger im Bug und achtern bezogen ihre Posten und kippten das Boot abwechselnd nach unten und nach oben an, wobei es an Tiefe gewann. Dies nannte man »das Boot wippen«, damit die Luft gut entweichen konnte. Die befohlene Tauchtiefe wurde erreicht, der Leiter der Zentrale erstattete dem Kommandanten Meldung und begann mit der Unterwassernavigation in alle drei Richtungen. Seit dem dritten Hupen waren weniger als zwei Minuten vergangen. Es gab schnellere Methoden.

Unter Wasser wurde es sehr ruhig. Es gab kein Schlingern und Stampfen mehr, denn die Männer am Ruder hielten das Boot in der Horizontalen. Zwischen dem Turm und der Zentrale wurden Befehle und Antworten ausgetauscht.

Nachdem die Gefechtsstation besetzt worden war, begann die Übung mit den Überwasserschiffen: Ortung, Ausweichmanöver, Scheinangriffe, Fernmeldeverbindungen, Abschießen von Übungstorpedos und -granaten etc.

Zu einer bestimmten Zeit wurden die Wachen abgelöst und das Essen serviert. Am späten Nachmittag tauchte das Boot wieder auf: Es näherte sich der Oberfläche, ging auf Sehrohrtauchtiefe, und Hochdruckluft strömte zischend in die Ballasttanks und verdrängte einen Teil des Wassers. Der Turm und die Brücke waren an der Oberfläche zu sehen. Die Ballasttanks wurden mit Hilfe der Turbogebläse vollkommen entleert, und das Boot schwamm an der Oberfläche. Die Dieselmotoren kamen wieder zum Einsatz.

Am Ende des Tages ankerte das Boot auf der Reede von Le Lavandou. Das Faltboot wurde zu Wasser gelassen, damit die Mannschaft angeln oder baden konnte.

Der Stabsgefreite und Bordmechaniker Paul Lyons, der auch »Marius« genannt wurde, stellte einen Phonographen auf dem Achterdeck auf: Tino Rossi, Rina Ketty und Fernandel standen häufig auf dem Programm.

Es wurde Nacht und alle gingen zum Schlafen in ihre Kojen. Meine befand sich oben im Heckraum. Mechaniker, Elektriker und Wachposten gingen ihre Runde. Ein wichtiger Tag ging zu Ende ...

Auszug aus Des oeufs, *Erinnerungen von S. Vez*

Zwei U-Boote der 1 500-t-Serie, die *Heros* und die *Centaure* im Bau in der Werft von Brest im Jahr 1932.

DER U-BOOT-KRIEG UND DER TOTALE KRIEG: DIE WIEDERAUFNAHME (1939–1945)

Die U-Boot-Flotten zu Kriegsbeginn (in der Reihenfolge ihrer Größe)

Land	Anzahl im September 1939	Anmerkungen
Sowjetunion	150	218 im Juni 1941
Italien	107	115 im Juni 1940
Vereinigten Staaten	100	112 im Dezember 1941
Frankreich	77	
Großbritannien	69	
Deutschland	65	57 im Dienst
Japan	65	63 im Dezember 1941
Niederlande	25	
Schweden	12	
Dänemark	11	
Chile, Norwegen	9	
Türkei	7	
Spanien, Griechenland	6	
Finnland, Polen	5	
Brasilien, Peru, Siam, Jugoslawien	4	
Argentinien, Portugal	3	
Estland, Lettland	2	
Rumänien	1	

Schnorchel eines U-Bootes vom Typ *XXI*: Man beachte die Kugel zum Verschluss der Klappe bei Wellenberührung. Durch das linke Rohr wird Luft angesaugt; das Zahngestänge dient zum Ausfahren des Schnorchels; durch das rechte Rohr strömen die Abgase des Dieselmotors unter der Wasseroberfläche nach außen (auffällig ist der Gitterrost); das Gitter ist eine Verkleidung zur Aufnahme von Radarwellen. Der kleine Fortsatz an der höchsten Stelle ist die Antenne des Radarbeobachtungsempfängers BALI I. Das Foto unten zeigt die Spuren eines U-Bootes, das mit Schnorcheln fährt.

U-Boot-Bau und Techniken

Die industrielle Mobilisierung der Krieg führenden Parteien beschleunigte und förderte Programme zum Bau von U-Booten. In Deutschland, das verglichen mit anderen Ländern am meisten auf die U-Boot-Waffe vertraute, wurden nach und nach die Serien vom Typ *II* (*B* und *D*), *VII* (*B*, *C*, *D*, *F*) und *IX* (*C*, *D*) entwickelt und ständig verbessert, um sie den neuen Kampfbedingungen anzupassen: größere Zuverlässigkeit der Torpedos, Steigerung der maximalen Tauchtiefe, Vergrößerung des Aktionsradius. Letzteres wurde mit Hilfe eines neuen U-Boot-Typs, der *XIV*-Klasse, auch »*Milchkuh*« genannt, erreicht, die den Nachschub an Diesel und Torpedos für die U-Boote im Einsatz – die *VII*-Typen in der Karibik und die *IX*-Typen im Südatlantik – gewährleistete. 1943 wurde immer deutlicher, dass mit den Leistungen der deutschen U-Boote die Taktik der Alliierten nicht zu bezwingen war. Seltsamerweise wurden die Typen *VII C* und *IX C* dennoch weiter produziert, obgleich Deutschland seine Ressourcen auf die neuen Klassen der Elektroboote hätte konzentrieren müssen.

Die Vorrichtung, die aus dem Tauchboot ein U-Boot machte, war der Schnorchel oder das Luftansaugrohr, dessen umstrittene Geschichte eng mit der der Tauchboote verknüpft ist. Sowohl die Russen als auch die Italiener, Franzosen und Niederländer beanspruchten die

Urheberschaft für diese Erfindung. Letztere statteten ihre U-Boote mit Luftmasten aus und verwendeten Sauerstoffflaschen, um das zeitweilige Verschließen des Schnorchels zu kompensieren. Die Neuerung des deutschen Ingenieurs Walter bestand darin, die Dieselmotoren mit Sauerstoff aus allen Räumen des U-Boots zu versorgen, sobald sich die Klappe des Luftrohrs beim Passieren einer Welle schloss. Der Dieselmotor konnte so durch Ansaugen der Luft aus dem U-Boot eine Minute mit voller Leistung laufen. Für Admiral Dönitz war der Schnorchel ein sofort verfügbares Mittel, das seinen U-Booten den Angriff auf Sehrohrtiefe ermöglichte, ohne dabei von den Radaren der Geleitschiffe entdeckt zu werden. Die Anzahl der eingebauten Schnorchel war jedoch nicht ausreichend, und so konnten auch die Tauchboote trotz dieser Erfindung den Lauf der Schlacht im Atlantik nicht mehr beeinflussen.

Bis 1943 dauerte der Bau von U-Booten nach herkömmlichen Methoden in den 16 Werften ungefähr sieben bis neun Monate, in denen die U-Boote Bombardierungen durch die Alliierten ausgesetzt waren. Ab 1943 wurden neue Techniken der Vorfertigung eingeführt. Die vorgefertigten Teile mussten nur noch im Dock zusammengebaut werden. Die monatliche Produktion stieg um ca. zehn von 20 auf 30 Einheiten. Im Dezember 1941 besaß Japan 63 U-Boote, davon 41 Hochsee-U-Boote und 21 veraltete U-Boote.

Die Erfindung des Schnorchels

Es handelt sich um eine sehr alte Erfindung, denn die Idee, ein getauchtes Boot durch ein Rohr mit Luft zu versorgen, hatten bereits Castera (Frankreich) im Jahr 1810 mit seinen an der Oberfläche schwimmenden Schläuchen, James Nasmith (GB) im Jahr 1855, der auf diese Weise seine Dampfmaschine für ein Holzfahrzeug versorgte, das sich halb getaucht fortbewegte, Conseil (Frankreich) im Jahr 1859, der auf dem Mont-Saint-Michel mit Klappenventilen für Atemluft experimentierte sowie Lake (USA) im Jahr 1897, der seinen Benzinmotor mit Hilfe eines aus dem Wasser ragenden Mastes betrieb usw.

In Russland entwarf und baute die E.V. Janowitsch AG 1904 erstmalig ein Gerät zur sporadischen Luftversorgung, mit dem das mittels eines Benzinmotors angetriebene Versuchs-U-Boot *Keta* ausgestattet wurde; dieses Gerät entsprach sowohl dem Bemühen um eine bessere Seetüchtigkeit bei schwerem Wetter als auch der unauffälligen Annäherung an das Ziel in halb getauchtem Zustand. Der russisch-japanische Krieg durchkreuzte die Pläne von Janowitsch, aber ein anderer Erfinder, der Maschinenbauingenieur Saliär Bïe, griff die Idee von Janowitsch, deren Umsetzung auf der *Keta* er miterlebt hatte, auf und entwickelte selbst ein neues Gerät. Es gelang ihm, das U-Boot *Feldmarschall Comte Scheremetjew* mit dieser Vorrichtung auszustatten; der Kriegsbeginn verhinderte die Ausrüstung der *AKULA*-Klasse mit dem Gerät, aber zwei Einheiten der *BARS*-Klasse, die *Volk* und die *Leopard*, wurden 1915 damit ausgestattet, was ihren militärischen Wert aber offenbar nicht steigerte.

Nach der Einführung des Dieselmotors in allen Marinen beschäftigte man sich im Westen erneut eingehend mit dem zweifachen Problem der Erneuerung der Atemluft und der Luftversorgung des Motors in getauchtem Zustand bei Hochsee-U-Booten. Die Luft wurde entweder an der Oberfläche angesaugt oder in großen Mengen gelagert. Außerdem gab es noch die Möglichkeit, künstliche Luft durch eine chemische Reaktion herzustellen.

Kurz nach dem Ende des 1. Weltkriegs forschte der italienische Schiffsbauingenieur Pericle Ferretti nach einem Mittel, um Wärmekraftmaschinen in getauchtem Zustand mit Außenluft zu versorgen. 1922 stellte er die Ergebnisse seiner Überlegungen und seiner ersten Versuche vor. Diese stießen auf ein positives Echo und wurden mit einer Silbermedaille ausgezeichnet. 1925 wurde das von Ferretti entworfene Gerät ML an Bord des U-Bootes *H-3* auf offener See erprobt. Trotz der positiven Bewertung seines praktischen Nutzens kam es beim Einsatz dieses Geräts auf den U-Booten der *ARGONAU-TA*- und später der *SIRENA*-Klasse zu Problemen (Sichtbarkeit des Rohrs, Barotrauma, Umgebungsgeräusch), so dass es schließlich aufgegeben wurde.

In den Jahren 1934/35 wurde auf U-Booten der *SIRENA*-Klasse ein weiterentwickeltes Modell erprobt. Diese Versuche wurden offenbar zugunsten der Entwicklung eines Einheitsantriebs, der Gasturbine Ferretti, aufgegeben.

In den Niederlanden entwickelte Jan Wichers 1933 ein vergleichbares Gerät (snuiver) zur Verteilung der Bordluft bei Tauchfahrt und möglicherweise zur Versorgung der Motoren. Dieses Gerät wurde 1938 und 1939 in zwei U-Booten (*O-19* und *O-20*) eingebaut. Das System der Luftmasten, mit denen die niederländischen U-Boote ausgestattet waren, ist möglicherweise auch in Deutschland bekannt gewesen, sogar vor dem Krieg, aber seine Entdeckung durch die Deutschen wurde auf den Zeitpunkt der Erbeutung unvollendeter Einheiten der Klassen *O-21* bis *O-27* in den niederländischen Werften bei ihrer Besetzung 1940 datiert. Die Entdeckung seines praktischen Nutzens wurde deutschen Ingenieuren zugeschrieben, die Anfang 1943 nach technischen Mitteln forschten, um den U-Booten ihre Vorteile gegenüber Luftfahrzeugen und mit Radargeräten ausgestatteten Geleitschiffen zurückzugeben.

Die niederländischen U-Boote wurden nach ihrer Ankunft in Großbritannien, wo sie gegen die Achsenmächte kämpfen sollten, von britischen Ingenieuren untersucht, die es vorzogen, die Luftmasten auszubauen.

In Frankreich arbeitete die Werft Augustin Normand in der Zwischenkriegszeit an der Entwicklung einer ähnlichen Vorrichtung, die jedoch nie gebaut wurde.

Durch die Versorgung der Motoren mit Außenluft in getauchtem Zustand war die Gefahr, die das Auftauchen in der Nacht zum Aufladen der Batterien mit sich brachte, mit einem Schlag gebannt. Diesem Rhythmus hatten sich die U-Boot-Fahrer beugen müssen, seitdem es Tauchboote mit zwei Antriebsarten gab. Durch ihn waren U-Boote in kurzen Nächten, insbesondere in hohen Breiten, und im Sommer bei ruhiger See leicht auszumachen. Eine ausfahrbare Version des Luftmastes wurde entwickelt, um die Leistungen der neuen U-Boote vom Typ *XXI* und *XXIII* zu verbessern, während die Vorgänger in aller Eile mit klappbaren Schnorcheln ausgestattet worden waren.

Das System hatte jedoch auch Nachteile. Der erforderliche Abgasgegendruck im Motor minderte seine Leistungen. Außerdem kam es in der Atmosphäre des U-Boots zu einem ständigen Unterdruck mit gewaltigen Schwankungen, die Ohrtraumata zur Folge hatten. Große Öffnungen im Rumpf, die auch im getauchten Zustand vorhanden waren, machten den Druckkörper anfälliger und konnten die Sicherheit des U-Bootes, insbesondere bei Zusammenstößen und schlechtem Wetter, beeinträchtigen. Dies hat vermutlich zu mehreren Unfällen mit U-Booten im Frieden beigetragen.

Nachdem Hitler zunächst die Überwasserflotte den U-Booten vorgezogen hatte, wurde ihm klar, dass einzig und allein die U-Boote den Unterschied ausmachten. 1945 wählte der Führer ihren Anhänger, Admiral Dönitz, zu seinem Nachfolger, obwohl dieser niemals der NSDAP angehört hatte.

U-Boot des Typs II (Küsten-U-Boote).

ten sich sowohl durch ihre Ausdauer als auch durch ihre Geschwindigkeit (mehr als 20 kn über Wasser) aus. Nur die Leistung ihrer Torpedos enttäuschte. Grund dafür waren defekte Zünder. Während des Angriffs auf einen japanischen Tanker explodierten nur zwei von 15 Torpedos. Mit der Einführung des langsameren, aber zuverlässiger elektrisch angetriebenen Torpedos sowie einer neuer Torpedofeuerleitung wurden diese Schwierigkeiten behoben.

Die Operationen

Der atlantische Kriegsschauplatz

Die U-Boot-Operationen während des Norwegen-Feldzugs waren eine Fortsetzung von 1914. Die *U47* zeichnete sich durch die Versenkung des alten Schlachtschiffs *Royal Oak* in Scapa Flow aus. Die englischen U-Boote gingen vor Helgoland und in der Nordsee

Frühjahr 1943: Stapellauf eines U-Bootes der *VII C*-Klasse in der Werft von Lübeck.

Propagandaplakat der Werft *Electric Boat* in den USA, das die Arbeiter dazu auffordert, sich sofort an den Bau der berühmten U-Boote der *BALAO*-Klasse zu machen, mit denen die Gans des Führers gekocht und die Schlinge um Hirohitos Hals zugezogen werden soll.

Der Schwerpunkt des japanischen Kriegsschiffbaus lag auf den Flugzeugträgern. Es wurden ca. 50 Hochsee-U-Boote der Klassen *KAIDAI, KAICHU, A, B, C* und *SEN TAKA* gebaut. 1944 stellte Japan große U-Boote vom Typ *I-400* (5 200 t) in Dienst, die drei Flugzeuge mitführen konnten und für Angriffe gegen das Territorium der Vereinigten Staaten ausgerichtet waren. Die Japaner bauten 52 U-Boote für die Versorgung oder Spezialoperationen: Transport von Mini-Unterseebooten und bemannte Torpedos. Anlass für den Bau dieser Boote war entweder ein dringender Bedarf oder möglicherweise die Bestürzung über die erlittenen Verluste. Die Japaner waren die einzigen, die verschiedene U-Boot-Serien für den Transport von Nachschub, Brennstoff, Lebensmitteln und Munition für abgelegene Standorte bauten. Einige dieser Einheiten wurden von der kaiserlichen Marine in Auftrag gegeben: U-Boote vom Typ *D-1* mit Schnorchel (2 215 t), ohne Torpedorohr, mit einem Anlandungsboot, die 1944 gebaut wurden (zwölf von 100 bestellten Einheiten), U-Boote vom Typ *D-2* mit einer Verdrängung von 2 240 t (eine Einheit 1945), U-Boote vom Typ *Ss* mit einer Verdrängung von 493 t (zehn von 100 bestellten Einheiten). Andere wurden vom Heer gebaut, zunächst ohne Wissen und Unterstützung der Marine: zwölf Einheiten der *YU-1*-Klasse mit einer Verdrängung von 370 t ab 1943 und nach 1944 14 *YU-1001* mit einer Verdrängung von 500 t.

In den Vereinigten Staaten dienten die zwischen 1936 und 1941 in Dienst gestellten 16 *SALMON/SARGO* und zwölf *TAMBOR* (2 350/70 t) als Vorbild für die Entwicklung der drei großen Serien *GATO* (73 Einheiten), *BALAO* (132 Einheiten) und *TENCH* (30 von 134 bestellten Einheiten). Diese großen Überwasserfahrzeuge zeichne-

in Stellung. Sie konnten von den deutschen Hydrophonen leicht ausgemacht werden, und die Nächte waren zu kurz, als dass sie sich den feindlichen Blicken hätten entziehen können. Nach dem Kriegseintritt Italiens im Juni 1940 schickte England einen Teil seiner U-Boote in das Mittelmeer. Die im Atlantik verbliebenen Einheiten begleiteten die von deutschen Schlachtschiffen und Kreuzern bedrohten Geleitzüge und versuchten ohne großen Erfolg die Stützpunkte der deutschen Schiffe zu blockieren. Während die *Sea Lion* ihre Batterien auflud, konnten die *Scharnhorst*, die *Gneisenau* und die *Prinz Eugen* aus Brest entkommen. Letztere wurde 1942 von der *Trident* beschädigt. Ein Jahr später setzten von U-Booten in Schlepp genommene kleine Tauchboote die *Tirpitz* im Altenfjord außer Gefecht.

Die Deutschen planten den Einsatz von U-Booten zum Schutz der Flanken ihrer für die Invasion Großbritanniens vorgesehenen Kräfte. Zu diesem Zweck wurden sieben U-Boote südlich von Grönland in Marsch gesetzt, die versuchen sollten, die mit der Verfolgung der *Bismarck* beauftragten Linienschiffe *Hood* und *Prince of Wales* aufzubringen. Südlich von Irland wurde eine zweite Linie gebildet. Die *U556* hatte keine Torpedos mehr und musste das Schlachtschiff *King George V* vorbeiziehen lassen.

U-Boote galten als große Bedrohung für amphibische Streitkräfte. Sie konnten die beiden großen Landungen der Alliierten in Nordafrika und in der Normandie jedoch nicht verhindern, da sie zu spät eintrafen oder sich überlegenen U-Boot-Abwehrkräften gegenüber sahen. Bei der Landung in Nordafrika passierten die amerikanischen und englischen Geleitzüge die deutschen U-Boot-Rudel, die die Fahrt der Geleitzüge nach Malta vorausgesehen hatten, im Süden bzw. im Osten. Bei der Landung in der Normandie war das Kräfteverhältnis zu unausgeglichen: 36 U-Boote waren in den Stützpunkten in der Biskaya und 21 an der norwegischen Küste in Bereitschaft. 286 Ujagdschiffe und mehrere Hundert Flugzeuge warteten auf sie. Nur ca. zwölf U-Boote verfügten über Schnorchel. Die anderen hatten keine Chance. 35 liefen aus, aber die Landung hatte bereits stattgefunden.

Insgesamt enttäuschte das U-Boot in seiner Rolle als Kampfschiff im Atlantik. Sein Erfolg beruhte einzig und allein darauf, dass es die zu seiner Abwehr eingesetzten Mittel und Kräfte bewegungsunfähig machen konnte.

Die wichtigste Episode des U-Boot-Kriegs war die Schlacht im Atlantik. Deutschland hatte hier 1917 beinahe einen Sieg errungen und wollte jetzt gewinnen. Großbritannien verfügte zunächst nicht über ausreichend Geleitschiffe zum Schutz der Geleitzüge, und die Deutschen hatten zu wenige U-Boote. Die vereinzelten Angriffe fügten den englischen Geleitzügen dennoch

große Verluste zu (1,4 Millionen Tonnen von Juni bis Oktober 1940). Das *ASDIC* enttäuschte, da es gegen nächtliche Angriffe über Wasser unwirksam war. Die Anzahl der deutschen U-Boote nahm zu, und damit wurde die Lage für die Alliierten kritisch. Mit der Ausstattung von Seefernaufklärern und Geleitschiffen mit Radar ab Anfang 1942 sowie der Überwachung der deutschen Funksprüche und der Zentralisierung der Aufklärung verbesserte sich die Lage für die Alliierten. Die bis zu diesem Zeitpunkt bestehende Lücke in der alliierten Luftsicherung im mittleren Atlantik war damit geschlossen.

Die U-Boote verloren die Schlacht im Atlantik, da sie in der Nacht über Wasser nicht mehr im Vorteil waren und am Tage von Langstreckenflugzeugen in die Enge getrieben wurden. Die Patrouillengebiete der Rudel konnten aufgrund von Funksprüchen zwischen den deutschen U-Booten, deren »Enigma«-Codes entschlüsselt wurden, ermittelt werden. Verschiedene U-Boot-Abwehrmittel wurden entwickelt: Dezimeterwellenradare und später Zentimeterwellenradare, Zielsuchtorpedos, MAD-Geräte, Sonobojen sowie Abfang- und Peilantennen. Aber der Preis für die Herrschaft über den Atlantik war sehr hoch: 1917 versuchten 200 Geleitschiffe 140 deutsche U-Boote einzuschließen. 26 Jahre später waren 41 Geleitflugzeugträger, 300 Seefernaufklärer und 875 mit *ASDIC* ausgestattete Geleitschiffe zur Abwehr von 240 deutschen U-Booten notwendig. Die deutsche U-Boot-Flotte umfasste von 1939 bis 1945 insgesamt 1162 Einheiten, die auf 33 Flottillen aufgeteilt waren. Mehr als 900 deutsche U-Boote versenkten 2840 Handelsschiffe und 150 Kriegsschiffe, davon den Großteil im Atlantik. Über 1 000 deutsche U-Boote gingen verloren. 27.500 Marinesoldaten starben und 5000 wurden gefangen genommen. Fast die Hälfte dieser Verluste (43%) war auf die Luftstreitkräfte zurückzuführen.

Das Schlachtschiff *Royal Oak*, das in der Nacht vom 13. auf den 14. Oktober 1939 in der Reede von Scapa Flow von der *U47* unter Kommandant Prien versenkt wurde. Bei diesem Geniestreich gegen ein Schiff in einem Hafen, der als uneinnehmbar galt, wurden 833 Menschen getötet. Die *Royal Navy* verlegte daraufhin ihre *Homefleet* an die schottische Westküste.

Rückkehr des Siegers von *Scapa Flow* (*VII B*-Klasse) in den Hafen: Auf der Brücke erkennt man Prien, der eine Mütze mit einem weißen Schirm trägt. Das Erkennungszeichen des U-Bootes, ein Stier mit rauchenden Nüstern, ist auf den Turm gemalt.

Geleitzüge, *Enigma* und die Schlacht im Atlantik

Der deutsche Historiker Jürgen Rohwer unterteilt die Schlacht im Atlantik in acht Phasen:

Bei Kriegsbeginn operierten die deutschen U-Boote allein gegen die auf sich gestellten Handelsschiffe diesseits des 20. Längengrades West. Von Juli 1940 bis Mai 1941 wurden die U-Boote in Rudeln gegen Geleitzüge auf dem Weg nach oder von Großbritannien eingesetzt. Von Juni bis Dezember 1941 entzifferte Großbritannien die deutschen Funksprüche und leitete die Geleitzüge anderswohin, um ein Zusammentreffen mit den U-Booten zu vermeiden. Von Januar bis Juni 1942 dezimierten die deutschen U-Boote die amerikanische Handelsflotte, während eine neue Entschlüsselungsmaschine mit dem Namen *Triton* die Admiralität über die deutschen Absichten täuschte. Von Juni 1942 bis Juni 1943 wurde jeder Geleitzug der Alliierten im Durchschnitt von ca. 15 U-Booten angegriffen, aber es gelang den Alliierten, das Gesetz des Handelns wiederzugewinnen, indem sie beachtliche Mittel für die U-Boot-Abwehr bereitstellten.

Von Juni bis August 1943 waren die Alliierten über die deutschen Absichten informiert, und Dönitz versuchte von September 1943 bis Juni 1944 ein letztes Mal, mit der Wolfsrudeltaktik die alliierten Geleitzüge anzugreifen, um so eine größtmögliche Zahl von alliierten Kräften außer Gefecht zu setzen, auch wenn dabei deutsche U-Boote zerstört werden konnten. Von Juli 1944 bis Mai 1945 wurden die mit Schnorcheln ausgestatteten U-Boote einzeln eingesetzt, und durch das Abhören von Nachrichten erfuhren die Alliierten von der bevorstehenden Einführung der Elektroboote, die möglicherweise eine erneute Gefahr für die Verbindungen darstellten, indem sie Schuten mit ballistischen Flugkörpern im Schlepptau ziehen konnten. Neben den technischen Neuerungen (Radar, Sonar, Goniometrie) und der enormen Produktivität des Schiffsbaus ermöglichten ihrerseits zwei weitere Faktoren den Sieg der Alliierten: das Geleitzugsystem und die Entschlüsselung der Codiermaschine *Enigma*.

Die Geleitzüge hatten zwei Aufgaben: Zum einen sollten sie die Wahrscheinlichkeit der Ortung von Handelsschiffen verringern, zum anderen sollte die Zahl der feindlichen U-Boot-Verluste durch den Angriff mit Geleitschiffen gesteigert werden. Die Geleitzüge bestanden häufig aus ungefähr 50 Schiffen, die im Rechteck und in zehn Reihen angeordnet waren. Die Geleitschiffe befanden sich an der Spitze, um Angreifer auszumachen. Der Geleitzug formierte sich unter gefährlichen Bedingungen nahe der Küste. Die ersten Tage waren der Ausbildung unter Leitung des Konvoikommodores gewidmet: Nachrichtenverbindungen, Manöver und Zacken. Der Schutz erfolgte zunächst durch landgestützte Luftstreitkräfte und Küsteneinheiten. Mit Hilfe des in Flugzeugen eingebauten Dezimeterwellenradars mit dem Namen *Huff Duff* konnten U-Boote auch nachts geortet werden. Zusätzlich zu den beidseitig des Atlantiks stationierten Mitteln und Kräften wurden Flugzeuge von den Azoren, Neufundland, der Karibik und Island zum Schutz der Konvois aus der Luft eingesetzt. Die Hochseegeleitgruppe löste das Küstengeleit ab, und der Geleitzug fuhr in ein schwarzes Loch außerhalb der Reichweite der an Land stationierten Flugzeuge. Die Angriffe erfolgten häufig nachts und machten die Lage unübersichtlich. Die Korvetten (18 bis 20 kn) konnten schneller fahren als der Geleitzug (8 bis 12 kn), aber sie konnten einen Angreifer nicht sehr weit verfolgen, da sie ansonsten Gefahr liefen, den Geleitzug zu verlieren oder ihn schutzlos zurückzulassen. Näherte sich ein Geleitzug

dem von landgestützten Flugzeugen geschützten Bereich, wurden die Korvetten von Küstengeleitbooten abgelöst und konnten sich auf den nächsten Konvoi vorbereiten. Ab 1943 wurde die Lücke in der Flugüberwachung durch den Einsatz von Geleitflugzeugträgern geschlossen, die die U-Boote bis zu ihrer Zerstörung verfolgen konnten.

Die U-Boote wurden zunächst von den Geleitzügen gemieden. Nach 1943 ermöglichte das Aufeinandertreffen mit den Rudeln die Vernichtung der deutschen U-Boote. Der Konvoi ONS-5 (22. April bis 6. Mai 1943) bestand aus 40 Schiffen, die von 30 deutschen U-Booten angegriffen wurden. Der Torpedierung von 21 Handelsschiffen stand der Verlust von sieben U-Booten gegenüber. Im Mai 1943 verlor Deutschland 41 U-Boote, von denen 14 von den Begleitschiffen, 11 von den Luftstreitkräften und 16 während des Marsches versenkt wurden. Dönitz beschloss daraufhin den vorübergehenden Rückzug in andere Kriegsschauplätze.

Kurz nach der Einführung der Verschlüsselungsmaschine *Enigma* in der deutschen Armee stellte der polnische Nachrichtendienst 1928 drei Mathematiker ein, um den Code zu knacken und erbeutete eine Maschine. Es begann eine enge Zusammenarbeit mit dem französischen und dem britischen Nachrichtendienst, wobei ersterer den Polen die aus einer deutschen Quelle stammenden Schlüssel übermittelte. Polen übergab Frankreich und Großbritannien jeweils einen Nachbau der *Enigma*, was den Alliierten zu beachtlichen Fortschritte verhalf. Weitere Bestandteile von *Enigma* wurden im Februar 1940 an Bord der *U33*, im Mai 1941 an Bord der *U110* und eines Wetterschiffs sowie im Oktober 1942 an Bord der *U559* entdeckt. Sie wurden ins Dechiffrierzentrum von Bletchley Park, einem englischen Landsitz, übermittelt und ermöglichten die Entschlüsselung des deutschen Nachrichtenverkehrs durch Unterbrechungen zwischen den Schlüsselwechseln. Die Amerikaner stellten ihrerseits ihre ersten Computer zur Verfügung. Durch die Entschlüsselung des deutschen Funkverkehrs in der zweiten Jahreshälfte 1941 und ab 1943 konnten die Alliierten ihre Konvois umleiten und die deutschen U-Boote bei der Aufnahme von Nachschub angreifen. Der Historiker Kahn geht davon aus, dass auf diese Weise die Versenkung von ca. 2 Millionen Tonnen im ersten Halbjahr 1941 und von mehr als 650.000 Tonnen in den ersten Monaten des Jahres 1943 verhindert werden konnte. Die Deutschen waren überzeugt, dass die *Enigma* nicht zu knacken sei und schöpften deshalb keinen Verdacht. Sie konnten ihrerseits im Allgemeinen den britischen Funkverkehr entschlüsseln.

Zerstörung eines Tankers: Der Kriegseintritt der Vereinigten Staaten ermöglichte den deutschen U-Booten die Dezimierung des bis dahin nahezu ungeschützten amerikanische Handelsverkehrs.

Admiral Dönitz behielt die Kontrolle über den U-Boot-Krieg, als er im März 1942 zum Oberbefehlshaber der Marine ernannt wurde. Dieses Bild zeigt ihn in seinem Gefechtsstand mit seinen Schiffsoffizieren: zu seiner Linken Kapitän zur See Godt, zu seiner Rechten Kapitänleutnant Schnee, der im April 1945 eine Kriegspatrouille mit dem ersten U-Boot der *XXI*-Klasse durchführte.

Fritz Julius Lemp erhält das Eiserne Kreuz von Vizeadmiral Dönitz: Einige Monate später wird sein U-Boot, die *U110*, mit der Ver- und Entschlüsselungsmaschine *Enigma* und den dazugehörigen Codes erbeutet.

Der Krieg im Mittelmeer

Mehr als 60 italienische U-Boote operierten im Juni 1940 im Mittelmeer gegen 46 französische und 12 englische U-Boote aus dem Pazifik, die alt waren und deren Besatzung schlecht ausgebildet war. Zehn Tage später stellten 45 französische U-Boote den Kampf ein. Nur die *Naval* unter dem Kommando von Kapitänleutnant Drogou setzte den Kampf an diesem Kriegsschauplatz unter der Flagge der *Forces Navales Françaises Libres* fort. Die englische Verstärkung traf erst 1941 ein, als zehn U-Boote der Klassen *U* und *T* ins Mittelmeer geschickt wurden, um die durch Minen italienischer Überwasserkräfte versenkten sechs Einheiten zu ersetzen.

Ende Juni 1941 waren insgesamt 25 Einheiten einsatzbereit. Mit dem Rückzug der deutschen Bomber, die im Russlandfeldzug eingesetzt werden sollten, nahmen die Erfolge der englischen U-Boote zu: Sie waren für 44% der Verluste der Achsenmächte im Mittelmeer verantwortlich, darunter auch mehrere beschädigte italienische Kreuzer. Sechs U-Boote gingen verloren, aber das Verhältnis pendelte sich bei sechs Schiffen auf ein versenktes U-Boot ein. Hitler schickte daraufhin 20 zusätzliche U-Boote gegen den Widerstand von Raeder ins Mittelmeer. Der Erfolg ließ nicht lange auf sich warten: Torpedierung des Flugzeugträgers *Ark Royal*, Versenkung des Schlachtschiffs *Barnham* vor Sollum und des Kreuzers *Galatea* vor Alexandria. Bemannte italienische Torpedos setzten die Schlachtschiffe *Valiant* und *Queen Elizabeth* außer Gefecht. 23 deutsche U-Boote bedrängten die zur Versorgung der 8. Armee eingesetzten Geleitzüge und versenkten zusätzlich zwei Kreuzer. Die englischen U-Boote verließen das bombardierte Malta und zogen sich nach Alexandria, Haifa und später Beirut zurück. Zwei von ihnen gingen in den Minenfeldern verloren. Dagegen erzielten die U-Boote der Achsenmächte einen bedeutenden Sieg beim Angriff des Konvois Pedestal, bei dem der Flugzeugträger *Eagle* durch die *U73* versenkt

wurde. Im November 1942 versuchten 31 englische U-Boote vergeblich, die Landung deutscher Truppen in Tunesien zu verhindern.

Das Jahr 1943 brachte die Wende: 34 U-Boote (24 englische, acht französische, ein niederländisches und ein griechisches) nahmen an den Kämpfen bei Sizilien teil. Durch die Einnahme von Sizilien erlangten die Alliierten die Kontrolle über das zentrale Mittelmeer zurück. Die U-Boote wurden von nun an für die Aufklärung und den Transport von Agenten an die vom Feind besetzten Küsten eingesetzt. So führte das französische U-Boot *Casabianca* unter seinem Kommandanten l'Herminier mehrere Einsätze für die amerikanischen und britischen Geheimdienste durch. Die aktivste Phase des U-Boot-Krieges war beendet: Zwei englische Flugzeugträger wurden versenkt und konnten deshalb nicht am Krieg gegen Japan teilnehmen. Die 62 deutschen U-Boote, die in diesem Kriegsgebiet operierten, wurden zerstört. Großbritannien schickte 100 U-Boote, die von

Zwei U-Boote der *VII C-*Klasse kommunizieren bei Funkstille während der Jagd auf einen Geleitzug im norwegischen Meer mit Hilfe eines Megaphons. Der Ausguck richtet seinen Blick weiterhin unbeirrt auf den Horizont.

17. April 1943: Die Wende in der Schlacht im Atlantik. Die Tage wurden länger und erleichterten die Suche nach U-Booten; die Verbündeten waren durch ihre neuen Techniken im Vorteil. Dieses Bild zeigt den Untergang der *U175* nach einem Kanonengefecht mit dem amerikanischen Küstenwachboot Spencer. Ein Mann hält sich noch aufrecht, bevor er mit dem U-Boot untergeht.

Die *P57 Universal*. Mehrere Boote dieses kleinen und leicht zu steuernden *U*-Typs haben sich im Mittelmeer ausgezeichnet und zum Erfolg der Alliierten beigetragen.

Diese Bild zeigt die *Casa-bianca* im Frieden. Als sie nach der Versenkung der Flotte in Toulon am 27. November 1942 nach Nordafrika verlegt wurde, führte die *Casabianca* mehrere Einsätze für die Verbündeten zur Unterstützung des Widerstands an der korsischen (sechs Einsätze), der spanischen (zwei Einsätze) und der südfranzösischen (drei Einsätze) Küste durch.

Sowjetisches U-Boot der *K*-Klasse auf See: Die zur Nordflotte gehörende *K-21* zeichnete sich durch den Angriff der *Tirpitz* am 5. Juni 1942 aus; ihre Torpedos erreichten das deutsche Schlachtschiff jedoch nicht.

24 alliierten U-Booten (zehn französische, acht griechische, vier niederländische und zwei polnische) unterstützt wurden. Sie versenkten eine Million Tonnen deutschen Frachtraum, also die Hälfte der zerstörten Einheiten.

Die Nebenschauplätze

Der ununterbrochene Einsatz der sowjetischen U-Boote gegen die deutschen Verbindungen brachte mit Ausnahme einiger Heldentaten und spektakulärer Siege keine nennenswerten Resultate. Der größte Erfolg war die Zerstörung der *Wilhelm Gustloff* im Jahr 1945, die U-Boot-Besatzungen und Menschen auf der Flucht vor den sowjetischen Durchbrüchen im Osten transportierte. Usache für die geringen Erfolge waren klimatische Bedingungen, das Fehlen von Seeluftstreitkräften, die Blockade der sowjetischen Häfen durch deutsche Minen und die geringe Geräuscharmut der sowjetischen Lufttorpedos.

Die sowjetischen U-Boote versenkten 270.000 BRT Tonnage des Gegners, davon 44.000 t durch von U-Booten gelegte Minen. Die Hälfte der versenkten Tonnage wurde von den Einheiten in der Ostsee erzielt, wo die Deutschen in mühsamster Kleinarbeit einen Küstenverkehr im Schutze von Minen organisiert hatten, der Rest verteilte sich auf die Arktis und das Schwarze Meer, wo die U-Boot-Einheiten insbesondere während der Belagerung von Sebastopol heldenhafte Transporteinsätze durchführten.

Der Krieg im Pazifik

Im Dezember 1941 stellte sich das Kräfteverhältnis im Pazifik wie folgt dar: Japan besaß 63 U-Boote, davon 42 Hochsee-Einheiten. Nach dem Vorbild der großen deutschen und englischen (*K*) U-Boote des 1. Weltkriegs bildeten sie die 6. Flotte, die mit der Vereinigten Flotte zusammenarbeiten sollte. Diesen Kräften setzten die Vereinigten Staaten 55 U-Boote entgegen, die auf den

Philippinen und in Pearl Harbor stationiert waren und von 15 holländischen U-Booten in Surabaya unterstützt wurden. Großbritannien hatte seinerseits seine 20 U-Boote in das Mittelmeer zurück verlegt.

Der Einsatz der japanischen U-Boote während des Angriffs auf Pearl Harbor war ein Misserfolg. Die vor Hawai stationierten 27 U-Boote ließen Kleinst-U-Boote zu Wasser, die zerstört wurden; sieben U-Booten gelang es nicht, einen im Norden gemeldeten amerikanischen Flugzeugträger aufzubringen. Am anderen Ende des Kriegsschauplatzes meldete die *I-165* der japanischen Luftwaffe die Position der britischen Schlachtschiffe *Prince of Wales* und *Repulse* und trug damit zu ihrer Zerstörung bei. Auf amerikanischer Seite konnten die U-Boote die Landung der Japaner auf den Philippinen nicht verhindern. Sie kamen zu spät, und die Gewässer waren zu flach. Nach dem Fall Manilas mussten sie sich nach Darwin und Surabaya zurückziehen, erhielten jedoch die Erlaubnis zum uneingeschränkten Krieg gegen den japanischen Feind.

Aus militärischer Sicht enttäuschten die Leistungen der U-Boote in Midway: Zwölf zwischen Midway und Pearl Harbor eingesetzte japanische U-Boote konnten die amerikanischen Kräfte nicht auffangen; sieben amerikanische U-Boote sicherten Pearl Harbor und zwölf wurden rund um Midway eingesetzt: Nur die Leistungen der *Nautlus* und der *Tambor* waren erwähnenswert, da sie den Flugzeugträger *Soryu* zerstörten und den Zusammenstoß zweier japanischer Kreuzer provozierten.

In Guadalcanal waren die japanischen Einheiten erfolgreicher: Die *I-19* versenkte den Flugzeugträger *Wasp* während die *I-15* den Flugzeugträger *Hornet* verfehlte aber dafür das Schlachtschiff *North Carolina* traf. Schließlich versenkte die *I-26* den Kreuzer *Juneau*. Als Versorgungsschiffe eingesetzt, retteten die japanischen U-Boote die Garnison von Guadalcanal.

In den folgenden drei Jahren verschaffte der Einsatz der U-Boote als Kampfschiffe den Amerikanern Vorteile. 1943 ermöglichten Radar und Sonar die Versenkung von 23 japanischen U-Booten, nachdem sie nachts über

Die *USS Raton* (SS-270) gehörte zu den 77 Einheiten
der *GATO*-Klasse, nach deren
Vorbild 120 weitere *BALAO*
gebaut wurden. Die in Mani-
towoc in Wisconsin gebaute
Raton führte um 1943 Tauchversuche auf dem Michigan-
see durch.

Wasser geortet worden waren. Ihr einziger Erfolg war die Torpedierung des Geleitflugzeugträgers *Liscombe Bay*. Im Laufe des Jahres 1944 versenkten allein die amerikanischen Unterwasserkräfte die Hälfte der zerstörten japanischen Kampfschiffe: sieben Flugzeugträger (darunter die *Sokakku*, die *Shinano*, die *Unryu*, die *Otaka*, die *Unyo* und die *Jinyo*), ein Schlachtschiff, elf Kreuzer (davon zwei in der Schlacht um die Philippinen) und 30 Zerstörer. Die Chancen der amerikanischen U-Boote zur Versenkung von japanischen Zerstörern standen nun 3 zu 4. Ihre Anweisungen ermöglichten den Angriff auf sich gestellter Einheiten. Große Marineverbände mussten gemeldet werden, ohne sie anzugreifen.

In Ermangelung von Zielen leisteten die amerikanischen U-Boote in den letzten Kriegsmonaten vor allem einen Beitrag zu amphibischen Operationen, zur Bildaufklärung und zu Wettermeldungen sowie zur Rettung abgeschossener Piloten. Ihr Beiboot war mit einem kleinen Unterwasser-Akustiksender für große Tiefen ausgestattet, der sich das bathymetrische Profil der pazifischen Gewässer zunutze machte und von einem U-Boot in mehreren Hundert Seemeilen Entfernung gehört und dann gepeilt werden konnte. Auf diese Weise wurde der spätere Präsident der Vereinigten Staaten, George Bush, gerettet, nachdem sein Flugzeug in der Nähe einer japanischen Insel, dessen Kommandant Gefangene exekutierte, abgeschossen worden war.

Insgesamt verlor die japanische U-Boot-Flotte ungefähr hundert Einheiten, konnte sich aber durch den Bau von 97 neuen Booten neu formieren. Das Fehlen leistungsfähiger Radare kam die Japaner teuer zu stehen: Ihre Einheiten wurden nachts über Wasser entdeckt und torpediert. Die letzten Versuche mit bemannten Torpedos waren wenig erfolgreich. Der letzte Erfolg der Flotte war die Zerstörung des Kreuzers *Indianapolis* im März 1945. Auf amerikanischer Seite spielte das U-Boot eine entscheidende Rolle in den Seegefechten, da es ein Drittel der japanischen Kriegsflotte – 201 Kampfschiffe – zerstörte. So sehr das U-Boot als Verteidigungswaffe ent-

täuschte – es konnte die japanischen und amerikanischen Vorstöße zu Kriegsbeginn und Kriegsende nicht aufhalten – so sehr überzeugte es doch als Angriffswaffe.

Das U-Boot war nicht nur ein einfaches Seekriegsmittel, sondern erwies sich im Pazifik als entscheidende Waffe des totalen Krieges, mit dem Japan seiner für seine Kriegsmaschinerie notwendigen Rohstoffe beraubt werden sollte. Der Donnerschlag von Pearl Harbor und der Verrat des Angriffs dienten der amerikanischen Führung als Rechtfertigung für den Einsatz des U-Boots in einem

Landung von Spezialkräften der VII. Armee auf der kleinen Aleuten-Insel Attu mit der *S168 Nautilus* im November 1943. Bemerkenswert sind die beiden 152-mm-Kanonen.

Stark bewaffnetes U-Boot (zwei 127-mm-Kanonen und zwei 40-mm-Flugabwehrkanonen) der *BALAO*-Klasse (120 Einheiten) oder der *TENCH*-Klasse (29 Einheiten) im Pazifikeinsatz bei Kriegsende. Die beiden Klassen unterscheiden sich durch eine unterschiedliche Anordnung der Ballasttanks, der Torpedozellen und des Antriebs.

Drei japanische U-Boote nach der Übergabe, davon ein Flugzeugträger vom Typ *I-400* (rechts): Die drei *I-400* (1944) mit einer Verdrängung von 6 560 t und einer Länge von 122 Metern waren für den Angriff auf die amerikanische Küste bestimmt. Die Motoren der drei Wasserflugzeuge wurden unter Wasser aufgeheizt, bevor die Flugzeuge von einem 26 Meter langen Katapult am Bug des U-Bootes starteten. Die japanische Führung setzte die U-Boote lieber im Seekrieg und nicht im Handelskrieg ein.

uneingeschränkten Krieg gegen die Handelsschiffahrt in der »Sphäre der Koprosperität«, aus der Tokio seine Rohstoffe bezog. Nach dem Misserfolg vor den Hawaii-Inseln empfahl die japanische U-Boot-Führung den Einsatz ihrer Einheiten gegen den amerikanischen Handel. Der japanische Generalstab lehnte dies ab. Trotz hartnäckiger Probleme aufgrund fehlerhafter Torpedozünder, die erst nach mehr als einem Jahr behoben werden konnten, war das Ergebnis des Einsatzes amerikanischer U-Boote beachtlich: Mehr als 1 000 Handelsschiffe wurden versenkt, was 4,6 Mt entsprach.

Die großen Hochsee-U-Boote, vor allem die *GATO/BALAO* mit einer Verdrängung von 2 500 t unter Wasser, konnten den Sieg über Japan zu Recht für sich beanspruchen. Diese ausdauernden und autonomen Schiffe, die sich durch eine starke Flugabwehrbewaffnung und leistungsfähige Radare auszeichneten, entschieden im Pazifik die Schlacht für sich, die die deutschen U-Boote im Atlantik verloren. Mit einer Überwassergeschwindigkeit von 20 kn konnten sie den Ozean

durchqueren. Aufgrund der Schwäche der japanischen Ortungsmittel (Sonar oder Radar) hatten die Amerikaner bessere Angriffsmöglichkeiten über Wasser, zum Beispiel mit schnellen Torpedobooten. Sie brachten die japanische Industrie fast zum Stillstand und legten die Zufuhr von Brennstoffen durch die Versenkung der japanischen Tanker lahm.

Nach dem Vorbild der deutschen Führung setzte die *US Navy* ab Ende 1943 die Rudeltaktik ein, um die japanischen Geleitzüge anzugreifen. Der Radar wurde zur Planung und Koordinierung der Angriffe auf einen Handelsverkehr eingesetzt, welcher daraufhin 1944 nach und nach verschwand. Von den 2 117 im Krieg verloren gegangenen japanischen Schiffen wurden 60% von U-Booten, 30% von Flugzeugen und 10% von Minen oder Überwasserschiffen versenkt. Die japanische Handelsmarine, die zu Kriegsbeginn 6 Millionen Tonnen zählte, besaß 1945 nur noch 1,8 Millionen. Dafür verloren die Vereinigten Staaten 52 U-Boote (3 500 Mann), davon 45 im Gefecht.

Eigenschaften von U-Boot-Torpedos im 1. und 2. Weltkrieg

Bau-jahr	Bezeichnung	Durchm. (mm)	Länge (m)	Antrieb	Masse (kg)	Geschw. (kn)	Reichw. (km)	Ladung (kg)	Lenkung
Deutschland									
1905	Schwartzkopff	450		Luft		30		120	
1906	Type G	500	6	Heißluft		36	6	160	
1914	Type G 6 AV	500	6	Heißluft	900	40	5	160	
1937	Type G 7a T1	533	7,2	Heißluft	1 538	44	13,8	280	
1939	Type LF 5	457			738	30	2,3	200	
1939	Type G 7e Mod T2	533	7,2	elektrisch	1 607	30	5	280	
	Type G 7e Mod T3	533	7,2	elektrisch	1 607	30	5	280	
	Type G 7e Mod T3A	533	7,2	elektrisch	1 757	30	7,4	280	
	Type G 7e Mod T3B	533	7,2	elektrisch	1 348	19	4	280	
	Type G 7e Mod T3E Kreuzotter	533	7,2	elektrisch	1 344	20	7,4	280	
	Type G 7e Mod T4 Falke	533	7,2	elektrisch		20	7,4	274	akustisch
	Type G 7e Mod T5 Zaunkönig 1	533	7,2	elektrisch	1 495	25	5,7	274	akustisch
	Type G 7e Mod T10 Spinne	533	7,2	elektrisch	1 621	30	3	280	Draht
	Type G 7ut Steinwal	533	7,2	Turbine	1 730	45	22,5		
USA									
1906	Bliss-Leavitt Mk 4	533	6,1	Turbine	680	36?	?	–	
1910	Bliss-Leavitt Mk 7	533		Heißluft	738	35	5,5	148	
1917	Mk 10	533	4,9	Heißluft	1 005	36	12,2	225	
1930	Mk 14	533	6,24	Heißluft	1 488	46	8,2	292	
1944	Mk 16	533	6,24	Wasserstoffper.	1 814	46	12,5	428	
1943	Mk 18	533	6,22	elektrisch	1 431	29	3,6	261	
1941	Mk 27	533	2,28	elektrisch	327	15,9	4,5	43	akustisch
1943	Mk 28	533	6,24	elektrisch	1 270	19,6	3,6	265	akustisch
Frankreich									
1924	Mod 24 V	550	8,2	Alkohol	1 490	45	7	310	
1926	Mod 26 V	400	5,1	Heißluft	675	44	2	144	
Großbritannien									
1913	18″ Mk VIII	457		Heißluft	1 736	35	3,6	145	
1910	21″ Mk II	533		Heißluft		35	7	181/234	
1927	21″ Mk VIII	533	6,57	Brenner	1 023	40	13,5	340	
1939	21″ Mk X	533	7,2	Heißluft	1 620	40	12,5	300	
Italien									
1935	W 270 Veloce	533	7,2	Heißluft	1 600	50	11,8	250	
1935	W 270 F	533	6,5	Heißluft	1 550	43	10	250	
	W 200	450	5,7	Heißluft		44	11,7	260	
	SI 270	533	7,2	Heißluft		49	8	270	
Japan									
1917	Type 6	533	6,8	Luft	1 432	36	15	218	
1929	Type 89	533	7,16	Heißluft	1 668	45	10	267	
1932	Type 92 mod1 & 2	533	7,15	elektrisch	2 697	30	7	300	
1935	Type 95 mod1	533	9	Sauerstoff	1665	51	11,7	405	
1942	Type 96	533	9	Sauerst./Keros.	1 662	48	4,5	405	
1937	Type 97	457	5,6	Sauerst./Keros.	987	45	5,5	380	
1942	Type 98	457	5,6	Sauerst./Keros.	908	41	3,2	350	
Russland/Sowjetunion									
1907	Mod 1907	456	5,2	–	641	40	2	90	
1927	53-27	533	7	Heißluft	1 710	45	3,7	265	
1936	53-36	533	7	Heißluft	1 700	44	8	300	
1938	53-38	533	7,2	Heißluft	1 615	44	10	300	
1939	45-36 NOu	450	6	Heißluft	1 028	41	6	284	
1939	53-38 Ou	533	7,4	Heißluft	1 725	44	10	400	
1941	53-41	533		Turbine					
1939	ET-80	533	7,5	elektrisch	1 800	29	4	400	
1943	53-39	533	7,5	Turbine	1 780	51	10	317	
Whitehead									
1876	Whitehead 15″	381	–	–	–	29	0,4	26	
1905	Whitehead Fiume 18″ Mk3	457		Luft	730	29	2	100	
1907	Whitehead Fiume 18″ Mk3H	457		Heißluft	735	34	4	115	
1908	Whitehead Fiume 18″ trockene Heißl.	457		Heißluft	750	42	6	115	
1913	Whitehead Fiume 18″ feuchte Heißluft	457		Heißluft	790	44	6	100	
1914	Whitehead Weymouth 21″ Mk2	533		Heißluft	1 268	29	9,1	102	

Leistungsmerkmale der wichtigsten U-Boot-Klassen (1903–1944)

Gebaut in	Klasse	Baujahr	Anzahl	Entwickler	Werft	Verdr. (t) ü./u. Wasser	Maße (m) L/B/H
Deutschland	U 1	1905	1	D'Equevilley	Germania	238/283	42,4/3,8/3,2
	U 9	1910	4		Danzig	493/611	57,4/6/3,1
	U 27	1914	4		Danzig	675/867	64,7/6,3/3,5
	UB II	1915	30			263/292	36,1/4,4/3,7
	UC II	1915	64		veerschiedene	417/493	49,4/5,2/3,7
	U 139	1917	3	Tecne	Kiel	1 930/2 485	92/9,1/5,3
	U 142	1916	35	Tecne	Kiel	2 158/2 785	97,5/9,1/5,4
	II A U 1/6	1934	6/50		Kiel	254/303	41/4/4
	VII A U 27/36	1936	10/705		verschiedene	626/745	65/6/4
	IX B U 64	1937	14/214		Deschimag	1051/1178	77/7/5
Frankreich	PLUVIOSE	1905	18	Laubeuf	Ch/Ro/To	398/550	51,1/4,9/3
	BRUMAIRE	1906	16	Laubeuf	Ch/Ro/To	397/551	52,1/5,1/3,1
	CLORINDE	1909	2	Hutter	Rochefort	410/560	53,9/5,1/3,4
	AMPHITRITE	1912	8	Hutter	Ch/Ro/To	414/609	53,9/5,4/3,3
	BELLONE	1912	3	Hutter	Ro/To	523/788	60,6/5,4/3,5
	DIANE	1912	2	Simonot	Cherbourg	633/891	68/5,5/3,7
	ARMIDE	1912	3	Laubeuf	Schneider	457/670	56,2/5,2/3
	LAGRANGE	1913	4	Hutter	Ro/To	920/1318	75,2/6,3/3,6
	JOESSEL	1915	2	Simonot	Cherbourg	870/1247	74/6,4/3,6
	REQUIN	1922	9	Roquebert	Br/Ch/To	974/1441	78/7/5
	ONDINE	1922	4	Fenaux	A.Normand	626/787	66/5/4
	1500 t REDOUTABLE	1924	31	Roquebert	verschiedene	1570/2084	92/8/5
	SURCOUF	1926	1	Roquebert	Cherbourg	3304/4218	110/9/7
	DIANE	1926	16	Fenaux	verschiedene	651/800	64,4/5,1/3,9
	SAPHIR	1930	6	Pacli	Toulon	761/925	65,9/7,1/4,3
	AURORE	1934	6	Pacli	verschiedene	893/1170	73,5/6,5/4,2
	EMERAUDE	1938	1	Normand	Toulon	862/1190	72,7/7,3/4,1
GB	B	1904	11		Vickers	287/313	43,3/4,1/3,4
	C	1906	38	Vickers/Holland	verschiedene	290/320	43,3/4,1/3,4
	D	1908	8		verschiedene	604/620	49,7/6,2/3,2
	E	1912	56	Vickers/Holland	verschiedene	660/810	54,2/6,9/3,8
	NAUTILUS	1913	1		Vickers	1270/1694	78,8/7,9/5,4
	SWORDFISH	1915	1			932/1470	70,5/7/4,5
	H	1917	9		verschiedene	364/434	45,8/4,7/3,8
	J	1915	8		verschiedene	1210/1820	84/7/4,3
	K	1915	17		verschiedene	1883/2600	100,6/8,1/5,2
	L	1917	31		verschiedene	890/1070	70,4/7,2/4
	M	1917	3		verschiedene	160/1950	90,1/7,5/4,9
	R	1917	10			410/500	49,9/4,6/3,5
	X-1	1921	1		Chatham	2780/3600	110,8/9/4,8
	O(BERON)	1924	9		verschiedene	1490/1892	83,4/8,5/4,6
	RIVER, THAMES	1929	33		Vickers	2165/2680	105,1/8,6/4,8
	S(TURGEON)	1929	62		verschiedene	737/927	61,7/7,3/3,2
	T(RITON)	1935	53		verschiedene	1330/1585	83,6/8,1/3,6
	U(NDINE)	1936	49		Vickers	630/730	58,1/4,8/4,8
	A(MPHION)	1944	16		verschiedene	1385/1620	85,5/6,8/5,1
Italien	GLAUCO	1903	5	Laurenti	Venedig	175/200	36,8/4,3/2,6
	FOCA	1907	1		La Spezia	185/235	42,5/4,2/2,6
	PIETRO MICCA	1915	6		La Spezia	842/1244	63,2/6,2/4,2
	BALILLA	1925	4		OTO	1450/1904	86,7/7,8/4,7
	ARGONAUTA	1929	7		verschiedene	650/810	61,5/5,6/4,6
	SIRENA	1931	12		verschiedene	679/842	60,1/6,4/4,6
	PIETRO CALVI	1932	3		OTO	1550/2060	84,3/7,7/5,2
	PERLA	1935	10		verschiedene	696/825	60,2/6,4/4,6
	ADUA	1936	17		verschiedene	680/848	60,2/6,4/4,6
	BRIN	1936	5		Tosi	1016/1266	72,4/6,7/4,5
	FOCA	1936	3		Tosi	1318/1647	82,8/7,1/5,3
	MARCELLO	1937	11		verschiedene	1 060/1313	73/7,2/5,1
	CAGNI	1939	4		Monfalcone	1708/2190	87,9/7,7/5,7
	ACCIAIO	1940	13		verschiedene	715/870	60,2/6,4/4,8
Japan	I-51 KD1 KAIDAI	1919	1		Kure	1500/2430	91,/9/5
	I-1 J1	1922	4		Kawasaki	2135/2791	97,5/9,2/5
	I-15 B1	1937	20		verschiedene	2584/3654	108,7/9,3/5,1
	I-16 C1	1937	5		verschiedene	2554/3561	109,3/9,1/5,3
	I-9 A1	1937	3		verschiedene	2919/4149	113,7/9,5/5,3
	KRS	1919	4		Kawasaki	1383/1768	85,2/7,5/4,4
	D-1	1942	12		verschiedene	1779/2215	73,5/8,9/5
	D-2	1942	1		Yokosuka	1926/2240	74/8,9/5
	SS	1942	9		verschiedene	429/493	44,5/6,1/4
	Yu-1	1943	12		verschiedene	273/370	39,5/3,9/2,9
	Ha-201 STS	1944	10		Sasebo	429/493	53/4/3,4
	I-201 ST (SEN TAKA)	1942	3		Kure	1291/1450	79/5,8/5,4
	I-400 STo	1942	3		Kure	5223/6560	122/12/7
Niederlande	K-XI		3		Fijenoord	611/815	66,9/6,1/3,7
	K-XIV	1932	5		Rotterdam	771/1000	74/7,6/3,9
	O-19	1938	2		Wilton	998/1536	81/7,5/4
	O-21	1939	7		verschiedene	881/1186	78,6/5,3/3,8
Russl./UdSSR	AKOULA	1906	1	Boubnov	Ostsee	370/468	56/3,7/3,4
	KRAB	1908	1	Naliotov	Nikolaïev	560/740	52,8/4,3/3,9
	BARS	1912	22	Boubnov	verschiedene	650/780	68/4,5/3,9
	LENINETS	1929	6	Malinine	Baltikum	1030/1335	78/7/4
	Chtch (III)	1930	4	Malinine	verschiedene	570/692	57/6,2/3,7
	M (VI)	1932	4	Assafov	verschiedene	157/200	37,8/3,1/2,6
	S (IXbis)	1934	40		Baltikum	856/1090	77,7/6,4/4
	K (XIV)	1936	12			1470/2100	97,6/7,4/4,5
USA	L	1915	11			450/548	51/5,3/4,1
	S	1918	39			1854/1062	66,5/6,1/4,6
	V-4, ARGONAUT	1925	1		Portsmouth	3 046/4165	116,1/10,3/4,7
	BARRACUDA	1921	3		Portsmouth	2 000/2620	104,2/8,2/4,4
	P	1935	10		verschiedene	1310/1934	91,7/7,6/4
	S (SALMON/SARGO)	1937	19		verschiedene	1670/2210	93,8/7,9/4,3
	T(AMBOR)	1939	12		verschiedene	1475/2370	93,5/8,5/4,9
	GATO	1941	195		verschiedene	2025/2410	91,6/8,3/5,1
	BALAO	1943	120		verschiedene	2010/2415	91,6/8,3/5,1
	CACHALOT	1931	2		verschiedene	1130/1650	82,8/7,5/3,9
	TENCH	1944	31		verschiedene	1980/2415	93,5/8,5/4,9

Tiefgang (m)	Antrieb	Leistung	Geschwindigkeit	Fahrbereich (sm/kn)	Schraube (kW)	Besatzung	Bewaffnung
30	Körting elektrisch	147/147	10,8/8,7	1500/10-50/5	2	12	A TR
50	Körting	810/559	14/8	1 800/14-80/5	2	29	4 TR
	dieselelektrisch	1/472/883	17/10	9770/8-85/5	2	35	4 TR, 1x88 mm
	dieselelektrisch	206/206	9/6	6500/5-4500/5	2	22	2 TR, 1x47 mm
	dieselelektrisch	368/339	12/7	9430/7-55/4	2	26	3 TR, 18 Minen, 1x88 mm
75	dieselelektrisch	2760/1310	15/8	12600/8-53/5	2	86	6 TR, 2x150 mm
	dieselelektrisch	4416/1 914	18/9	20000/6-70/4	2	86	6 TR, 2x150, 2x88 mm
120	dieselelektrisch	515/265	13/7	1050/12-35/4	2	25	3 TR, 1x20 mm
150	dieselelektrisch	1 708/552	16/8	4300/12-90/4	2	44	5 TR, 1x88, 1x20 mm
150	dieselelektrisch	3 238/736	18/7	8700/12-64/4	2	48	6 TR, 1x105, 1x37, 1x20 mm
	dampfelektrisch	515/331	12/8	1500/9-50/5	2	24	1 TR, 6 TAE
	dieselelektrisch	618/485	13/9	1700/10-84/5	2	29	1 TR, 6 TAE
	dieselelektrisch	589/515	13/9	1300/10-100/5	2	29	8 TAE
	dieselelektrisch	589/515	12/10	1300/10-100/5	2	29	8 TAE
	dieselelektrisch	1210/589	15/9	2300/10-100/5	2	37	8 TR, 1x75 mm
	dieselelektrisch	1325/1030	17/11	2500/10-130/5	2	43	10 TR
	dieselelektrisch	1619/662	17/11	2600/11-160/5	2	31	6 TR, 1x47 mm
	dieselelektrisch	1914/1207	17/11	4300/10-125/5	2	47	8 TR, 1x75 mm
	dieselelektrisch	2134/1207	17/11	4300/10-125/5	2	47	8 TR, 2x75 mm
			15/9	5650/10-105/5	2	54	10 TR, 1x100 mm
			14/7	3500/8-75/5	2	41	7 TR, 1x75 mm
			17/10	10 000/10-100/5	2	61	11 TR, 1x100 mm
			18/9	10 000/10-70/5	2	118	10 TR, 2x203, 2x37 mm
			14/9	4 000/11-82/5	2	41	7 TR
			12/9	4 000/12-80/4	2	42	5 TR, 32 Minen, 1x75 mm
			15/9	5 600/10-80/5	2	44	9 TR
			15/9	3 300/12-90/4	2	43	4 TR, 40 Minen, 1x100 mm
	benzinelektrisch	442/132	10/6	430/8-55/4	1	16	2 TAE
	benzinelektrisch	442/147	7/6	200/6-30/4	1	16	2 TAE
	dieselelektrisch	883/405	16/9	2 500/10-65/5	2	25	3 TR
	dieselelektrisch	1178/589	16/10	3 000/10-99/3			4 TR
	dieselelektrisch	2724/736	17/10	5 000/10	2		6 TR, 1x76 mm
	dampfelektrisch	2760/1030	18/10		2		6 TR
30	dieselelektrisch	353/235	13/11	1 900/8-23/4	2	22	4 TR
	dieselelektrisch	2 650/1030	19/10	5 000/12	3	44	6 TR, 1x76 mm
	dampfelektrisch	7360/1030	24/9	12500/10-30/4	2	55	8 TR, 1x76 mm
	dieselelektrisch	1766/1178	17/11	3600/11-65/5	2	36	6 TR, 1x102 mm
	dieselelektrisch	1766/1030	15/9	3800/10	2	70	4 TR, 1x305 mm
	dieselelektrisch	177/885	9/15	2000/9-140/4	1	22	6 TR
	dieselelektrisch		18/7		2		6 TR, 2x130 mm
155	dieselelektrisch	2 171/994	15/9	5 000/10-60/4	2	56	8 TR, 1x102 mm
60	dieselelektrisch	7360/1840	22/10	12 000/8-115/4	2	61	6 TR, 1x102 mm
95	dieselelektrisch	1141/957	14/10	3800/10	2	36	6 TR, 1x176 mm
95	dieselelektrisch	1840/1067	15/9	8000/10	2	56	10 TR, 1x102 mm
	dieselelektrisch		12/9	4000/11/120/2	2		4 TR, 1x76 mm
	dieselelektrisch		18/8	10500/11-90/3	2		10 TR, 1x102 mm
	benzolelektrisch	442/125	11/9	2000/8-100/5	3	15	3 TR
		442/118				17	2 TR
	dieselelektrisch	1914/957	17/10			40	6 TR, 2x76 mm
90	dieselelektrisch	3 606/1619	18/9	12000/7-110/3	2	77	6 TR, 1x120 mm
80	dieselelektrisch	1104/589	14/8	4900/10-110/3	2	44	6 TR, 1x100 mm
80	dieselelektrisch	994/589	14/8	4880/8-72/4	2	44	6 TR, 1x100 mm
90	dieselelektrisch	3238/1325	17/7	11400/8-120/3	2	72	8 TR, 1x120 mm
80	dieselelektrisch	1030/589	14/8	2 500/12-74/4	2	45	6 TR, 1x100 mm
80	dieselelektrisch	1030/589	14/8	2200/14-74/4	2	45	6 TR, 1x100 mm
90	dieselelektrisch	2208/810	17/8	9000/8-90/4	2	54	8 TR, 1x100 mm
90	dieselelektrisch	2120/920	15/7	7800/8-12/7	2	60	6 TR, 36 Minen, 1x100 mm
100	dieselelektrisch	2650/810	17/8	7500/9/120/3	2	57	8 TR, 2x100 mm
100	dieselelektrisch	3216/1325	17/9	10700/12-107/3	2	78	14 TR, 2x100 mm
80	dieselelektrisch	1030/589	14/7	5000/8-80/3	2	48	6 TR, 1x100 mm
60	dieselelektrisch	3830/1470	20/10	20000/10-100/4	4	60	8 TR, 1x120, 1x76 mm
80	dieselelektrisch	4420/1910	18/8	24000/10-60/3	2	68	6 TR, 2x140 mm
100	dieselelektrisch	9130/1470	24/8	14000/16-96/3	2	94	6 TR, 1x140, 2x25 mm
100	dieselelektrisch	9130/1470	24/8	14000/16-60/3	2	95	8 TR, 1x140
100	dieselelektrisch	9130/1770	24/8	16000/16-90/3	2	100	6 TR, 1 Wasserflug., 1x140, 4x25 mm
60	dieselelektrisch	1770/810	15/7	10500/8-40/4,5	2	75	4 TR, 42 Minen, 1x140 mm
75	dieselelektrisch	1360/880	13/7	15000/10-120/3	2	75 + 110	1x140 mm, 2x25 mm
100	dieselelektrisch	1290/880	13/7	5000/13-100/3	2	60	1x140 mm, 2x25 mm
100	dieselelektrisch	295/110	10/5	3000/10-120/3	1	21	1x25 mm
100	dieselelektrisch	265/55	10/5	1500/8	1	13	
100	dieselelektrisch	295/920	12/14	3000/10-100/2	1	26	2 TR, 1x7,7 mm
110	dieselelektrisch	2020/3680	16/19	8000/11-135/3	2	31	4 TR, 2x25 mm
100	dieselelektrisch	5670/1770	19/7	37500/14-60/3	2	144	8 TR, 3 Wasserflug., 1x140, 10x25 mm
	dieselelektrisch	1766/534	15/8	3500/12-13/8	2	31	6TR
	dieselelektrisch	2355/736	17/9	3500/11-26/9	2	38	8 TR
81	dieselelektrisch	3680/736	19/9	6150/12	2	55	8 TR, 40 mines, 1x88, 2x40 mm
105	dieselelektrisch	3680/736	20/9	6150/12	2	55	8 TR, 40 mines, 1x88, 2x40 mm
105	dieselelektrisch	660/220	12/6	2160/8-44/5	3	34	4 TAE
	dieselelektrisch	880/486	11/8	2500/50	2	50	2 TR, 60 mines
50	dieselelektrisch	368/662	17/9	3000/28	2	38	4 TR, 8 TAE, 1x37 mm
50	dieselelektrisch	1620/956	14/9	7400/150	2	52	6 TR, 20 Minen, 1x100, 1x37 mm
90	dieselelektrisch	736/590	12/9	2250/110	2	27	6 TR, 1x37 mm
90	dieselelektrisch	505/177	13/7	1065/55	1	15	2 TR, 1x45 mm
60	dieselelektrisch	2944/810	20/9	9500/135	2	46	6 TR, 1x100, 1x45 mm
100	dieselelektrisch	6182/1766	22/10	15000/160	2	62	10 TR, 20 Minen, 1 x1 00, 2x45 mm
100	dieselelektrisch						
	dieselelektrisch		14/10	3300/11-150/5			4 TR, 1x76 mm
91	dieselelektrisch	4 420/1 770	15/8	11000/10-50/5	2	86	4 TR, 2 FK-Abschussvorr., 60 min, 2 x152 mm
61	dieselelektrisch	4 920/1 770	19/9	11000/10-50/5	2	88	86 TR, 1x127 mm
76	dieselelektrisch	3 160/1 710	19/8	11000/10-50/5	2	50	6 TR, 1x76 mm
76	dieselelektrisch	4 050/2 430	21/9	11000/10-96/2	2	55	8 TR, 1x76 mm
76	dieselelektrisch	3 970/2 020	20/9	11000/10-96/2	2	60	10 TR, 1x76 mm
93	dieselelektrisch	3 970/2 020	20/9	11000/10-96/2	2	60	10 TR, 1x76 mm
122	dieselelektrisch	3 970/2 020	20/9	11000/10-96/2	2	80	10 TR, 1x102 mm
76	dieselelektrisch	2 280/1 180	17/8	11000/10-50/5	2	45	6 TR, 1x76 mm
122	dieselelektrisch	3 970/2 020	20/9	11000/10-96/2	2	81	10 TR, 1x127 mm

Stapellauf der *U2501*, das erste *Elektroboot* der *XXI*-Klasse, am 12. Mai 1944 in der Werft Blohm & Voss in Hamburg.

KAPITEL III

DAS ECHTE U-BOOT (1943–1975)

VOM ELEKTROBOOT ZUM ALBACORE

In den Jahren nach dem 2. Weltkrieg entstand das klassische U-Boot, auch konventionelles U-Boot genannt. Während des Krieges wurden die deutschen und amerikanischen Tauchboote vor allem als Torpedoboote eingesetzt, die häufig über Wasser und nachts die feindlichen Geleitzüge angriffen. Mit der Einführung des Radars auf den Begleitschiffen und bei den Seefernaufklärern wurde diese Taktik hinfällig. Seit 1939 arbeitete Professor Walter an einem Wasserstoffperoxydantrieb mit geschlossenem Kreislauf. Die Prototypen zeigten vielversprechende Ergebnisse. 1943 hielt ein Versuchsboot sechs Stunden lang eine Geschwindigkeit von 24 kn unter Wasser. Die Walter-Turbine wurde mit Diesel versorgt; der Sauerstoff stammte aus der katalytischen Zerlegung des mitgeführten Wasserstoffperoxyds; die entstandenen Gase trieben die Turbine an und wurden anschließend ins Meer zurückgeleitet. Doch in Deutschland konnte man nicht länger auf die Fertigstellung des *Projekts XVIIB* (hochseefähig) und des *XXVI* (für Küstengewässer) warten. Die Marine begann daraufhin mit der Entwicklung großer hydrodynamischer U-Boote mit starken Elektromotoren, einem Luftmast oder Schnorchel und doppelt so vielen Batterieelementen. Diese U-Boote wurden Elektroboote genannt. Mit einer Unterwassergeschwindigkeit von ca. 16 kn waren sie doppelt so schnell wie herkömmliche Tauchboote. Die Indienststellung dieser U-Boote vom Typ *XXI* (hochseefähig) und *XXIII* (für Küstengewässer) erfolgte in den letzten Kriegstagen und konnte den Verlauf des Krieges nicht mehr beeinflussen. Doch durch ihre Unterwassergeschwindigkeit und ihre passiven Antennen waren sie in der Lage, einen Geleitzug bei Tauchfahrt zu orten und anzugreifen und anschließend die Begleitschiffe abzuhängen.

Die Japaner bauten ihrerseits schnelle U-Boote. Nach dem Vorbild der *XXI*-Typen besaß die *I-201*-Klasse eine stromlinienförmige Hülle und starke Batterien, die eine Geschwindigkeit von 19 kn unter Wasser über ca. eine Stunde ermöglichten. Gleichzeitig bauten die Japaner schnelle Küsten-U-Boote, die *Ha 201*-Klasse (429 t), zur Verteidigung der Zufahrtswege.

Bei Kriegsende wurden die deutschen Elektroboote unter den Siegern aufgeteilt: jeweils zwei für die Vereinigten Staaten und Großbritannien (das eins den Franzosen überließ) und vier für die Sowjetunion. Den Alliierten fielen auch die Typen *XVII-B* und *XXVI* in die Hände. Großbritannien, die Vereinigten Staaten und die Sowjetunion

setzten die Forschungen von Professor Walter fort und versuchten, Turbinen mit geschlossenem Kreislauf zu entwickeln. Nur solche Turbinen schienen Geschwindigkeiten von 25 bis 30 kn unter Wasser zu ermöglichen. Bis zum Abschluss dieser Forschungen dienten die deutschen Elektroboote als Vorbild für die Entwicklung von U-Booten und für den Umbau der Kriegsmodelle, wobei erstere mit einer größeren Anzahl von Batterien mit höherer Leistungsfähigkeit ausgestattet wurden.

Der Einfluss der Typen XXI und XXVI

Entgegen der Befürchtungen der Amerikaner begann die Sowjetunion nicht sofort mit dem Nachbau der deutschen *XXI*-Typen. Im Januar 1946 beauftragte der Oberbefehlshaber der Marine das Konstruktionsbüro Nr. 18 in Leningrad mit der Entwicklung eines U-Bootes mittlerer Tonnage, das den Namen *Projekt 613* (WHISKEY) trug. Es verfügte über einen Schnorchel und war 800 t schwerer als das Vorgängermodell, das *Projekt 608* (Weiterentwicklung des *SCHTSCH*). Damit trug man den Erkenntnissen aus der Untersuchung des *XXI*-Typs Rechnung. Es handelte sich jedoch um ein Küsten-U-Boot, das im Gegensatz zu seinem deutschen Vorläufer nicht hochseefähig war. Mit ihrer Doppelhülle diente die *613* als Vorbild für alle weiteren russischen Entwicklungen. Von den ursprünglich geplanten 350 Einheiten wurden von 1950 bis 1957 215 gebaut. Die von den Marinesoldaten wegen ihrer Robustheit und Geräuscharmut geschätzte *613* sollte die Zufahrtswege der Sowjetunion verteidigen. 1956 wurden die Geschütze entfernt. Elf Einheiten wurden zu Flugkörper-U-Booten umgebaut, davon sechs mit strategischer Ausrichtung und fünf für die Bekämpfung von Überwasserkräften. Ca. 30 Einheiten wurden modernisiert, davon sechs als Frühwarn-U-Boote mit einem Radar in einem vergrößerten Turm. Zwei Einheiten wurden dem Fischereiministerium für die Meeresforschung übergeben. 40 Einheiten wurden später acht Ländern überlassen: Ägypten, Indonesien, Albanien, Nordkorea, Syrien, Polen, Bulgarien und Kuba. Zwei *613* gingen 1961 und 1981 im Pazifischen Ozean und in der Barentssee verloren, nachdem durch den Schnorchel Wasser eingedrungen war. Das *Projekt 633* (ROMEO), eine Weiterentwicklung des *Projekts 613*, war größer und besser

Zusammenbau der vorgefertigten Sektionen der U-Boote des Typs *XXI*.

63

Die in Horten im Osloer Fjord beheimatete ehemalige *U2518* wurde am 14. Februar 1946 von den Engländern beschlagnahmt und anschließend den Franzosen leihweise überlassen. Das am 10. Februar 1951 erworbene Boot wurde im April 1967 außer Dienst gestellt.

Eindockungsplan für die U-Boote vom Typ *XXI*: Man beachte die Höhe des Rumpfes, in dem sechs Gruppen mit 62 Batterieelementen auf dem unteren Deck untergebracht waren, die passive mikrofonische Abhörvorrichtung unten am Bug und die hydrodynamische Form. Von den 121 gebauten Einheiten wurden 55 in Dienst gestellt und nur eine einzige führte eine Kriegspatrouille unter dem Kommando von Schnee durch.

bewaffnet und verfügte deshalb über eine bessere Seeausdauer. Zunächst waren 560 Einheiten vorgesehen, doch nachdem man dem Atomantrieb den Vorzug gegeben hatte, wurden nur 21 Schiffe dieser Klasse gebaut, von denen Algerien, Bulgarien, Ägypten und Syrien insgesamt 19 erhielten.

Die *611-* (ZULU) und *641* (FOXTROT) *-Projekte* waren die echten Nachfolger der für den Krieg auf offener See entwickelten *XXI*-Klasse. 40 Boote des *Projekts 611* sollten die U-Kreuzer der Vorkriegszeit ablösen. Drei durch vier Batteriegruppen gespeiste Elektromotoren sowie drei Dieselmotoren trieben drei Propellerwellen an. 26 der 40 geplanten Einheiten wurden zwischen 1951 und 1958 gebaut. Für eine neue Schlacht im Atlantik forderte der sowjetische Generalstab allerdings

ein Elektroboot mit einem größeren Gewicht und einer größeren Tauchtiefe. Dies sollte mit Hilfe eines neuen, härteren Stahls (AK-25) erreicht werden. So entstand das *Projekt 641*, das ebenfalls dem Konstruktionsbüro Nr. 18 übertragen wurde. Mit einer nahezu gleichen Verdrängung wie die *611* konnte die *641* fast zweimal so tief tauchen und besaß eine 20% größere Reichweite, da die Ballasttanks für den Transport von Brennstoff umgerüstet worden waren. Im Vergleich zu ihren Vorläufern vom Typ *613*, *633* und *611* wies die *641* zahlreiche Neuerungen auf: stärkere Batterien, leichtere Dieselmotoren und ein schnelles Beladesystem für Torpedos. Von der geplanten 160 *641* wurden von 1958 bis 1971 insgesamt 58 gebaut. 20 weitere Einheiten wurden später nach Indien, Kuba und Libyen exportiert. Der sowjetische

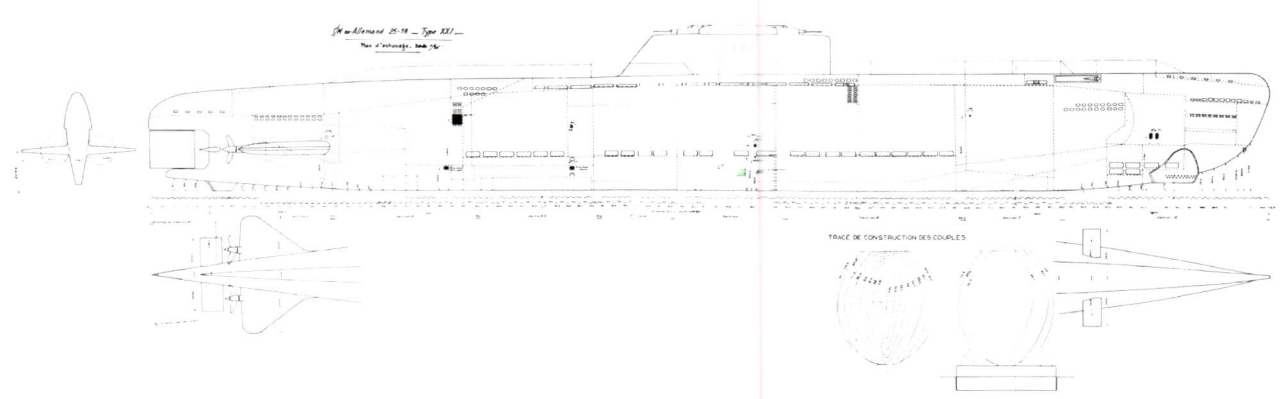

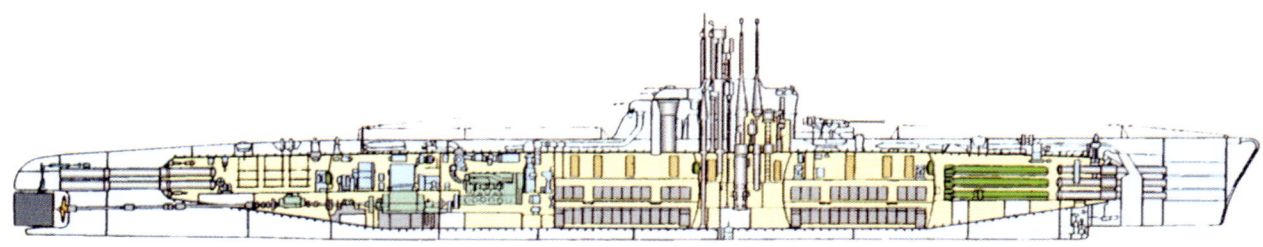

215 U-Boote der Klasse
Projekt 613 (WHISKEY) wur-
den gebaut: Diese Küsten-
U-Boote zur Verteidigung der
UdSSR erhielten erst später
einen Schnorchel.

Generalstab räumte dem Nuklearantrieb nicht nur den Vorrang ein, sondern zeigte sich auch enttäuscht über den Einsatz von vier *FOXTROT* in Kuba während der Kuba-Krise 1962: Drei von ihnen wurden von amerikanischen Kräften zum Auftauchen gezwungen, worüber Präsident Kennedy Chruschtschow unmittelbar in Kenntnis setzte. Die Elektroboote rückten daraufhin in den Hintergrund. Für die Flotten in Binnenmeeren wie der Ostsee und dem Schwarzen Meer oder die Verteidigung der Zufahrtswege waren sie unerlässlich, doch im Krieg auf offener See mussten sie den Atom-U-Booten den Vortritt lassen. Auch die Sowjetunion machte sich die Forschungen von Professor Walter zunutze. So wurde der Prototyp einer Version des Typs *XXVI*, das *Projekt 617 (WHALE)* gebaut. Die Küsten-U-Boote der *615*-Klasse (QUEBEC) verfügten über einen Sauerstoffballon zur Versorgung der Dieselmotoren unter Wasser. Nach mehreren Unfällen wurden sie in den sechziger Jahren des vorigen Jahrhunderts vorzeitig außer Dienst gestellt.

Im Rahmen des *GUPPY*-Programms (*Greater Underwater Propulsive Power*) bauten die USA 50 während des Krieges entstandene Hochsee-U-Boote in Elektroboote um. Der Rumpf erhielt eine neue Form, zwei Schnorchel und neue Batterien wurden eingebaut. Ein Torpedofeuerleitgerät, das akustische Daten verarbeitete, erlaubte Angriffe bei Tauchfahrt. Im Gegensatz zu den bis dahin üblichen Verfahren wurden die Dieselmotoren an Generatoren angeschlossen, die dem Aufladen der Batterien und der Versorgung der Elektromotoren bei Sehrohrtiefe dienten. Das *GUPPY*-Programm war kostenintensiv, da es die für den Bau von Batterien notwendigen Bleiminen nur in schwer zugänglichen Regionen (Balkan, Birma) gab. Durch drei Varianten (I, II und III) der *GUPPY*-Umbauten konnte die Lebensdauer dieser Einheiten verlängert werden. Die jüngsten Exemplare waren mit einem Nukleartorpedo vom Typ Mk-45 und einem mit einem Passivsonar verbundenen Feuerleitgerät ausgestattet. Das letzte amerikanische U-Boot der *GUPPY*-Klasse wurde 1975 außer Dienst gestellt. Zwei Einheiten werden heute noch von der taiwanesischen Marine genutzt.

Die *TANG*-Klasse, eine Nachahmung des *XXI*-Typs, verfügte über einen härteren Rumpf, um tiefer tauchen (250 m) und sich den Wasserbomben entziehen zu kön-nen. Schließlich untersuchte die amerikanische Marine die Möglichkeit der Aufstellung einer U-Boot-Jagdflotte als Antwort auf die Bedrohung durch sowjetische Elektroboote. Die pessimistischsten Schätzungen gingen davon aus, dass die sowjetische Marine 2000 U-Boote zwischen 1948 und 1960 bauen könnte. Um dieser beachtlichen Flotte den Zugang zu den Weltmeeren zu versperren, bedurfte es amerikanischen Schätzungen zufolge 970 U-Boote, die in den wichtigsten Meeresstraßen bei den russischen Stützpunkten einsatznah bereitgestellt werden und in den alliierten oder besetzten Ländern, in Großbritannien und Japan beheimatet sein mussten. Zunächst wurde eine Zahl von 245 Einheiten

Eine *Projekt 633 (ROMEO)*, die noch von der bulgarischen Marine (*Slava*) eingesetzt wird; der Bau der *633* wurde zugunsten atomgetriebener U-Boote unterbrochen; der falsche Schornstein dient als Schutz für die Antennen.

Das ehemalige Elektroboot *U2513* auf gemeinsamer Fahrt mit einer *BALAO* im ursprünglichen Zustand und einer zum Elektroboot *GUPPY* (Stromlinienhülle, höhere Batterieleistung) umgebauten *BALAO*.

Kleines U-Boot *A615 (QUEBEC)* mit Einheitsdieselmotor: Mit Hilfe einer im Inneren des U-Bootes gelagerten Sauerstoffreserve von 8,6 t konnte der Dieselmotor auch während der Tauchfahrt betrieben werden. Die 30 Einheiten dieses Typs wurden zu Beginn der 70er-Jahre nach einer Reihe von Unfällen infolge des Austretens des reinen Sauerstoffs vorzeitig außer Dienst gestellt.

genannt. Diese sehr einfach gehaltenen Einheiten waren im Krieg leicht zu bauen, und ihre Ausrüstung sollte austauschbar sein. Die Reichweite ihrer Sonargeräte war größer als die aller anderen existierenden Überwassereinheiten. Schließlich wurden nur drei dieser »Killer-U-Boote« vom Typ *BARRACUDA* in die Flotte aufgenommen. Diese Programme waren Übergangslösungen. Die USA wollten ein schnelles U-Boot bauen (25 kn), dessen Leistungen mit denen des deutschen Prototyps der Klasse *XXVI* vergleichbar waren. Es sollte Gas- und Dampfturbinen mit geschlossenem Kreislauf erhalten. Diese Absicht wurde jedoch 1953 angesichts der unvergleichlichen Vorteile des Atomantriebs aufgegeben.

Nach amerikanischem Vorbild modernisierte Großbritannien U-Boote der Klassen *T* und *A*, die mit sogenannten schnellen Batterien ausgestattet wurden, und begann mit dem Bau der *PORPOISE-* und *OBERON-*

Klassen. Die Bemühungen richteten sich vor allem auf die geräuscharme Fahrt. Ab 1945 entschieden sich die britischen Planer für einen kombinierten Antrieb aus Dieselgenerator und Elektromotor. Die Trennung der Dieselmotoren von der Welle ermöglichte in der Tat die Beseitigung dieser Geräuschquelle. Im Übrigen entwickelte Großbritannien leistungsfähige passive Antennen mit größeren Reichweiten als die der amerikanischen passiven Antennen für die U-Boot-Jagd. Genau für diesen Zweck ließ Großbritannien 1953 nach Versuchen mit einem deutschen U-Boot vom Typ *XXVI*, das nun *Meteorite* hieß, seine beiden ersten schnellen U-Boote (26 kn) bauen, die von einer Walter-Turbine, die nun endlich ausgereift schien, angetrieben wurden. Die spannungsgeladene Historie der beiden Boote *Explorer* und

Excalibur, die auch den Beinamen *Exploder* und *Excruciator* trugen, machte die britischen Hoffnungen auf eine operative Nutzung dieser Turbinen zunichte.

Frankreich beauftragte die Dienststelle für den Marineschiffbau und die Marinebewaffnung (*Service technique des constructions et armes navales, STCAN*) und die Kommission für praktische U-Boot-Studien (*Commission d'études pratiques des sous-marins, CEPSM*) mit der Entwicklung neuer Typen, die ab 1947 auf der Grundlage deutscher Technologien untersucht wurden. Sechs U-Boote vom Typ *NAVAL* mit einer Verdrängung von 1 200 t auf der Basis der *XXI*-Typen wurden für die Jahre 1949, 1950 und 1953 in Auftrag gegeben. Diese hervorragenden, schnellen Boote (18 kn unter Wasser) mit einer soliden Bewaffnung (acht 550-

Die *Harder* der *TANG*-Klasse (sechs Einheiten), die auf dem *XXI*-Typ basierte.

Die kleine *Bonita* (1 160 t) war der dritte und letzte Prototyp einer Serie geräuscharmer und leicht zu bedienender Ujagd-U-Boote die mit Akustiktorpedos bewaffnet waren und in großer Anzahl im Krieg gebaut werden sollten.

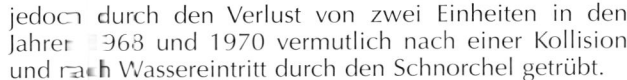

mm-Rohre) verfügten über eine große Reichweite (15.000 sm bei einer Geschwindigkeit von 8 kn), wie eine 42-tägige Tauchfahrt 1958 im Atlantik zeigte. Gleichzeitig begann Frankreich 1953 mit einem Programm aus 4 Küsten-U-Booten, sogenannte Ujagd-U-Boote, mit einer Verdrängung von 400 t. Dieses Programm trug den Namen ARETHUSE. Die ARETHUSE-Boote waren aufgrund ihrer Geräuscharmut und Wendigkeit gut für den Einsatz im Mittelmeer geeignet und erreichten ebenfalls 17 kn unter Wasser. Schließlich gab Frankreich 1955 eine neue Klasse von 11 U-Booten mit einer Verdrängung von 800 t in Auftrag, die zwischen den beiden vorherigen Baureihen lag. Die mit 12 nicht nachladbaren Torpedorohren bewaffneten DAPH-NE-Boote erreichten eine Geschwindigkeit von 16 kn unter Wasser und hatten eine Reichweite von 4 500 sm bei 5 kn. Aufgrund ihres gelungenen Entwurfs wurden 14 DAPHNE-Typen für das Ausland gebaut: drei für Südafrika, drei für Pakistan, vier für Portugal (von denen ein Boot nach Pakistan abgegeben wurde) und vier in Lizenz für Spanien. Der Erfolg der DAPHNE wurde

jedoch durch den Verlust von zwei Einheiten in den Jahren 1968 und 1970 vermutlich nach einer Kollision und nach Wassereintritt durch den Schnorchel getrübt.

Eine weitere Innovation, die auf die Niederlande beschränkt blieb, war die Erfindung des Dreihüllenrumpfes durch den niederländischen Ingenieur M.F. Gunning, der die Druckfestigkeit des U-Bootes verbessern und es durch eine Unterteilung in drei Röhren – eine zentrale Röhre und zwei seitliche Röhren mit einem kleineren Durchmesser, in denen die Antriebsanlage und die Batterie untergebracht waren – sicherer machen wollte. Gunning, der in seinem Land als Prophet galt, baute nach diesem Vorbild die vier U-Boote der POTVIS-Klasse.

Nachdem der Bundesrepublik Deutschland der Wiederaufbau von Streitkräften gestattet worden war, stellte sie 1956 zwei wieder flottgemachte Küsten-U-Boote vom Typ XXIII (275 t) und 1960 ein Elektroboot vom Typ XXI wieder in Dienst. In der Folgezeit entwarf das von einem Ingenieur namens Gabler gegründete Ingenieurkontor Lübeck (IKL) ein umfangreiches Küsten-U-Boot-Programm. 32 U-Boote der Klassen *201* (drei Einheiten), *205* (elf Einheiten) und *206* (18 Einheiten) mit einer Verdrängung von 433 bis 500 t wurden zwischen 1961 und 1974 in Dienst gestellt. Die Tonnage der für die Gewässer der Ostsee entwickelten U-Boote war vertraglich begrenzt worden und ließ keine Hochseeaktivitäten zu. Gleichzeitig übernahmen die Vereinigten Staaten die Hälfte der Kosten für 15 zusätzliche U-Boote vom Typ *207* für die norwegische Marine, während Dänemark die Lizenz für den Bau von zwei U-Booten der *205*-Klasse erwarb. Aufgrund fehlender Aufträge schien die Zukunft des IKL gefährdet. Die Westeuropäische Union gestattete daraufhin Deutschland den Bau von U-Booten mit 1000 t, die sie exportieren konnte und die der deutschen Schiffbauindustrie wieder die Leistungsfähigkeit verleihen sollten, für die sie bekannt war.

Der Warschauer Pakt ermöglichte es China und später Nordkorea mit der Zeit Schritt zu halten: 1954 genehmigte Moskau den Export der *Projekt 613*. Die ersten Einheiten wurden in der Sowjetunion gebaut, anschließend zerlegt, nach China transportiert und dort wieder zusammengebaut. Alle weiteren Einheiten wurden in Lizenz mit importiertem Material sowie importierten Waffen und Systemen gebaut. China und Nordkorea begannen daraufhin mit dem Bau von *633*-Booten in ihren Werften.

Stabilität und Geschwindigkeit: Auf der Suche nach der idealen Rumpfform

Die *XXI*-Typen mit einer höheren Unterwassergeschwindigkeit hatten mit Stabilitätsproblemen zu kämpfen, die ihren langsameren Vorgängern unbekannt waren, mit denen die Briten aber bereits während des 1. Weltkriegs bei ihren *R*- und *K*-Klassen konfrontiert worden waren.

Auch bei den *GUPPY*- und den *TANG*-Booten tauchten diese Probleme auf, sobald sie mit einer Geschwindigkeit von über 8 kn unter Wasser fuhren: Ihre flachen Decks beeinflussten den Kurs. Die noch schnelleren *XXVI*-Typen waren 1945 noch nicht fertiggestellt, und die Deutschen besaßen weder die Zeit noch die erforderlichen Mittel zur Durchführung der zwingend notwendigen hydrodynamischen Studien. Ihre hohe Geschwindigkeit konnte ihnen gefährlich werden. Die USA, die den Bau eines schnellen U-Bootes mit einer Walter-Turbine planten – die Walter-Turbine wurde 1953 durch einen Kernreaktor ersetzt –, mussten eine neue Rumpfform entwickeln, die für eine Geschwindigkeit von 25 kn unter Wasser geeignet war. Außerdem waren Untersuchungen über das Verhalten und die Steuerfähigkeit eines solchen U-Bootes erforderlich. Ausgehend von den Formen eines Luftschiffs erprobten amerikanische und englische Marineingenieure in ihren Versuchsbecken zylindrische Rumpfformen, die an die ersten U-Boote des Konstrukteurs Holland erinnerten. Die Ergebnisse waren sehr überzeugend: Die neue Rumpfform verhielt sich bei jeder Geschwindigkeit stabil. Aufgrund des günstigeren Verhältnisses zwischen Länge und Breite war das U-Boot wesentlich leichter zu steuern, sowohl beim Tauchen als auch beim Wenden. Der Prototyp *Albacore* erzielte bei seinen ersten Versuchsfahrten eine Geschwindigkeit von 26 kn und zehn Jahre später 33 kn. Neben der Verbesserung der Rumpfform wurde auch nach einem härteren Stahl (HY75, 80, 100, 130) gesucht, um tiefer tauchen zu können.

Gleichzeitig entstanden im amerikanischen Führungsstab Pläne für eine militärische Version der *Albacore* mit dem Namen *Barbel*, von der drei Einheiten gebaut wurden. Die Pläne für die *Barbel* wurden den Niederländern und den Japanern auf deren Wunsch überlassen und dienten als Vorbild für die U-Boote der Klassen *ZWAARDVIS* und *UZUSHIO*.

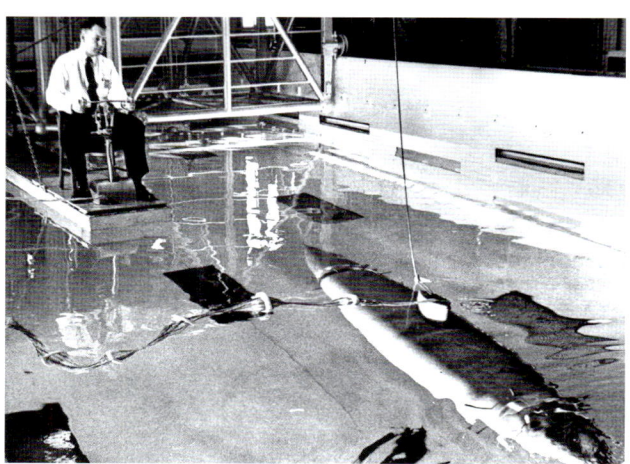

Nach elf Jahren in 50 Metern Tiefe werden zwei *XXIII*-Typen gehoben und unter dem Namen *Hai* und *Hecht* von der Bundesmarine 1957 wieder in Dienst gestellt. Sie dienten als Versuchsplattform für die späteren U-Boote *205* und *206*. Die *Hai* ging 1966 bei einem Unwetter verloren.

Unten links: Der Modellschlepptank David Taylor, in dem die Modelle für die *US Navy* erprobt wurden, darunter die spätere *Albacore* mit ihrem revolutionären tropfenförmigen Rumpf.

Links: Das U-Boot *Uzushio* (566), das nach dem Vorbild der amerikanischen *Albacore* und *BARBEL* gebaut wurde. Die Pläne waren den Japanern von den Amerikanern überlassen worden.

Die *Albacore* auf einer Versuchsfahrt: Sie erzielte eine Rekordgeschwindigkeit von 33 kn unter Wasser und diente als Vorbild für die Rumpfformen der U-Boote ab den 60er-Jahren des vorigen Jahrhunderts.

Der Kernreaktor verdrängt die Walter-Turbine

Das deutsche U-Boot *U793 Typ Wa 201* (1943): Mit seiner Walter-Turbine konnte es eine Unterwassergeschwindigkeit von 25 kn erreichen. Es diente als Vorbild für Forschungen der Alliierten und der Sowjetunion, die jedoch schließlich dem Kernreaktor den Vorzug gaben.

Die *Nautilus* bei einer Erprobungsfahrt auf offener See am 20. Januar 1955: Ihr Rumpf hatte noch eine klassische Form.

Die Wette von Rickover

Die Prototypen: *Nautilus, Seawolf* und *SKATE*. Die Forschungen von Dr. Friedman trugen zum besseren Verständnis der Entstehung des amerikanischen Atom-U-Boot-Programms bei. Ab 1939 bekundete die US Navy ihr Interesse für die Atomenergie und rief eine Arbeitsgruppe ins Leben. 1947 begann die neu gegründete zivile Atomenergiekommission (AEC für *Atomic Energy Commission*) mit einer Gruppe von Marineexperten unter Leitung von Kapitän zur See Rickover erneut mit Untersuchungen zu einem Kernreaktor. Zwei Industrievorhaben konkurrierten dabei miteinander: das Unternehmen General Electric entwarf einen mit flüssigem Metall (Natrium oder Natrium/Kalium) gekühlten Kernreaktor, während Westinghouse einen Kernreaktor mit Druckwasserkühlung anbot. Im Dezember 1947 gab der Befehlshaber der Marine Admiral Nimitz dem Atomantrieb den Vorrang vor Projekten mit geschlossenem Kreislauf auf der Grundlage der Walter-Turbine. Eineinhalb Jahre später entschied sich Kommandant Rickover beim Bau des ersten Atom-U-Bootes für die Umsetzung des Vorschlags von Westinghouse. Gleichzeitig durfte General Electric sein Vorhaben fortsetzen, um es in einem zweiten Prototypen zu verwirklichen.

Der mit Druckwasser gekühlte Reaktor war in zweierlei Hinsicht vorteilhaft: Zum einen blieb die Radioaktivität auf den Reaktor beschränkt, zum anderen konnte eine Kettenreaktion mit Wasser besser kontrolliert werden als mit flüssigem Metall. Als Nachteil erwies sich jedoch die benötigte Menge an Uran-235, die dreimal höher war als bei einem Reaktor mit flüssigem Metall als Kühlmittel. Westinghouse baute zwei Reaktoren für U-Boote (*Submarine Thermal Reactor Mark 1 und 2*). Gleichzeitig erhielt General Electric den Auftrag für die Entwicklung zweier sogenannter Zwischenreaktoren mit flüssigem Natrium als Kühlmittel (*Submarine Intermediate Reactor Mark A und B*). In beiden Fällen war der erste Reaktor ein Landreaktor, während der zweite in einen Prototyp-Bootskörper eingebaut werden sollte.

1950 erhielt General Electric den Auftrag für den Bau eines U-Bootes mit Druckwasserreaktor, die *Nautilus*. Das Gewicht des Reaktors bedingte die Größe des U-Bootes, das schließlich 99 Meter maß. Rickover zog aus Sicherheitsgründen die Beibehaltung von zwei Schrauben vor. Die vom Reaktor ausgestrahlte Wärme machte die Entwicklung einer Klimaanlage erforderlich. Bei Ausfall des Reaktors konnte das U-Boot mit Hilfe von vier mit Batterien versorgten Dieselmotoren über 24 Stunden eine Geschwindigkeit von 3 kn halten. Die Seeausdauer war jedoch aufgrund der Sauerstoffbehälter und der

Der Antrieb

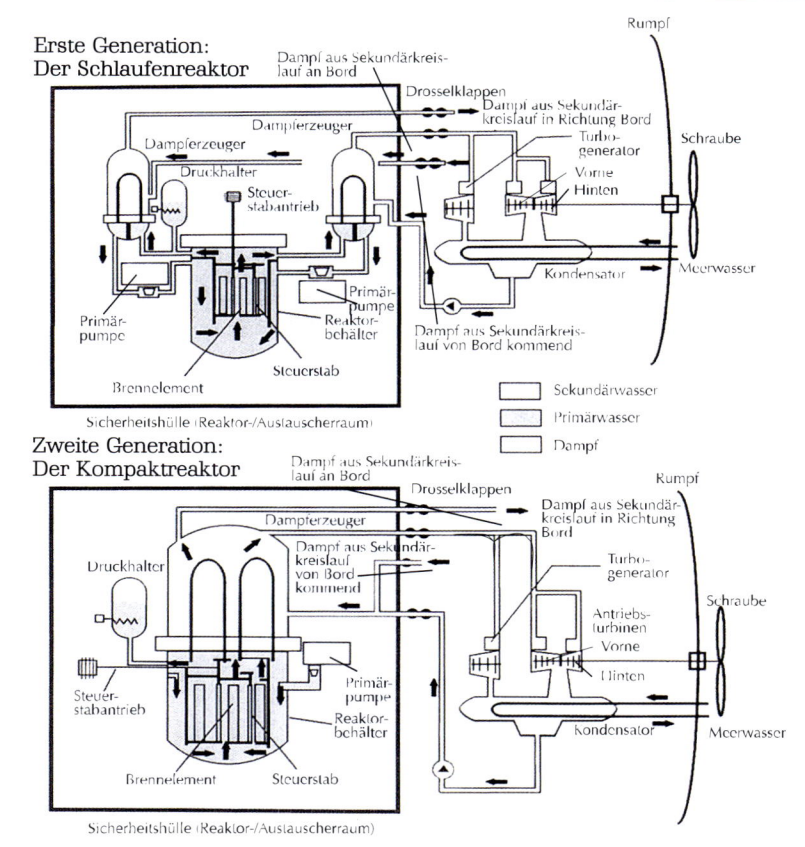

Erste Generation:
Der Schlaufenreaktor

Rumpf
Dampf aus Sekundärkreislauf an Bord
Drosselklappen
Dampferzeuger
Dampf aus Sekundärkreislauf in Richtung Bord
Dampferzeuger
Schraube
Druckhalter
Turbogenerator
Steuerstabantrieb
Vorne
Hinten
Primärpumpe
Reaktorbehälter
Kondensator
Meerwasser
Primärpumpe
Dampf aus Sekundärkreislauf von Bord kommend
Brennelement
Steuerstab
Sicherheitshülle (Reaktor-/Austauscherraum)

Sekundärwasser
Primärwasser
Dampf

Zweite Generation:
Der Kompaktreaktor

Dampf aus Sekundärkreislauf an Bord
Rumpf
Drosselklappen
Dampferzeuger
Dampf aus Sekundärkreislauf in Richtung Bord
Druckhalter
Dampf aus Sekundärkreislauf von Bord kommend
Turbogenerator
Antriebsturbinen
Schraube
Steuerstabantrieb
Vorne
Hinten
Primärpumpe
Reaktorbehälter
Kondensator
Meerwasser
Brennelement
Steuerstab
Sicherheitshülle (Reaktor-/Austauscherraum)

Der Atomantrieb beruht auf der Spaltung von Uran 235, wodurch eine große Menge an steuerbarer Wärme freigesetzt wird. Es gibt zwei Arten der Reaktorkühlung: Druckwasser oder flüssiges Metall. Die Druckwasserreaktoren sind am weitesten verbreitet und die einzigen, die heute noch in Betrieb sind. Ein Primärkreislauf mit Druckwasser wird durch nuklear erzeugte Wärme erhitzt, doch der hohe Druck verhindert ein Sieden des Wassers. Die Wärme des Primärkreislaufs gelangt mit Hilfe eines Austauschers in den Sekundärkreislauf. Der nicht radioaktive Dampf des Sekundärkreislaufs treibt die Turbinen für den Antrieb des Bootes und die Energieversorgung an Bord an. Das atomgetriebene U-Boot muss nicht mehr auftauchen, um seine Batterien aufzuladen. Die von der Turbine des Reaktors produzierte Energie wird sowohl für den Antrieb als auch für die Produktion von Frischwasser oder Sauerstoff für die Besatzung genutzt. Der in einem Reaktorabschnitt mit mehreren Metern Länge enthaltene Brennstoff ermöglicht heute die Lagerung der Energie, die ein U-Boot während seiner ca. 30-jährigen Lebensdauer für die Fahrt mit Höchstleistung benötigt. Die nebenstehenden Schemata zeigen die Funktionsweise der französischen Reaktoren der ersten und zweiten Generation.

Luftreiniger auf 30 Tage beschränkt. Das künftige U-Boot sollte zwei Aufgaben erfüllen: Geleitschutz und Radarfrühwarnung für einen Flugzeugträgerverband einerseits und Schutz eines Geleitzugs oder eines Verbands gegen U-Boote andererseits. Die Marine sah bereits voraus, dass das atomgetriebene Angriffs-U-Boot durch seine Geschwindigkeit den zu langsamen und zu lauten Torpedobooten und den Ujagd-Raketen entkommen konnte. Die ersten Versuche im Januar 1955 übertrafen selbst die optimistischsten Voraussagen. Die *Nautilus* konnte problemlos dem Ujagd-Flugzeugträgerverband und den auf sie abgeschossenen Torpedos entkommen. Die Einsatzerprobung ergab, dass ein atomgetriebenes Angriffs-U-Boot acht Überwasserschiffe, darunter ein Flugzeugträger, zerstören könnte, bevor es selbst ausgeschaltet würde. Zwischen 1955 und 1957 wurde die *Nautilus* mehr als 5000 Mal angegriffen und nur dreimal hintereinander »zerstört«. Ihre Überlebenschancen waren hundert Mal höher als die eines konventionellen U-Bootes. Ihr aktives Sonar erlaubte es, ihre Gegner, die Elektroboote, mühelos zu orten. Sie konnte sie ohne

Probleme hinter sich lassen und somit eine Schussposition erreichen, von der aus sie die Elektroboote sicher torpedieren konnte. Diese bemerkenswerten Ergebnisse rechtfertigten die sofortige Aufgabe des Baus klassischer U-Boote und dies trotz der dreimal höheren Baukosten eines Atom-U-Bootes.

Auf dem zweiten Prototyp, der *USS Seawolf*, wurde der *SIR*-Reaktor von General Electric erprobt. Im Unterschied zur *Nautilus* befand sich das Sonargerät oberhalb der Torpedorohre und konnte nicht an der Wasser-

Kommandant Anderson auf der Brücke der *Nautilus* auf der Fahrt zum Nordpol, den die *Nautilus* am 3. Juli 1958 erreichte.

Die *Seawolf*, deren mit flüssigem Natrium gekühlter Reaktor ausgeladen werden musste.

oberfläche eingesetzt werden. Beim Land-Versuchsreaktor kam es zu Undichtigkeiten, weshalb die mit flüssigem Natrium gekühlten Reaktoren Ende 1956 aufgegeben wurden. Der Prototyp war fast fertiggestellt, aber der Einsatz bei Patrouillen barg zu viele Risiken. Daraufhin wurden Mittel für die Umrüstung der *Seawolf* auf einen Druckwasserreaktor freigegeben (Dezember 1958 bis September 1960).

Dennoch wurden die *Seawolf* und die *Nautilus* bei Versuchen zur Beurteilung der Leistungen eines Atom-U-Bootes gegen ein anderes Atom-U-Boot einander gegenübergestellt. Sie schienen nichts gegeneinander ausrichten zu können. Bei hoher Geschwindigkeit orteten sie das andere Boot zwar auf große Entfernung, doch die geringe Reichweite ihrer Torpedos machte eine Bekämpfung unmöglich. Bei geringer Geschwindigkeit orteten sie das andere Boot auf kurze Entfernung, konnten aber gegenseitig entkommen, bevor die Torpedofeuerleitung eine Schussoption berechnen konnte. Die Gefahr, sich selbst zu torpedieren, konnte nicht ganz ausgeschlossen werden, wenn das U-Boot schnell auftauchte, um seine Gegner zu jagen.

Diese beiden Protoypen sollten zur Entwicklung des künftigen Angriffs-U-Bootes der Flotte beitragen, aber die Anfänge erwiesen sich als schwierig. Rickover wollte einen neuen, leistungsfähigeren *SAR*-Reaktor (*Submarine Advanced Reactor*) mit einem geringeren Gewicht für ein schnelleres U-Boot entwickeln. Der SAR wurde jedoch immer schwerer und war damit weniger vielversprechend. Dennoch wurden die Forschungen an diesem Reaktor mit enormen finanziellen Mitteln der *AEC* fortgesetzt. Der *STR* der Nautilus blieb die überzeugendste

Lösung für einen Druckwasserreaktor. Eine Version mit einer halb so hohen Leistung (der als *S3W* und *S4W* bezeichnete *Submarine Fleet Reactor*) wurde für den Antrieb des Druckkörpers eines mit der *TANG* vergleichbaren konventionellen U-Bootes gebaut und sollte eine Serienproduktion ermöglichen. Das Ergebnis war enttäuschend. Die vier U-Boote der *SKATE*-Klasse erreichten nur eine Unterwassergeschwindigkeit von 18 kn und damit 5 kn weniger als die Nautilus. Rickover begann daraufhin mit der Entwicklung einer neuen Version des *STR* mit dem Namen *AFSR* (für *Advanced Fleet Submarine Reactor*), der als *S5W* bezeichnet wurde. Außerdem wurden die Arbeiten an einem sehr kleinen Reaktor fortgesetzt, der zunächst die Bezeichnung SPR und später *SRS* (für Small Power Reactor und Small Submarine Reactor) erhielt.

Geschwindigkeit oder Sonar: die SKIPJACK *und die* Tullibee

Der nächste Schritt bestand darin, eine neue Klasse von U-Booten zu entwickeln, um die mit dem konventionellen U-Boot Albacore erzielten Fortschritte in der Hydrodynamik mit einer Schraube mit dem SFR-*Reaktor* der *SKATE* zu verbinden. Mit einem Reaktor, dessen Leistung halb so hoch war, fuhren die *SKIPJACK* genauso schnell wie die *Nautilus*. Dies wurde durch drei Neuerungen erreicht: einer sogenannten Albacore-Form, der Anbringung der Tiefenruder am Turm zur Verringerung des Widerstands und der Anordnung der Torpedorohre im Bug zwischen den beiden Sonardomen. Die *SKIPJACK* wurden zu den U-Booten mit der größten

Die schnellen und lauten *SKIPJACK* trugen den Beinamen »Maseratis der Flotte«. Sie hatten die Rumpfform der *Albacore* und konnte auf diese Weise eine Geschwindigkeit von 30 kn erreichen.

Die Väter des Atom-U-Bootes

Hyman Rickover (1900–1986), ein jüdischer Einwanderer russischer Herkunft, diente für eine Rekordzeit von 64 Jahren in der US Navy und führte die Vereinigten Staaten in das atomare Zeitalter. Er begann seine Laufbahn in den dreißiger Jahren des vorigen Jahrhunderts in der Fachrichtung »Antriebsenergie« an Bord von Schlachtschiffen und Zerstörern und arbeitete während des Krieges als Leiter der Elektrik-Abteilung des Bureau of Ships. 1946 trat Rickover dem Atom-U-Boot-Programm von Oak Ridge bei. Sein entschiedenes Handeln beschleunigte die Einführung des Atomantriebs in der Flotte. Durch seine mit viel Mühe errungene Beförderung zum Flottillenadmiral im Jahr 1953 entging er der Pensionierung. Als Leiter der Marine-Reaktor-Abteilung erhielt er Unterstützung von einflussreichen Kongressmitgliedern, die ihn von der Altersgrenze befreiten. 1958 erfolgte die Beförderung zum Vizeadmiral und 1973 zum Admiral. Sein Anspruch und sein Perfektionismus waren sicherlich ausschlaggebend dafür, dass die US Navy offenbar keinen einzigen Reaktorunfall zu verzeichnen hatte. Er setzte wenig orthodoxe Arbeitsmethoden durch, trug keine Uniform und legte großen

Wert darauf, alle Bewerber für die Offizierslaufbahn bei der Atom-U-Boot-Flotte selbst auszuwählen. Die Reagan-Regierung beschloss schließlich, ihn 1982 im Alter von 82 Jahren in den Ruhestand zu schicken. In einem Artikel der *Washington Post* beschrieb Kapitän zur See Edward Beach seinen ehemaligen Vorgesetzten: » ... ein Genie in der Menschenführung, der die besondere Fähigkeit entdeckt hat, die Perfektion als Norm für seine Untergebenen einzuführen, so dass die kleinste Bezeugung von Zufriedenheit oder Missfallen aus seinem Mund fünfzig Mal schwerer wog, als dasselbe Urteil aus dem Mund eines anderen ... Ein Mann, der nur das Ziel verfolgte, seine Arbeit bestmöglich zu machen, und nur er allein glaubte zu wissen, wie sie gemacht werden könnte ...«.

Wladimir Peregudow (1902–1967) und Anatoli P. Alexandrow (1903–1994) waren die Väter des sowjetischen Atom-U-Bootes *K-3*. Peregudow trat 1921 freiwillig in die Marine ein, arbeitete anschließend als Ingenieur bei der Ostsee-Werft (1927) und wurde dann nach Spanien geschickt, um die nach deutschem Vorbild gebauten U-Boote der Republikaner zu »übernehmen«. Als Überlebender der Gulags der Stalin-Ära entwickelte Peregudow das Projekt *613* und *617* beim Konstruktionsbüro Nr. 143, dessen Leiter er später wurde. Alexandrow, ein Akademiemitglied, war Direktor des Atomenergieinstituts und wissenschaftlicher Leiter des Projekts. Er war außerdem ein Kollege von Igor Kurchatov, dem Vater der sowjetischen Atombombe. Über Peregudow sagte er: » ... Er gefiel mir auf den ersten Blick ... Er besaß ein außergewöhnliches Verantwortungsbewusstsein. Sie konnten Peregudow jede Aufgabe übertragen, und wenn er etwas übernahm, konnte man sicher sein, dass er es auch machte ... Er strebte nach Lösungen, die unrealistisch erschienen. Später erwiesen sie sich jedoch als vollkommen realistisch, ja sogar zweckmäßig ...«

Die *Projekt 627* (*NOVEMBER*), das erste sowjetische Atom-U-Boot, sollte zunächst nur mit einem Nukleartorpedo für Angriffe auf New York und sonstige feindliche Häfen ausgerüstet werden.

Die *Tullibee*, deren Geschwindigkeit (15 Knoten) zugunsten der Leistungen ihres neuen Sonars verringert wurde.

Steuerfähigkeit der Flotte. Bei einer Übung provozierte eine von ihnen einen Ujagd-Einsatzverband, indem sie ihre Radarantennen an zwei unterschiedlichen Stellen zweimal ausfuhr und damit Verwirrung bei den Zerstörern auslöste, bevor sie sich dem schutzlos zurückgelassenen Flugzeugträger näherte.

Die *SKIPJACK*, die sich hervorragend für den Einsatz gegen Überwasserkräfte eigneten, waren jedoch nicht leise genug und die Reichweite ihrer Sonargeräte reichte nicht aus, um die gewaltige sowjetische U-Boot-Flotte zu bekämpfen. Folglich musste eine neue Klasse von U-Booten mit einer größeren Geräuscharmut und besseren Sonargeräten auf Kosten der Antriebsleistung und der Geschwindigkeit geplant werden. Der S2C mit 1,8 MW war der kleinste und kostengünstigste der gebauten Reaktoren. Er konnte ausgeschaltet werden, um das U-Boot leiser zu machen. Sein Motor wurde dann von seinen Batterien angetrieben, die wiederum vom Reaktor

aufgeladen wurden. Ein gewaltiges Sonargerät vom Typ BQQ-1 füllte den gesamten Bug aus, und seine Leistung war fast zweieinhalb so groß wie die der BQS-4 der *SKIPJACK*. Die Torpedorohre befanden sich erstmals an den Seiten, um somit Platz im Bug für das Sonargerät zu schaffen. Von einigen wurde der Einwand vorgebracht, dass ein U-Boot bei einer solchen Anordnung seine Torpedos nicht mit voller Geschwindigkeit abschießen könne. Fest steht, dass die Geschwindigkeit in der Angriffsphase aufgrund der Notwendigkeit, den Sonarkontakt zu vernehmen und aufrechtzuerhalten, eingeschränkt war. Die *Tullibee* wurde im November 1960 in die Flotte eingeführt. Sie sollte in Serie produziert werden, es blieb aber beim Prototyp. Die Erprobung war nicht überzeugend: 15 kn unter Wasser reichten nicht aus. Man hatte die Geschwindigkeit zugunsten der Leistungen des neuen Sonars BQQ-1 geopfert, obwohl die Kombination der beiden nunmehr möglich schien.

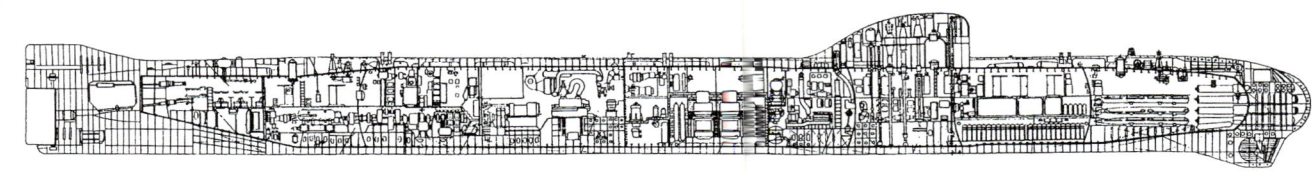

Die Antwort Stalins

Schneller als die Nautilus: *die* 627, 627A *und die* 645 (NOVEMBER)

Am 9. September 1952, drei Monate nach der Kiellegung der *Nautilus*, unterzeichnete Stalin im Ministerrat einen Erlass, in dem der Bau eines Atom-U-Bootes angeordnet wurde. Zwei Expertengruppen sollten unter Leitung des späteren Akademiemitglieds N.A. Dollejal einen Atomreaktor entwickeln bzw. unter der Leitung von Kapitän zur See Peregudow ein U-Boot entwerfen. Beide Teams arbeiteten unter der Leitung des Atomenergieinstituts mit seinem Direktor A. Alexandrow. Im März 1953 wurde das Konstruktionsbüro Nr. 43 in Leningrad mit dem Vorentwurf für ein atomgetriebenes Angriffs-U-Boot beauftragt. Diese *Projekt 627* sollte eine Geschwindigkeit von 25 kn bei einer Ausdauer unter Wasser zwischen 50 und 60 Tagen erreichen. Das lange Zweihüllenboot war in neun Sektionen (Torpedos, Batterien und Unterkünfte, Zentrale, Hilfsaggregate, Reaktoren, Turbinen, Elektromotor, Systeme) unterteilt. Die beiden Druckwasserreaktoren waren kompakt und leistungsfähig (26 MW). Der industrielle Aufwand war enorm: 20 Konstruktionsbüros, 35 Forschungsinstitute und 82 Fabriken beteiligten sich an dem Projekt. Es mussten ein Dampferzeuger, Pumpen für den Primärkreislauf, ein Turbinensystem, Generatoren, ein neuer Stahl, um anderthalb Mal so tief tauchen zu können wie ein konventionelles U-Boot, und chemische Verbindungen zur Aufnahme des Kohlendioxids entwickelt werden. Die Sonaranlage ARKTIKA-M verfügte über aktive und passive Antennen. Federungen und eine absorbierende Beschichtung sollten dieses Atom-U-Boot geräuschärmer machen als die letzten klassischen U-Boote der Sowjetunion.

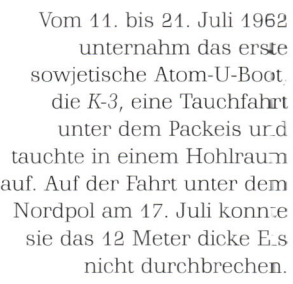

Im Unterschied zu den Vereinigten Staaten, die ihre Atom-U-Boote in einer großen U-Boot-Werft in Groton bauen ließen, beschloss die Sowjetunion, ihr erstes Atom-U-Boot in einer neuen Werft in Molotowsk am Weißen Meer, das kurze Zeit später in Sewerodwinsk umbenannt wurde, auf Kiel zu legen. Für diese Entscheidung gab es zwei Gründe: die Nähe zum Einsatzgebiet und die Geheimhaltung. Die erste Einheit wurde am 24. September 1955 auf Kiel gelegt. Anfang 1956 wurde der Prototyp eines Land-Reaktors in Obninsk in Betrieb genommen. Am 4. Juli 1958 stach die *K-3* unter dem Kommando von Kapitän zur See Ossipenko in See. Bei 60% Reaktorleistung erreichte sie eine Geschwindigkeit von 23,3 kn, woraus sich eine Geschwindigkeit von 30 kn bei voller Leistung ergab. Dieser Erfolg wurde durch Undichtigkeiten im Primärkreislauf verbunden mit einer Kontamination des Sekundärkreislaufs und von Teilen der Besatzung getrübt. Dieser Umstand verhinderte die Verlegung eines Atom-U-Bootes der sowjetischen Marine in den Atlantik während der Kuba-Krise. In der Folge zeigte dieses U-Boot jedoch auch sehr gute Leistungen. Am 15. Juli 1962 durchbrach die *K-3* das Packeis und erreichte zwei Tage später den Nordpol, dessen 12 Meter dicke Eiskappe sie nicht durchbrechen konnte. Die Serienproduktion einer geringfügig veränderten Version mit dem Namen *Projekt 627-A* begann: Die erste von zwölf Einheiten wurde 1959 in die Flotte eingeführt und erreichte eine Geschwindigkeit von 28 kn während der Erprobungen bei 80% Reaktorleistung. Weitere Expeditionen folgten: Im September 1963 durchquerte die *K-115* die Barentsee in Richtung Pazifischer Ozean. Im selben Monat tauchte die *K-181* am Nordpol auf, die *K-21* führte eine 50-tägige Tauchfahrt durch und die *K-133* erreichte den Äquatorialatlantik. 1966 fuhr die *K-133* 20.000 sm unter Wasser, doch an Bord der *K-8* kam es wegen instabiler Sauerstoffpatronen zu einem Brand, weshalb das Boot am 12. April 1970 in der Biskaya sank.

1963 wurde eine neue Variante, die *Projekt 645* erprobt. Im Gegensatz zu den anderen U-Booten der ersten Generation war sie mit einem mit Flüssigmetall gekühlten Reaktor ausgestattet. Die neuen Atom-U-Boote sollten nun für Angriffe gegen Landziele oder Schiffe eingesetzt werden.

Die »Unsichtbarkeit« aufgeben, um anzugreifen: die 659/675 (ECHOI/II)
Nachdem das Konzept des strategischen Marschflugkörpers für Angriffe gegen Landziele mit der Bezeichnung *P-5* 1958 aufgegeben worden war (siehe S. 85), erhielt das Konstruktionsbüro Tschelomej den Auftrag, eine neue Variante gegen Schiffe mit der Bezeichnung *P-6* zu entwickeln. Dieser Flugkörper war mit einem aktiven Zielsuchkopf und einem Fernsteuerungssystem ausgestattet. Die *Projekt 675*, deren Bau im August 1956 für den Transport von *P-5* beschlossen wurde, sollte mit diesem neuen Flugkörper ausgerüstet werden. Sie hatte den gleichen Reaktor wie die *Projekt 627-A* und die Hülle der *659*.

Von den zwischen 1963 und 1968 in Dienst gestellten 29 Einheiten wurden 16 in Sewerodwinsk und 13 in Komsomolsk am Amur gebaut. Die Zweihüllenboote waren in zehn Sektionen unterteilt. Der Druckkörper variierte zwischen 22 und 35 mm. Für diese U-Boote gab es zwei Modernisierungsprogramme:
– die *Projekt 675-MK* und *MI* mit *BASALT*-Flugkörpern (Reichweite: 150 bis 200 km) und dem raumgestützten Zielzuweisungssystem *KASATKA-B* (zehn Einheiten);
– die *Projekt 675-MKV* mit *VULKAN*-Flugkörper (Reichweite: 500 km) und KERTCH-Sonar mit einer größeren Reichweite (fünf Einheiten).

Dieses erste atomgetriebene FK-U-Boot blieb verwundbar, obwohl es häufig darauf hoffen konnte, den Überraschungseffekt auszunutzen: Zum Abschießen der Waffen musste es auftauchen. Auch die Lenkung des

Eine *Projekt 659* in der Nähe ihres Heimathafens im Kolafjord. Die *Projekt 659* (*ECHO I* – sechs Einheiten), eine Weiterentwicklung der *Projekt 627*, war zunächst ein atomgetriebenes FK-U-Boot zur Bekämpfung von Landzielen mit Atomwaffen und wurde später zu einem Angriffs-U-Boot umgerüstet. Die lange Version, die *675* (*ECHO II* – 29 Einheiten) war das erste sowjetische atomgetriebene Flugzeugträgerjagd-U-Boot.

Flugkörpers auf sein Ziel mit Hilfe von Daten, die von Aufklärungsflugzeugen oder Satelliten übertragen wurden, erfolgte an der Wasseroberfläche. Gut zehn Minuten war das U-Boot damit sichtbar, weshalb seine Überlebenschancen gegenüber den feindlichen Fliegern sanken.

Die zweite Generation

Glück und Unglück der THRESHER

Die amerikanische Marine war immer noch auf der Suche nach dem idealen U-Boot, dass sie in Serie bauen konnte. Angetrieben vom gleichen Reaktortyp S5W wie die SKIPJACK, sollte es geräuscharm sein und mit dem Hochleistungssonar BQQ-2 (einer Weiterentwicklung des BQQ-1 der Tullibee) ausgerüstet werden. Geschwindigkeit und Tauchtiefe durften jedoch nicht darunter leiden. Der Turm sollte zunächst wegfallen. Dieser Plan wurde jedoch ebenso wie der Einbau gegenläufiger Schrauben aufgegeben. Der Turm bot nach wie vor den besten Schutzraum für das außerhalb des U-Bootes aufbewahrte Gerät, dessen Anzahl jedoch auf fünf reduziert wurde: ein Periskop, zwei Funkantennen, davon eine VLF-Antenne, ein gemeinsamer Mast für Schnorchel und elektronischen Kampf sowie ein Auspuff für den Hilfsdiesel, der sich nun unter dem Turm befand.

Das Einsatzkonzept für dieses U-Boot trug der geringen Geschwindigkeit des Torpedos Mk37 Rechnung. Mit Hilfe des Sonars BQQ-2 sollten die sowjetischen U-Boote, die als laut galten, aus großer Entfernung geortet werden. Mit einer Geschwindigkeit von 27 kn konnte das U-Boot seine Schussentfernung erreichen, blieb dabei aber außerhalb der Reichweite der gegnerischen Sonargeräte. Aufgrund der Geschwindigkeit eignete es sich auch für den Geleitschutz eines Überwasserverbands. Die Entscheidung, die neue Klasse mit einer Kombination Rakete-Flugkörper mit der Bezeichnung SUBROC auszurüsten, um das feindliche U-Boot aus möglichst großer Entfernung zu bekämpfen, führte zur Entwicklung einer teilweise digitalisierten Torpedofeuerleitung, dem Mk113. Zur Reduzierung der Geräusche folgte man dem Vorbild der britischen Minensuchboote, deren Maschinen auf flexiblen Gestellen angeordnet waren. Die Propeller, die groß und langsam genug waren, um eine Kavitation zu verhindern, blieben weiterhin eine Geräuschquelle, wenn die Flügel gegen das Wasser schlugen. Dieses Problem war noch nicht bekannt. Der Bau der THRESHER begann. Zwischen Mai 1962 und Dezember 1967 wurden elf Einheiten in Dienst gestellt.

Am 10. April 1963 verschwand die THRESHER mit Schiff und Ladung. Was war passiert? Ein Wassereinbruch führte zum Verschluss der Ventile, die den Primärkreislauf des Reaktors mit Seewasser versorgten und brachte diesen zum Stillstand. Das Lenzen der Ballasttanks funktio-

Verlust der *Thresher* am 10. April 1963: Bei einer Versuchsfahrt in großer Tauchtiefe (400 Meter) führte ein Wassereinbruch möglicherweise zum Verschluss der Ventile, die den Primärkreislauf des Reaktors mit Seewasser versorgten. Der Reaktor schaltete sich aus Sicherheitsgründen ab und konnte den Antrieb und die Stromerzeugung nicht mehr gewährleisten.

nierte nicht. Die Restwärme des Reaktors wurde aus Sicherheitsgründen nicht freigesetzt und konnte deshalb auch nicht die Turbinen antreiben und somit auch keinen Strom erzeugen. Das Schicksal des lahm gelegten U-Bootes war besiegelt.

Ein Programm mit dem Namen SUBSAFE schrieb Modifikationen an allen vorhandenen und künftigen Einheiten vor:
– Die Seewassereintrittsleitungen wurden verstärkt und gekürzt;
– Die Wärme wurde bei Stillstand des Reaktors freigesetzt, um die Turbinen zum Laufen zu bringen und das U-Boot mit elektrischer Energie zu versorgen;
– Die Druckkörperventile wurden nun zentral gesteuert, damit sie durch einen einzigen Bediener geschlossen werden konnten

Die erste große Serie: die STURGEON

Die Entwicklung der STURGEON, dem Nachfolgemodell der THRESHER, war zum Zeitpunkt des Unglücks der THRESHER schon weit vorangeschritten. Die fünf Meter längere STURGEON besaß einen höheren Turm für eine verbesserte Seetüchtigkeit und zur Aufbewahrung der elektronischen Überwachungsgeräte. Sie war 2 kn langsamer als ihre Vorgängerin. Der angeblich leisere Prototyp erwies sich als laut und offenbarte eine Reihe kleiner Nachlässigkeiten bei der Qualitätskontrolle während des Baus. Zwei neue Sonargeräte für Minen und Eis wurden eingebaut. Zwischen Juli 1966 und August 1975

wurden 42 Einheiten in Dienst gestellt, von denen die letzten neun 3 Meter länger waren. Die STURGEON war mit dem neuen Drahtlenktorpedo Mk-48, der die Funktionen »gegen Überwasserkräfte« und »gegen U-Boote« verband, der Kombination Rakete-Torpedo SUBROC und dem Torpedo mit Atomsprengladung Mk-45 ausgerüstet. Jeder Drahtlenktorpedo war mit einem anderen Bedienpult verbunden, weshalb man mehr Platz für Betriebsräume benötigte. In einem langen, am Druckkörper befestigten Rohr befand sich eine passive Drahtantenne. Sie wurde von einem der Querruder aus in Schlepp genommen. Zwei Einheiten wurden zur Erprobung von zwei anderen Antriebsmodellen modifiziert.

Die 1969 in Dienst gestellte *Narwhal* verfügte über einen Reaktor mit Naturumlauf, was die Pumpen, eine weitere Geräuschquelle, überflüssig machte, aber nicht den Forderungen des *Subsafe*-Programms entsprach, das nach dem Verlust der THRESHER entwickelt worden war. Die *Narwhal* wurde deshalb aufgegeben. Die Anfrage des Generalstabs nach einem kostengünstigeren U-Boot ermöglichte Admiral Rickover die Entwicklung einer turboelektrischen Version der Antriebsanlage der STURGEON, die später auf der 1974 in Dienst gestellten *Glenard P. Liscomb* eingebaut wurde.

Geschwindigkeit und Sonar: die Projekt 671, 661 und 670 (NATO-Bezeichnung: VICTOR I, PAPA, CHARLIE I)

Die nächste Bedrohung für die Sowjetunion war 1959 die Flotte der 41 amerikanischen strategischen U-Boote. Das Konstruktionsbüro Malachit in Leningrad erhielt den Auftrag zur Entwicklung des ersten sowjetischen U-Jagd-U-Bootes mit dem Namen *Projekt 671* unter Leitung des Ingenieurs G. N. Tschernichow. Die Außenhülle hatte die Form der ALBACORE und war mit einem Profilturm ausgestattet. Sie besaß ebenfalls eine Verkleidung zur Absorption der Sonarwellen und der abgestrahlten Geräusche. Der aus einer Reihe von durch Konen miteinander verbundenen Zylindern bestehende druckfeste

Eine *Projekt 671 RT (VICTOR II)* auf See. Die atomgetriebenen Angriffs-U-Boote *Projekt 671 (VICTOR I)* und *671 RT* waren kleiner und hydrodynamischer als die amerikanischen U-Boote gleichen Typs. Sie waren außerdem genauso schnell und ebenso wenig geräuscharm wie die amerikanischen SKIPJACK.

Die *Projekt 661 (PAPA)*, die wegen ihrer Kosten auch »Goldfisch« genannt wurde, diente als Prüfstand für den Bau mit Titan. Mit ihren beiden Reaktoren erreichte sie die Rekordgeschwindigkeit von 44,7 kn. Die *Projekt 661* kam wegen ihrer Lautstärke nicht über das Stadium des Prototyps hinaus.

Bedienpulte des Kampf-
systems *Omnibus* an Bord
einer *Projekt 705 (ALFA)*.
Die Besatzung dieser stark
automatisierten U-Boote
bestand nur aus 32 Mann:
31 Offiziere und 1 Koch. Mit
einer Geschwindigkeit von
44 kn und einer Tauchtiefe
von 700 Metern zwang die
Projekt 705 die Vereinigten
Staaten, neue Torpedos zu
entwickeln und ihre U-Boote
schneller zu machen.

Schiffskörper war in sieben Sektionen unterteilt. Im Unterschied zu den amerikanischen *TULLIBEE, THRESHER* und der späteren *STURGEON* befanden sich die sechs 533 mm-Torpedorohre weiterhin im Bug neben der neuen Sonarreihe *RUBIN*. Die russischen Ingenieure waren der Ansicht, dass die amerikanische Anordnung der Torpedos auf den Seiten es nicht erlaube, Torpedos mit großer Geschwindigkeit abzufeuern, was ein Nachteil für ein Angriffs-U-Boot sei. Zwei Reaktoren eines neuen Typs wurden auf dem U-Boot eingebaut. Dieses war mit den neuen Ujagd-Torpedos bewaffnet. Die erste Einheit, die *K-38* wurde im August 1967, zweieinhalb Jahre nach ihrer Kiellegung in der Admiralitätswerft in Leningrad, in die Flotte eingeführt. Bis 1974 wurden 15 Einheiten gebaut. Im November 1961 beschloss die sowjetische Marine, die Bewaffnung der *Projekt 671* zu verbessern und rüstete sie mit einem Torpedo großer Reichweite und einer Kombination Rakete-Torpedo aus, für die Rohre mit einem Durchmesser von 650 mm erforderlich waren. Die im Jahr 1967 genehmigte neue *Projekt 671-RT* besaß die anderthalbfache Anzahl von Waffen ihrer Vorgängerin. Ihr Rumpf war 8,8 Meter länger und umfasste zusätzlich eine achte Sektion. Die Turbinen und die Turbogeneratoren waren auf elastisch gelagerten Fundamenten aufgehängt. Sieben Einheiten dieser neuen *Projekt* wurden zwischen 1972 und 1978 gebaut.

Parallel zur *Projekt 671* beschloss die sowjetische Führung 1959 und 1960 den Bau zweier U-Boot-Klassen der zweiten Generation mit Atomantrieb und Marschflugkörpern: die *Projekt 661* und *670*. Diese beiden Projekte, die in erster Linie für Angriffe gegen amerikanische Flugzeugträger gedacht waren, sollten ihre Marschflugkörper *AMETIST* im getauchten Zustand abschießen können, um nicht geortet zu werden. Die Sonarkomplexe *RUBIN* und *KERCH* sollten die Zielzuweisung für die Flugkörper, die sich im Falle von *RUBIN* innerhalb des Druckkörpers und bei *KERCH* außerhalb des Druckkörpers befanden, gewährleisten.

Die vom Konstruktionsbüro Malachit entworfene *661* war ein bemerkenswertes U-Boot. Als erstes U-Boot in Titanbauweise war es mit zwei Reaktoren ausgerüstet, die bei der Erprobungen im Jahr 1969 eine Höchstgeschwindigkeit von 42 kn unter Wasser bei nur 80% Leistung ermöglichten. Zwei Jahre später wurde bei 100% Leistung eine Geschwindigkeit von 44,7 kn erreicht. Die vom Konstruktionsbüro Lazurit entworfene und mit einem einziger Reaktor vom Typ VM-4 angetriebene *670* fuhr mit einer Geschwindigkeit von 26 kn und war mit neun Flugkörpern, vier 533 mm-Torpedos und zwei 400 mm-Torpedos bewaffnet. Zwischen 1967 und 1972 wurden elf Einheiten dieses Typs in Gorki gebaut. Die *K-429* sank zwei Mal (im Juni 1983 und im September 1985) und wurde später gehoben und leihweise der indischen Marine von 1988 bis 1991 überlassen.

Bewaffnung und Automatisierung: die Projekt 705K und 670 A (ALFA, CHARLIE II)

Neben den Arbeiten zum atomgetriebenen Angriffs-U-Boot *671* und zum atomgetriebenen U-Boot mit Marschflugkörpern in Titanbauweise *661*, wurde das Leningrader Konstruktionsbüro *143* mit dem Entwurf eines atomgetriebenen Angriffs-U-Bootes mit einer Titanhülle, der *Projekt 705*, beauftragt. Man wollte ein vollständig automatisiertes U-Boot mit 32 Mann Besatzung schaffen, dessen Geschwindigkeit und Tauchtiefe die amerikanischen Ujagdwaffen unwirksam machen würden. Die Hauptbewaffnung sollte aus sechs Torpedorohren mit einem Schnellladesystem und dem Sonar *OKEAN* bestehen. Eine Rettungssektion im Turm konnte die gesamte Besatzung aufnehmen. Mit Hilfe eines leistungsfähigen Flüssigmetallreaktors sollte die Geschwindigkeit erhöht und gleichzeitig der Umfang des U-Bootes verringert werden. Die schlechten Erfahrungen mit einem Prototypen (1971–1974) führten zur Entwicklung der *Projekt 705K*, von der zwischen 1977 und 1981 sechs Einheiten gebaut wurden (drei in Sewerodwinsk und drei in Leningrad). Nach Schwierigkeiten mit dem Flüssigmetallreaktor wurden diese Einheiten vorzeitig außer Dienst gestellt. Sie gehörten zu einer Serie, die Entwickler im Westen beeindruckt hatte.

Schließlich wurde eine modifizierte Version des atomgetriebenen U-Bootes *670* mit Marschflugkörpern, die *670 M*, für den Einsatz gegen amerikanische Flugzeugträger entwickelt. Mit Hilfe einer Kommunikationsboje konnten Zieldaten auch in großer Tauchtiefe empfangen werden. Dieses U-Boot war wegen des Transports des neuen Flugkörpers *MALACHIT P-120* länger als sein Vorgänger, auch die Tonnage wurde auf 5 500 t erhöht. Seine Geschwindigkeit betrug nur noch 24 kn. Die in derselben Werft wie das Vorgängermodell gebauten sechs Einheiten wurden zwischen 1973 und 1980 in die Flotte eingeführt. Durch die mäßige Reichweite der Flugkörper der *670* und der *670 M* (80 bis 120 km) konnte das U-Boot seine Ziele mit Hilfe des Sonars *KERTCH* erfassen, ohne dafür auf luftgestützte Mittel zurückgreifen zu müssen. Andererseits machte die noch zu geringe Reichweite der Flugkörper das U-Boot verwundbar gegenüber amerikanischen Seeluftstreitkräften. Auch die anderen Marinemächte interessierten sich für den Atomantrieb und begannen mit eigenen Entwicklungen.

Abhängigkeit oder Unabhängigkeit

Der anglo-amerikanische Zwitter

Von 1945 bis 1947 arbeitete ein kleines Team im Auftrag der britischen Admiralität im nuklearen Forschungslabor in Harwell. In vier Jahren wurden verschiedene Schiffsreaktoren für einen Flugzeugträger und ein Angriffs-U-Boot entworfen. Nachdem zunächst ein gasgekühlter Reaktor vorgesehen war, konzentrierten sich die späteren Studien auf einen Druckwasser- oder Flüssigmetallreaktor. Die Entscheidung für angereichertes Uran führte zu einem Wettbewerb zwischen dem Reaktorprogramm und dem Waffenprogramm, das weiterhin Priorität hatte. Lord Mountbatten, der neue Lord der Admiralität, beschloss im April 1955, das *Projekt* eines Atom-U-Bootes mit Hilfe der Vereinigten Staaten wieder zu beleben. 1957 gab Flottillenadmiral Rickover seinen Widerstand gegen einen Technologietransfer nach Großbritannien auf, woraufhin die Vereinigten Staaten Großbritannien einen Reaktor vom Typ S5W überließen, welcher im Heck des U-Bootes *SKIPJACK* eingebaut war. Das amerikanische Heck wurde mit einem Bug nach britischem Entwurf verbunden. Die 1960 entwickelte und 1963 in Dienst gestellte *DREADNOUGHT* wies im Vergleich zu ihren großen Brüdern jenseits des Atlantiks einige Besonderheiten auf:
– Britische Waffen und Sensoren,
– Tiefenruder, die weiter vorne am Bug angebracht waren, verbesserten die hydrodynamischen Eigenschaften durch Verkleinerung des Turms, aber verstärkten die Geräusche beim Ablaufen des Wassers am Schiffskörper,

Die *DREADNOUGHT*, das erste britische atomgetriebene Angriffs-U-Boot war ein anglo-amerikanischer Zwitter: Der Reaktorabschnitt stammte von der *SKIPJACK*, der Bug war ein britischer Entwurf.

Die Konstruktion der *SWIFT-SURE* (fünf Einheiten), ein Atom-U-Boot der zweiten Generation, wies mehrere Besonderheiten auf wie den Einbau einer Axialkreisel-pumpe bei mehreren Einheiten dieser Klasse. Durch die Anordnung der Torpedorohre an den Seiten war im Bug Platz für die Sonarantenne.

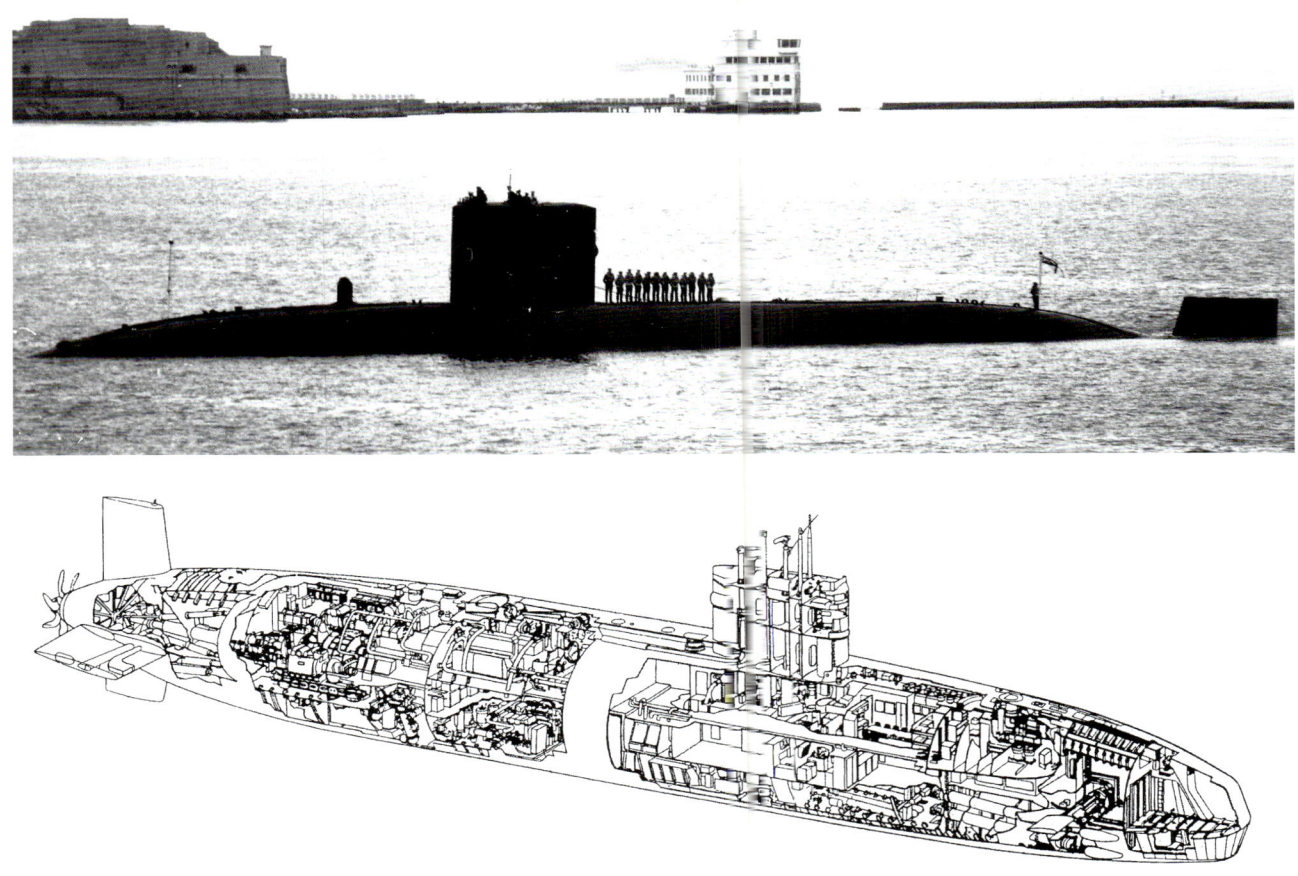

– Antennen außerhalb des Schiffskörpers,
– Eine hydropneumatische Torpedoabschusseinrichtung (*water ram*), mit der der Torpedo geräuschlos ausgestoßen werden konnte, indem er unter Druck, der mittels eines Kolbens aufrechterhalten wurde, durch das Wasser geschoben wurde.

Großbritannien war bei den Reaktoren weiterhin auf die Vereinigten Staaten angewiesen, entwickelte aber eigene Lösungen, um die Antriebsanlagen der folgenden Serien geräuschärmer zu machen. So wurden die abgestrahlten Geräusche durch einen größeren Abstand zwischen Tiefenruder und Sonaranlage verringert.

Als Übergangsboote nach der *DREADNOUGHT* wurden von 1962 bis 1968 fünf *VALIANT* auf Kiel gelegt und zwischen 1966 und 1971 in Dienst gestellt. Die *Valiant* führte 1967 eine lange Tauchfahrt nach Singapur durch, das sie bei einer Durchschnittsgeschwindigkeit von ca. 18 kn nach 28 Tagen erreichte. Die englischen atomgetriebenen Angriffs-U-Boote hatten neben der Bekämpfung von Überwasserkräften folgende Aufgaben:

– Geleit eines Überwasserverbands, was aufgrund ihrer Geschwindigkeit möglich war,
– Vorbereitung der Ausfahrt eines strategischen U-Bootes,
– Patrouille als Einzelfahrer (wie die *Conqueror* im Falklandkrieg),
– Verfolgung feindlicher U-Boote.

Die *SWIFTSURE*, die echte Boote der zweiten Generation waren, wiesen gegenüber ihren Vorgängern mehrere Neuerungen auf:
– ein Antriebssystem *pump jet*, bei dem die Schraube durch eine Turbine (mit Wasserein- und -austritten vor und unter einem Leitschaufelkranz) ersetzt und die Geräuscharmut verbessert wurde,
– ein Reaktorkern mit einer längeren Lebensdauer,
– ein zylinderförmiger Bootskörper, dessen Durchmesser am Heck stark genug für das Gewicht des *pump jet* war.

Der Kühlkreislauf des mit Seewasser versorgten Reaktors funktionierte normalerweise durch Naturumlauf. Eine Inbetriebnahme der Pumpen war deshalb nicht erforderlich.

Natururan oder angereichertes Uran: französische Unentschlossenheit

Seit 1947 hatte Frankreich sein Interesse an einem atomaren Schiffsantrieb bekundet. Sechs Jahre später erklärte das französische Atomenergiekommissariat (CEA), dass diese Lösung machbar sei. Pierre Guillaumat, Geschäftsführer des Atomenergiekommissariats, berichtet über seine Erinnerungen zu diesem Thema:

»Auf der Sitzung vom 3. November 1953 betonte der Ausschuss für Industriegerät des Atomenergiekommissariats die Bedeutung, die der Entwicklung von Atomreaktoren zukomme ... Daraufhin wurde ein Programm für den Bau von Überwasserschiffen und U-Booten entworfen ...« (zitiert von M. Vaisse). Das Atom-U-Boot stieß nicht auf ungeteilte Zustimmung. So kam es im Obersten Ausschuss der Marine zu Debatten zwischen dem Befürworter eines solchen U-Bootes, Admiral Lemonnier, und den Gegnern, Admiral Barjot und Admiral Ortoli. Auch das Heer und die Luftwaffe standen diesem Vorhaben ablehnend gegenüber.

Im Übrigen war die politische Führung geteilter Ansicht über die militärische Nutzung des Atoms. Es gab nicht genügend Uran, um gleichzeitig Bomben und U-Boote bauen zu können. Am 6. April 1954 fand das erste Treffen des Verbindungsausschusses Marine-Atomenergiekommissariat statt, dessen Vorsitz kurze Zeit später Ingenieur-General Brard und Professor Grandjean übernahm.

Am 20. Mai 1955 stellte der Vorsitzende des Obersten Ausschusses, Edgar Faure, dem Atomenergiekommissariat Mittel aus dem Streitkräftehaushalt für den Bau eines Reaktors vom Typ G3 und eines U-Bootes *A*, dann *Q-244* bereit, das in der Werft in Cherbourg gebaut werden sollte. Die Abteilung Studien und Batterien des Atomenergiekommissariats unter der Leitung von Professor Yvon und die Gruppe für Schiffe mit Atomantrieb der Zentralabteilung Marineschiffsbau und Schiffswaffen unter Leitung von Ingenieur-General Brard wurden gleichermaßen mit den erforderlichen Arbeiten betraut. Da Frankreich über Uranvorkommen verfügte, fiel die Entscheidung zugunsten eines Natururan- und Schwerwasserreaktors. Doch diese Lösung erwies sich als zu schwierig: Es gab kein Schwerwasser, und ein Reaktor mit einem Gewicht von 21 t wäre zu schwer gewesen.

Doch es gab noch eine andere Option: ein Reaktor mit angereichertem Uran, eine Technik die Frankreich nicht beherrschte. Die Vereinigten Staaten boten daraufhin ihren Verbündeten 20 t angereichertes Uran zu friedlichen Zwecken an. Vier Jahre verhandelte Frankreich über eine amerikanische Unterstützung, die jedoch an eine zivile Nutzung des Atoms gebunden war. Die *Q-244*, das erste französische atomgetriebene Angriffs-U-

Die *Q-244*, das erste französische atomgetriebene Angriffs-U-Boot, deren Bau unterbrochen wurde, nachdem man die Option eines Natururan- und Schwerwasserreaktors verworfen hatte.

81

Boot, wurde aufgegeben. An die Stelle von Ingenieur-General Brard, der auf der Schwerwasserlösung bestanden hatte, trat nun Ingenieur-General Bensussan. Mit dem Amtsantritt von General de Gaulle wurden die amerikanisch-französischen Verhandlungen in drei Punkten wieder aufgenommen: Lieferung von angereichertem Uran für den Prototyp eines Land-Reaktors, Kauf eines Atom-U-Bootes und Besichtigung eines Versuchsfelds.

Am 7. Mai 1959 genehmigten die Vereinigten Staaten die Lieferung von 440 kg angereichertem Uran für einen Land-Prototyp eines U-Boot-Reaktors. Die amerikanische Haltung gegenüber Frankreich war jedoch weiterhin von Misstrauen geprägt, da die Franzosen gerade ihre Mittelmeerflotte dem NATO-Oberbefehl entzogen hatten und das französische Atomenergiekommissariat von kommunistischen Sympathisanten durchsetzt war. Am 20. Mai 1959 wurde die neue Abteilung Atomantrieb des französischen Atomenergiekommissariats unter Leitung von Ingenieur-General Chevallier mit dem Bau des Reaktors beauftragt. Am 14. August 1964 erreichte der Land-Prototyp am Standort Cadarache erstmalig die kritische Masse.

Trotz der anfänglich ablehnenden Haltung von Admiral Rickover war die oftmals herunter gespielte amerikanische Hilfe ebenso entscheidend wie die Ausdauer und der Einfallsreichtum der Franzosen. Der neue Reaktor wurde für ein U-Boot mit strategischer Ausrichtung entwickelt. Gleichzeitig wurde 1964 ein atomgetriebenes Ujagd-U-Boot (4 000 t) mit dem Namen *Rubis* genehmigt, dessen Bau jedoch um vier Jahre verschoben und das schließlich durch die *Projekt SNA-72* mit 2 700 t ersetzt wurde.

Die fünfte *HAN* vor der Konstruktionshalle in Huludao.
Der 1966 entwickelte Prototyp wurde zwischen 1972 und 1974 erprobt. Durch die Unterstützung von Präsident Mao Tse-tung, Premierminister Tschou En-lai und Generalsekretärs Deng Xiaoping konnte das Programm trotz politischer Krisen im Zusammenhang mit der Kulturrevolution (1967) und der Amtsenthebung des Verteidigungsministers Lin Biao (1971) weitergeführt werden.

Projekte ohne Erfolgsaussichten: Kanada, Niederlande, Italien und Spanien

Neben den französischen und englischen Programmen waren die Vereinigten Staaten auch bereit, anderen Staaten des Atlantischen Bündnisses bei der Beschaffung eines Atom-U-Bootes zu helfen. In den Jahren 1958 und 1959 boten sie Kanada *SKIPJACK* zum Verkauf an, jedoch unter der Bedingung, dass sich die Regierung in Ottawa schnell entschied. Der Verkauf scheiterte.

Die Verhandlungen zwischen den Vereinigten Staaten und den Niederlanden über die Lieferung von Plänen und eines Reaktors der *SKIPJACK* scheiterten 1959. Nachdem die Niederlande noch bis zu Beginn der siebzige Jahre den Bau eines atomgetriebenen Angriffs-U-Bootes geplant hatten, gaben sie dieses kostenintensive Vorhaben schließlich auf, da sie es nicht ohne fremde Hilfe umsetzen konnten.

Schließlich weigerten sich die Vereinigten Staaten, im Jahr 1959 die italienischen Pläne zum Bau eines Atom-U-Bootes mit dem Namen *Guglielmo Marconi* zu unterstützen.

Auch Spanien beabsichtigte den Bau eines Atom-U-Bootes ließ aber seine Pläne aus Kostengründen fallen.

Das chinesische Programm

Im Jahr 1958 begann China mit seinem Programm für ein strategisches U-Boot. Der Bruch zwischen China und der Sowjetunion und Schwierigkeiten bei der Entwicklung ballistischer Flugkörper veranlasste die chinesische Führung im Jahr 1966, den Bau eines atomgetriebenen Angriffs-U-Bootes, der *Projekt 09-1*, mit Vorrang zu betreiben. Dabei profitierte China von den Erfahrungen ausländischer, insbesondere amerikanischer Entwicklungen und konzentrierte sich auf einen Bootskörper vom Typ *ALBACORE*. Das Zusammensetzen und Verschweißen der ersten Einheit stellte die Konstrukteure der Werft von Huludao vor eine beachtliche Herausforderung und warf zahlreiche Probleme auf.

Im Juni 1971 wurde der Reaktor geladen. Die Amtsenthebung Lin Biaos im September führte zur Aussetzung der militärischen Programme. Dazu gehörte auch die *Projekt 09-1*, die bis dahin von den politischen Auseinandersetzungen verschont geblieben worden war. Zwischen 1972 und 1974 wurden ca. 20 See-Erprobungen durchgeführt, bei denen die Besatzungen durch die Kontamination des sekundären Kühlkreislaufs starken Strahlungen ausgesetzt wurden. Am 1. August 1974 beschloss die Zentrale Militärkommission die Zulassung des Prototyps einer fünf Einheiten umfassenden Klasse für den aktiven Dienst.

Leistungsmerkmale der wichtigsten U-Boot-Waffen (1945–1975)

Baujahr	Bezeichnung Funktion	Durchm. (mm)	Länge (m)	Antrieb	Masse (kg)	Geschw. (kn)	Reichw. (km)	Ladung (kg)	Lenkung
	Torpedos								
	Deutschland								
1969	STN Atlas DM2A1 Seal	533		elektrisch	1 370	33	12 km	100	drahtgelenkt
	China								
1971	Yu-3	533		elektrisch		23/8 kyds		272	
	Frankreich								
1956	K2	550	4,4	Turbine	1 104	50/1 km		280	
1959	E12	550	7	elektrisch	1 650	25/12 km		330	
1960	E14	550	4,27	elektrisch	927	25,5/5 km		200	passiv
1960	Z13	550	7,1	elektrisch	1 715	25/5 000		300	passiv
1960	E15	550		elektrisch	1 650	25/12 km		300	
–	E18	550	5,23	elektrisch	1 230	35/18 km		300	passiv
1971	L5 Mod 3 (550 m)	533	4,4	elektrisch	1 300	35 km	9,5		
1973	F17	550	5,9	elektrisch	1 410	35/22 000 yds		250	drahtgelenkt P
	Italien								
1974	A184 (AS/ASM)	533	6	elektrisch	1 265	36/10 km	24/25 km	250	drahtgelenkt A/P
	Großbritannien								
?	Mk20	533	4,1	elektrisch	820	20	-		passiv
1961	Mk23	533		elektrisch	1 080	20	11 km		passiv
1973	Mk24 Tigerfish	533	6,46	elektrisch	1 551	35/21 km	21		drahtgelenkt
	Schweden								
1968	Type 61	533	7,02	elektrisch	1 765	45	30	250	drahtgelenkt
	Sowjetunion								
1946	ET-46 (AS)	533	7,45	elektrisch	1 810	31/6 km		450	Flugbahn
1950	SAET-50 (AS)	533	7,45	elektrisch	1 650	23/4 km		375	akustisch P
1951	53-51 (AS)	533	7,6	Kolben	1 875	51/4 km		300	Flugbahn
1955	SAET-50M (AS)	533	7,45	elektrisch	1 875	29/6 km		300	akustisch P
1956	ET-56 (AS)	533	7,45	elektrisch	2 000	36/6 km		300	Flubahn
1956	53-56 (AS)	533	7,7	Kolben	2 000	50/8 km		400	Flugbahn
1957	53-57 (AS)	533	7,6	Turbine	2 000	45/18 km		305	Flubahn
1958	SET-53 (AS/ASM)	533	7,8	elektrisch	1 480	23/8 km		100	akustisch A/P
1961	53-61 (AS)	533	-	Turbine	–	55/15 km	22/35 nds	305	Spur akustisch
1961	MGT-1 (AS)	400	4,5	elektrisch	510	28/6 km		80	akustisch A/P
1961	SAET-60	533	7,8	elektrisch	2 000	42/13 km		300	akustisch A/P
1962	SET-40 (AS/ASM)	400	4,5	elektrisch	550	29/8 km		80	akustisch A/P
1964	53-56M (AS)	533	7,7	Kolben	2 000	40/8 km		400	Flugbahn
1965	53-65 (AS)	533	7,8	Turbine	–	45/19 km		450	Spur
1969	TEST-68 (AS/ASM)	533	7,9	elektrisch	1 500	29/14 km		100	akustisch A/P
1969	SAET-60M (AS)	533	7,8	elektrisch	2 000	40/15 km		300	akustisch P
1971	TEST-71 (AS/ASM)	533	7,9	elektrisch	1 750	40/15		200	akustisch P
1972	SET-72 (AS/ASM)	400	4,5	elektrisch	700	30/10 km		100	akustisch AP
1973	65-73 (AS)	650	11	Turbine	4 000			400/nuklear	Spur
	USA								
1945–60	Mk28	533	6,2	elektrisch	1 270	19,6/3,6 km		265	passiv
1946–60	Mk27 Mod 4 (AS/ASM)	483	2,2	elektrisch	327	15,9/5 km		43	Kreisel
1956	Mk37 Mod 0 (AS/ASM)	483	3,4	elektrisch	649	26/9 km	21 km/36	150 kg	drahtgelenkt
1956	Mk39	533	3,37	elektrisch	578	15,5/12 km	12 km	59	drahtgelenkt
1963	Mk 45 ASTOR (retirée en 1976)	483	5,7	Seewasser	1 057	40/13,6 km	13 km	nuklear	drahtgelenkt
1965	Mk37 Mod1	533	3,4	elektrisch		26/9 km	21 km/17 nds	150 kg	
1967	Mk37 Mod2	533	3,4	elektrisch				150 kg	drahtgelenkt
1968	Mk37 Mod3	533		elektrisch				150 kg	
1971	Gould Mk48.Mod.1	533	5,34	Kolben/Pumpe	1 545	55/38km	50/40 nds	267 kg	drahtgelenkt AP
1973	NT37C	533		Benzine		36/16km	36/18000y		
	Taktische U-Jagd-Marschflugkörper								
	Sowjetunion								
1969	RPK-2 V'YUGA (STARFISH)	533		Rakete			35		ferngelenkt
	USA								
	SUBROC UUM-44A	533	5,9	Rakete	1 816	Supersoni.	56	Nucl/5 kt	
	Taktische Marschflugkörper gegen Seeziele								
	Sowjetunion								
1962	P.-35	900	10	Rakete	4 500	Mach 1,3	350	nuklear/TNT	ferngelenkt + actv
1964	P.-6	900	10,8	Rakete	5 200	Mach 1,3	450	nuklear/TNT	ferngelenkt + activ
1968	AMETIST	550	7	Rakete	2 900	Mach 0,95			ferngelenkt + activ
1972	P.-120 MALACHIT (SIREN)	800	8,84	Rakete	5 400	Mach 0,9	120	nuklear/TNT	ferngelenkt+ activ
	Taktische Marschflugkörper gegen Landziele								
	USA								
1947	LOON		8,22	Rakete		400 mph		911	
	Strategische Marschflugkörper gegen Landziele								
	Sowjetunion								
1959	P.-5	900	11,2	Rakete	5 200	Mach 1,2	500 km	nuklear	Trägheit
	USA								
1955	REGULUS 1	1,42	9,8	Strahlantrieb/Rakete	5 939	Mach 0,87	575 nq	nuklear 50 kt	Zielsuchkopf
1958	REGULUS 2						1150 nq		
	Strategische ballistische Flugkörper								
	Frankreich								
1971	M1	1,5	10,4	Festtreibstoff	18 Tonnen		2 500	500 kt	Trägheit
1974	M2	1,5	10,4	Festtreibstoff	19 Tonnen		3 000	500 kt	Trägheit
	Sowjetunion								
1959	R-11FM	0,88	10,4	Flüssigkeitstreibstoff	5,4 Tonnen		150	–	Trägheit Cep: 8
1961	R-13	1,3	11,8	Flüssigkeitstreibstoff	13,7 Tonnen		650	1 Mt	Trägheit Cep: 4
1963	R-21	1,3	14,2	Flüssigkeitstreibstoff	19,6 Tonnen		1 420	800 kt	Trägheit Cep: 3
1968	RSM-25 Mod1	1,5	8,8	Flüssigkeitstreibstoff	14,2 Tonnen		2 400	1 Mt	Trägheit Cep:
1973	RSM-25 Mod2	1,5	8,8	Flüssigkeitstreibstoff	14,2 Tonnen		3 000	1 Mt	Trägheit Cep:
1973	RSM-40 Mod1	1,8	13	Flüssigkeitstreibstoff	33,3 Tonnen		7 800	1Mt	Trägheit: 0,9
1974	RSM-25 Mod3	1,5	9,6	Flüssigkeitstreibstoff	14,2 Tonnen		3 000	3x200 kt	Trägheit Cep:
1974	RSM-40 Mod2	1,8	13,8	Flüssigkeitstreibstoff	33,3 Tonnen		9 100	800 kt	Astro Cep: 0,5
	USA								
1960	POLARIS A1 UGM 27A	1,37	8,5	Festtreibstoff	14 Tonnen		2 200		Trägheit
1962	POLARIS A2 UGM 27 B	1,37	9,5	Festtreibstoff	16 Tonnen		2 700		Trägheit
1964	POLARIS A3 UGM 27 C*	1,37	9,84	Festtreibstoff	18 Tonnen		4 600	3x200 kt	Trägheit
1971	POSEIDON C-3 UGM-73A Lockeed	1,83	10,4	Festtreibstoff	30 Tonnen		7 400	14x50 kt	Trägheit

Die britische Version ist mit drei Gefechtsköpfen ausgestattet

Die *Carbonero* (337) und die *Cusk* (348) der *BALAO*-Klasse wurden zu strategischen U-Booten umgebaut (1948–1949), um die amerikanische Kopie einer deutschen *V-1*-Rakete abschießen zu können.

Einsatz von V-1-Raketen auf einem Elektroboot

Der strategische Marschflugkörper Regulus

Nach dem 2. Weltkrieg bemächtigten sich die Vereinigten Staaten der Technologie der deutschen V-1- und V-2-Raketen. Letztere waren auf tauchfähigen Frachtkähnen transportiert worden. Die absehbare Miniaturisierung der Atombombe deutete auf eine strategische Rolle der U-Boote hin, die solche Waffen einsetzen konnten. 1946 wurden zwei U-Boote umgebaut, um die Rakete *LOON*, eine amerikanische Kopie der deutschen *V-1*, an der Oberfläche zunächst bis zu einer Reichweite von 54 sm und später bis zu 135 sm mit Hilfe eines anderen U-Bootes, das als Relaisschiff fungierte, abschießen zu können. Die *LOON* wurde bei Übungen auch mit Erfolg gegen einen Verband eingesetzt: Das U-Boot und sein Flugkörper wurden nur selten geortet und trafen ins Schwarze. Eine von Chance Vought entwickelte verbes-

Der strategische Marschflugkörper *REGULUS II* wurde vom U-Boot *Grayback* (574) am 17. September 1958 gegen den 200 Meilen entfernten Luftwaffenstützpunkt Edwards in Kalifornien abgeschossen. Der Flugkörper führte an diesem Tag einen Postsack mit.

serte Version, der *REGULUS-I*, erreichte eine Reichweite von 500 sm. Für den Abschuss dieses Flugkörpers war jedoch der Einbau von Leitgeräten an Bord anderer U-Boote, die als Relaisschiffe fungierten, erforderlich. Der erste *REGULUS-I*-Flugkörper wurde im Jahr 1953 abgeschossen. Gleichzeitig führte die US Navy Studien zu einem Atom-U-Boot mit einem düsengetriebenen Wasserflugzeug durch, das als Träger für zwei Atombomben diente und den Namen *SEA DART* trug. Dieses Vorhaben wurde jedoch bald aufgegeben.

Basierend auf diesen Ergebnissen wurden zwei konventionelle U-Boote für den Einsatz des *REGULUS-I* umgebaut und drei weitere, darunter die atomgetriebene *Halibut*, neu gebaut. Diese fünf Schiffe führten bis zu ihrer Außerdienststellung 1964 ca. 41 strategische Patrouillenfahrten, vor allem im Pazifik, durch. Sie spielten während der Kubakrise eine entscheidende Rolle bei der Abschreckung. Das Programm dieser MFK-U-Boote

sollte 23 Einheiten umfassen, die für den Einsatz des Flugkörpers *REGULUS-II* mit einer Reichweite von 1 200 sm gedacht waren. Es wurde schließlich wegen seiner hohen Kosten und der Entwicklung eines neuen, schiffsgestützten Trägers für Atomwaffen, dem ballistischen Flugkörper *POLARIS*, aufgegeben.

Tschelomej und der strategische Marschflugkörper P-5

Das Büro des Ingenieurs Berijew entwickelte nach dem Vorbild der amerikanischen Programme *LOON* und *REGULUS* den Marschflugkörper 10-Kh, der von einem auf dem U-Boot befestigten Hangar aus verschossen wurde. In die Entwicklung des mit dem V-1 vergleichbaren 10-Kh gingen auch frühere sowjetische Forschungen ein. Ein U-Boot vom Typ *K* wurde umgebaut und erhielt die Bezeichnung *Projekt 628*. Zwei modifizierte und schnellere Versionen des Flugkörpers *10-Kh* (*14-Kh* und *16-Kh*) wurden wegen ihrer mangelnden Genauigkeit aufgegeben.

Die Entwicklung eines echten strategischen Marschflugkörpers für konventionelle U-Boote, die umgebaut werden sollten, war Ingenieur Tschelomej zu verdanken. Der *P-5* mit einer Reichweite von 400 sm wurde im Gegensatz zu seinen Vorgängern in einem Rohr gelagert, das an Bord eines U-Bootes vom Typ *613* erprobt wurde. Zwei weitere Klassen konventioneller U-Boote und eine Klasse atomgetriebener U-Boote sollten diese strategische Waffe erhalten: die *646*, die *665 (WHISKEY LONG BIN)* und die *627*. Von der *665* sollten 72 Einheiten gebaut werden.

Die von Chruschtschow 1957 beschlossenen Einsparungen und die Aufstellung einer strategischen Flugkörperarmee führten zum Scheitern dieser Vorhaben. Die *613* wurde in aller Eile umgebaut, um zwei strategische Flugkörper vom Typ *P-5* in auf dem Schiffskörper montierten Rohren mitführen zu können (*Projekt 644 WHISKEY TWIN CYLINDER*). Sieben Einheiten wurden auf diese Weise für diese strategische Funktion umgebaut, die sie während ihrer zwanzigjährigen Einsatzdauer beibehalten sollten. Die lauten, langsamen und instabilen Plattformen waren wenig erfolgreich. Eine von ihnen kenterte im Januar 1961 in der Barentsee und sank.

Die *644* waren eine Übergangslösung und wurden durch einen verbesserten Umbau der *613* mit der Bezeichnung *665* ersetzt. Die mit vier Flugkörpern vom Typ *P-5* in einem umgestalteten und verlängerten Turm ausgerüsteten *665* erwiesen sich schließlich als nur unwesentlich besser als die *644*, da sie wie diese einen zu schmalen Bootskörper hatten und laut waren. Sechs *665* wurden fertiggestellt und für den Einsatz gegen Ziele in der Bundesrepublik sowie in Dänemark und Schweden an die Ostseeflotte übergeben. Eine gewisse Zeit wurde auch über die Bekämpfung von Überwasserschiffen mit dem Flugkörper *P-35* und den Umbau eini-

ger *613* zu Radarpickets der *640*-Klasse (*WHISKEY CANVAS BAG*) nachgedacht. Sie sollten die Flugkörper der *665* nach dem Vorbild amerikanischer U-Boote lenken, die die *REGULUS-I* nach Verlassen des Träger-U-Bootes weiterhin ins Ziel leiteten.

Schließlich entstand auf der Grundlage der gescheiterten Projekte *642* und *646* ein drittes sowjetisches konventionelles strategisches U-Boot, die *651 (JULIETT)*. Die Aufstellung einer strategischen Flugkörperarmee führte zur Umrüstung der *651* in U-Boote zur Bekämpfung von Flugzeugträgern, die Flugkörper vom Typ *P-6* und später *P-7* mitführten. Diese erwiesen sich als Misserfolg.

Die Option des Marschflugkörpers *V-1* wurde zugunsten eines auf der Grundlage des *V-2* weiterentwickelten ballistischen Flugkörpers für die Entwicklung strategischer U-Boot-Flotten aufgegeben.

Der Einsatz von V-2 auf Elektrobooten und später auf Atom-U-Booten

Die Überfülle an sowjetischen Programmen und die Schlichtheit des amerikanischen Programms

Im Januar 1954 beschloss die sowjetische Regierung ein Programm für ballistische U-Boot-Flugkörper (*D-1*), mit dem die Ingenieure Korolew und Issanin beauftragt wurden. Korolew entschied sich für die »Navalisierung« des bereits vorhandenen Landflugkörpers *R-11* mit einer Reichweite von 150 km. Der Abschuss sollte an der Oberfläche erfolgen und den Drall berücksichtigen. Einer

Sechs *Projekt 613* wurden zu *Projekt 644 (TWIN CYLINDER)* mit zwei strategischen Marschflugkörpern vom Typ *P-5* umgebaut (1960). Der Turm von sechs weiteren *Projekt 613* wurde neu gestaltet, um dort vier *P-5* unterbringen zu können (*Projekt 665 LONG BIN*, 1960–1962). Die *P-5* liefen ab 1969 aus, und die *644* und *665* wurden außer Dienst gestellt.

16. September 1955: erster Abschuss eines ballistischen Flugkörpers vom Typ *R-11FM* (Reichweite: 150 km) von einer modifizierten *Projekt 611* (*V611*) aus. Der Flugkörper wurde vor dem Abfeuern mechanisch aus dem Rohr herausgefahren. Fünf *Projekt 611* wurden auf diese Weise modifiziert, bevor man ein spezielles U-Boot, die *Projekt 629* mit Flugkörpern vom Typ *R-13* und später *R-21* (Reichweite: 650 und 1 400 km) entwickelte.

Die *K-19* (*Projekt 658*), das erste sowjetische U-Boot mit Atomantrieb und ballistischen Flugkörpern, war zunächst mit *R-21*-Flugkörpern (Reichweite: 2 800 km) und später mit *RSM-40*-Flugkörpern ausgerüstet. Sie verlor 14 Besatzungsmitglieder, nachdem diese infolge eines Reaktorunfalls verstrahlt worden waren (Juli 1961). Am 24. Februar 1972 tötete ein Feuer 28 Männer, und die *K-19* musste 600 sm vor Neufundland auftauchen. Dabei wurde sie vom britischen Seefernaufklärer *NIMROD* überwacht. Nach ihrer Instandsetzung lief die *K-19* mit der gleichen Besatzung wieder aus, um deren psychologische Widerstandskraft zu testen.

umgebauten *611 (ZULU)* gelang im September 1955 erstmalig der Abschuss eines ballistischen Flugkörpers von einem U-Boot aus. Dessen Reichweite war jedoch nicht ausreichend, so dass die Ingenieure Korolew und später Makejew (künftiger Leiter des ballistischen Schiffsflugkörperprogramms) auf der Grundlage des *R-13* einen zweiten Flugkörper (*D-2*) mit einer Reichweite von 650 km für das U-Boot *Projekt 629 (GOLF)* entwickelten. Von diesem Typ wurden bis 1962 insgesamt 23 Einheiten gebaut, von denen 14 modernisiert und mit dem Flugkörper *R-21* mit einer Reichweite von 1 400 km ausgerüstet wurden. Drei weitere dienten als Versuchsplattformen für die Flugkörper *RSM-40*, *RSM-25* und *RSM-52*. Die *K-129* versank am 8. März 1968 im Nordpazifik. Ein Teil des Wracks wurde im Juni 1974 von der amerikanischen *Glomar Explorer* geborgen, die speziell für diesen Zweck unter dem Deckmantel einer Desinformationskampagne zu den Vorteilen der Förderung polymetallischer Knollen gebaut wurde.

Ebenfalls im Jahr 1954 entdeckten die Amerikaner ihr Interesse für den ballistischen Flugkörper. Die Wasserstoffbomben waren leichter und leistungsfähiger als die Atombomben und konnten deshalb von einem ballistischen Flugkörper transportiert werden, dessen Ungenauigkeit durch die leistungsfähige Ladung ausgeglichen werden sollte. Präsident Eisenhower wollte die teuren konventionellen Waffen durch atomare Waffen ersetzen. Ein Sonderausschuss zur Beurteilung der sowjetischen Bedrohung kam zu der Schlussfolgerung, dass derjenige im Vorteil sei, der die größte Anzahl ballistischer Flugkörper besitze. Schließlich konnte die US Navy zum Nachteil der Luftwaffe beweisen, dass 200 nukleare Sprengköpfe ausreichen würden, um die Sowjetunion zu vernichten. Nachdem das Projekt genehmigt worden war, wurden Kapitän zur See Jackson und Ingenieur Lacey mit der Entwicklung eines strategischen Atom-U-Bootes beauftragt. Der Ausstoß des *POLARIS*-Flugkörpers geschah mit Hilfe von Druckluft, die Zündung erfolgte außerhalb des Rohrs. Im Dezember 1959 wurde die *George Washington* in Dienst gestellt. Sie feuerte im Juli

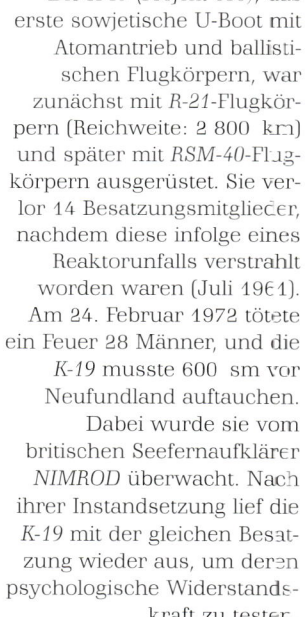

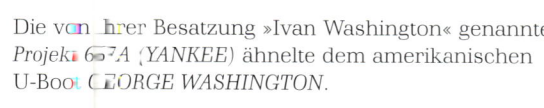

Die von ihrer Besatzung »Ivan Washington« genannte *Projekt 667A (YANKEE)* ähnelte dem amerikanischen U-Boot *GEORGE WASHINGTON*.

1960 zum ersten Mal ballistische Flugkörper ab. Man schätzte zum damaligen Zeitpunkt, dass 45 POLARIS-U-Boote dieses Typs für die Fähigkeit zum amerikanischen Gegenschlag im Falle eines Massenangriffs der Sowjetunion auf die Stützpunkte des Strategic Air Commands

genügen würden. Die ersten Einheiten waren mit POLARIS A-1-Flugkörpern und alle späteren Einheiten mit POLARIS A-2-Flugkörpern ausgerüstet.

Auch die Sowjetunion beschloss die Einführung von ballistischen Flugkörpern auf Atom-U-Booten. Acht U-Boote vom Typ Projekt 658 (HOTEL), eine Weiterentwicklung der Projekt 627, wurden mit drei ballistischen Flugkörpern im Turm bewaffnet, die vom getauchten Boot aus abgeschossen werden konnten. Die erste Einheit, die K-19, die den Beinamen »Hiroshima« trug, erlitt ein besonders tragisches Schicksal. Im Juli 1961 wurden acht Besatzungsmitglieder bei der Bekämpfung eines Reaktorunfalls und eines Brandes verstrahlt. Im November 1962 kollidierte die K-19 mit einem amerikanischen U-Boot, und im Februar 1972 zerstörte ein Feuer acht Sektionen und tötete 28 Männer. Die Überlebenden mussten ihren Dienst an Bord desselben U-Bootes fortsetzen, um ihre psychologische Widerstandskraft zu testen.

Das Konstruktionsbüro RUBIN, das auch alle weiteren sowjetischen strategischen U-Boote bauen sollte, wurde mit dem Bau der zweiten Generation von strategischen U-Kreuzern beauftragt. Die 667 hatten die Form der amerikanischen POLARIS und waren mit 16 Flüssigtreibstoff-Flugkörpern (Reichweite: 7 840 km) ausgerüstet. Sie erhielten die NATO-Bezeichnung YANKEE und wurden von den russischen Marinesoldaten »Ivan Washington« genannt. Zwei leistungsfähige Reaktoren vom Typ VN-2-4 gewährleisteten den Antrieb und zum ersten Mal auch die gesamte Stromversorgung. Von 1964 bis 1967 wurden 34 Einheiten in die Flotte eingeführt, von denen neun für den Einsatz der Festtreibstoff-Flugkörper RSM-45 mit einer Reichweite von 3 900 km umgebaut wurden.

Die Verwundbarkeit der strategischen Komponente der Sowjetunion nahm angesichts der Aktivitäten der Ujagd-Kräfte der Atlantischen Allianz zu, während die Amerikaner die Programme POLARIS A-3 und POSEIDON (5 200 km, 10 bis 14 nukleare Sprengköpfe pro Flugkörper) ins Leben riefen, mit denen der Abstand der 41 amerikanischen strategischen U-Boote von der sowjetischen Küste vergrößert werden sollte.

Die britischen, französischen und chinesischen Programme

Zunächst war es nicht Aufgabe der Royal Navy, den Gegner mit atomarem Feuer zu bekämpfen. Diese Rolle fiel der Royal Air Force mit ihren Bombern vom Typ VULCAN zu. Gemäß operativen Studien aus dem Jahr 1954 sollten jedoch Überwasserschiffe und U-Boote Mitte der sechziger Jahre mit ballistischen Flugkörpern ausgerüstet werden. Die engen Beziehungen zwischen den Befehlshabern der amerikanischen und englischen Marine, Admiral Burke und Admiral Mountbatten, veranlassten die Royal Navy dazu, der britischen Regierung den Kauf

Die Robert E. Lee (601), ein U-Boot mit Atomantrieb und ballistischen Flugkörpern. Fünf in Bau befindliche atomgetriebene Angriffs-U-Boote vom Typ SKIPJACK erhielten eine 39,6 Meter lange Sektion, in der 16 ballistische Flugkörper vom Typ POLARIS A-1 untergebracht waren und wurden von 1960–1961 in die Flotte eingeführt.

Juli 1960:
erster Abschuss eines amerikanischen ballistischen Flugkörpers vom Typ POLARIS von der George Washington (598) aus.

VULKAN-Jagdbomber:
Nach der Aufgabe des Bordflugkörpers mit Atomgefechtskopf SKYBOLT, verlegte Großbritannien das atomare Feuer von der Royal Air Force auf die Royal Navy.

Das britische strategische U-Boot *Resolution* war ein Ergebnis der Nassauer Konferenz (1962), auf der die USA der Lieferung von strategischen *POLARIS*-Flugkörpern an Großbritannien zustimmten.

Die *Redoutable* war mit *MSBS M-1*-Flugkörpern (Reichweite: 2500 km) ausgerüstet, dessen Maße den amerikanischen *POSEIDON*-Flugkörpern entsprachen. Die dritte Einheit, die *Foudroyant* führte den *M2*-Flugkörper mit (Reichweite: 3 000 km).

des amerikanischen *POLARIS*-Flugkörpers vorzuschlagen. Nachdem im Jahr 1960 die nationalen Programme für einen strategischen Jagdbomber und einen ballistischen Landflugkörper aufgegeben worden waren, war das *POLARIS*-Programm neben dem von der US Air Force angebotenen amerikanischen ballistischen Bordflugkörper *SKYBOLT* eine der untersuchten Optionen. Letzterer wurde jedoch aufgegeben, so dass nur noch das *POLARIS*-Programm übrig blieb. Die Verhandlungen mit den Vereinigten Staaten erwiesen sich jedoch als heikel, da diese die Beteiligung Großbritanniens an einem Programm für Überwasserträgerschiffe des *POLARIS*-Flugkörpers unter Führung der NATO vorzogen. Ende 1962 wurde mit dem Abkommen von Nassau ein Kompromiss erzielt. Dieses Abkommen legte die Lieferung amerikanischer *POLARIS*-Flugkörper an Großbritannien fest, die an Bord britischer U-Boote unter NATO-Kommando eingesetzt werden sollten, aber in einer Krise dem britischen Kommando unterstellt werden konnten. So entstand auf Kosten der *Royal Air Force*, die darauf bestand, seit ihrer Gründung das Monopol über die strategische Bombardierung zu haben, ein britisches U-Boot-Abschreckungspotenzial.

Die Entwicklung des U-Bootes erfolgte unter Leitung von S.J. Palmer und R.J. Daniel. Auf industrieller Seite waren die Werften Vickers (Barrow) und Cammell Laird (Mersey) beteiligt. Die Absicht, den Bau nach amerikanischen Plänen durchzuführen, wurde verworfen, da sie für den Bau in diesen Werften nur wenig geeignet waren (unterschiedliche Maschinen und Patente). Im Gegensatz zu den Vereinigten Staaten wollte Großbritannien keine Flugkörper-Sektion in seine neuen atomgetriebenen Angriffs-U-Boote der *VALIANT*-Klasse einfügen. Die vier Einheiten der *RESOLUTION*-Klasse bestanden schließlich aus einer Reaktorsektion, die mit der der *VALIANT*

identisch war, einer mit amerikanischer Hilfe entwickelten Flugkörpersektion und einer Sektion im Bug nach britischem Entwurf. Die *Resolution* führte im Juni 1968 ihre erste Patrouillenfahrt durch. Innerhalb von weniger als zwei Jahren wurden drei weitere Einheiten in die Flotte eingeführt. Diese übernahmen von den in die Jahre gekommenen *VULCAN* der *Royal Air Force* die Rolle der nuklearen Abschreckung bei einem Viertel der Betriebskosten pro Jahr.

In Frankreich gab General de Gaulle ab November 1959 dem in der IV. Republik begonnenen Nuklearprogramm den Vorrang und veranlasste am 13. Februar 1960 die Zündung der ersten französischen Atombombe in Reggane. Die 50 Mirage IV der Strategischen Luftflotte, die zum damaligen Zeitpunkt die wichtigste französische Abschreckungskomponente bildeten, sollten durch ballis-

General de Gaulle beim Stapellauf des ersten Flugkörper-U-Bootes mit Nuklearantrieb *Redoutable* am 29. März 1967.

tische strategische Boden-Boden-Flugkörper ergänzt werden. 1962 wurde der Bau eines Flugkörper-U-Bootes beschlossen. Gleichzeitig entstand die Organisation Coelacanthe, die mit der Durchführung der Studien beauftragt wurde. Das neue U-Boot mit einer Verdrängung von 9 000 t war doppelt so schwer wie sein glückloser Vorgänger, die *Q-244*. Der Einbau des Atomreaktors, eine Weiterentwicklung des Land-Prototyps in Cadarache, der im August 1964 zum ersten Mal die kritische Masse erreichte, wurde vereinfacht. Aus dem Rumpf der *Q-244* wurde die Gymnote, eine Versuchsplattform mit konventionellem Antrieb für die »navalisierte« Version des ballistischen strategischen Boden-Boden-Flugkörpers, den seegestützten ballistischen strategischen Flugkörper. Die *Redoutable* erhielt nach ihrem Stapellauf am 29. März 1967 im Januar 1969 einen Atomreaktor und führte am 29. Januar 1972 ihre erste Patrouillenfahrt unter dem Kommando von Fregattenkapitän Louzeau durch, der von Anfang an am Programm beteiligt war. Aufgrund der Reichweite des *M-1*-Flugkörpers (2 500 km) musste das Patrouillengebiet in der Nähe der Küste des potenziellen Gegners, der Sowjetunion, liegen. Von Januar 1972 bis Mai 1980 wurden vier weitere Einheiten in Dienst gestellt. Die Reichweite des 1974 auf der dritten Einheit installierten *M-2*-Flugkörpers war größer (3 000 km). Dadurch konnte das Patrouillengebiet vergrößert werden. Der *M-2*-Flugkörper wurde bald vom bei gleicher Reichweite doppelt so leistungsfähigen *M-20*-Flugkörper abgelöst und an Bord aller Einheiten mitgeführt.

China entschloss sich im Mai 1958 – kaum zwei Jahre nach dem Start des *POLARIS*-Programms in Amerika – für den Bau eines U-Bootes mit ballistischen Flugkörpern und Atomantrieb. Auf einer Sitzung der Hauptverantwortlichen für Forschung und Entwicklung unter Leitung von Marschall Nie Rongzhen wurde eine Empfehlung für den Bau eines atomgetriebenen U-Bootes mit dem Namen *Projekt 09* und eines ballistischen Flugkörpers ausgesprochen. Nach Maos Genehmigung, der sich davon »einen großen Schritt nach vorn« versprach, wurde diese Empfehlung von der Zentralen Militärkommission angenommen. Ein Jahr zuvor hatte die Sowjetunion eingewilligt, China in begrenztem Umfang nuklear zu unterstützen. Diese Unterstützung sollte die Lieferung des Prototyps einer Atombombe (was jedoch nicht geschah) und Konferenzen über das sowjetische Atom-U-Boot-Programm umfassen. Die Sowjetunion hoffte, als Gegenleistung eine Langwellenfunkstation (VLF) in China für die Kommunikation mit ihren U-Booten einrichten und die Stützpunkte Lushun und Dalian anmieten zu können. Doch Meinungsverschiedenheiten zwischen den beiden Verbündeten erschwerten den Austausch. China wollte seine Souveränität demonstrieren und lehnte deshalb jede sowjetische Präsenz auf seinem Boden ab. Im Oktober 1958 erklärte Chruschtschow als Ausdruck seines guten Willens sein Einverständnis zur Übergabe eines ballistischen Flugkörper-U-Bootes mit herkömmlichem Antrieb an China. Dies war für China entscheidend, denn nur so konnte es in den Besitz von Kenntnissen über Antrieb und Lenkung von Flugkörpern kommen. Ein Jahr später kündigte die Sowjetunion an, ihre nukleare Unterstützung für zwei Jahre einzufrieren. Peking beantragte für seine Ingenieure eine Genehmigung zur Inspektion eines sowjetischen Atom-U-Bootes, was jedoch abgelehnt wurde.

Chruschtschow zeigte sich wenig erfreut über die Unabhängigkeit seines chinesischen Verbündeten und insbesondere über die Tatsache, dass China seine Politik gegenüber Taiwan nicht mit der Sowjetunion abgestimmt hatte. Was die Frage der U-Boote anbetraf, zog es der sowjetische Generalsekretär vor, China die Bildung chinesisch-sowjetischer Atom-U-Boot-Flottillen unter Leitung der Sowjetunion vorzuschlagen. Der erzürnte Mao antwortete daraufhin, dass China ein U-Boot mit strategischen Flugkörpern und Atomantrieb entwickeln werde, auch wenn dies zehntausend Jahre dauern sollte.

In einer ersten Phase musste das konventionelle U-Boot mit ballistischen Flugkörpern (*629 Golf*), dessen Übergabe an China die Sowjetunion zugesagt hatte, in der Werft von Dalian zusammengebaut werden. Dieses 1964 vom Stapel gelaufene U-Boot wurde 1966 in die Flotte eingeführt. Das künftige strategische U-Boot sollte einen Schlaufenreaktor mit schwach angereichertem Uran erhalten. Dazu wurden ausländische Veröffentlichungen, insbesondere über das deutsche atomgetriebene Schiff *Otto Hahn*, detailliert studiert. Im Juli 1960 lagen die Pläne für einen Prototyp vor.

Die Entwicklung eines Schiffsflugkörpers mit Festtreibstoff stellte eine weitere Herausforderung für diese Nation von Feuerwerkern dar. Zunächst konnte China auf die Hilfe der Sowjetunion hoffen, die einen Schiffsflugkörper mit Flüssigtreibstoff lieferte. Doch die Sowjetunion gab dem Flüssigtreibstoff den Vorzug, und im Oktober 1959 lehnte Chruschtschow eine Unterstützung für das chinesische Programm ab, da er es für zu ehrgeizig hielt. Das auf sich allein gestellte China gründete 1962 ein Institut für Festtreibstoff-Flugkörper, das 1965 den Rang einer vierten Akademie erlangte, und begann mit dem ballistischen Flugkörper-Programm *JL-1*. Doch der Bruch zwischen China und der Sowjetunion kam China teuer zu stehen. Geräte, die China vorher in der Sowjetunion bekommen konnte, mussten nun allein entwickelt werden. 1966 erlitt das Programm einen neuen Rückschlag: Der Bau des strategischen U-Bootes *Projekt 09-2* wurde zugunsten des Baus eines atomgetriebenen Angriffs-U-Bootes mit der Bezeichnung *Projekt 09-1* verschoben. Die Arbeiten für ein Abschusssystem für den *JL-1* wurden dennoch fortgesetzt. 1971 wurde ein Abschussrohr an Bord des Versuchsbootes *GOLF* eingebaut, doch bis zur endgültigen Fertigstellung sollten noch acht Jahre intensiver Erprobungen erforderlich sein.

Chruschtschow genehmigte die Lieferung eines ballistischen Flugkörper-U-Bootes der *Projekt 628 (GOLF)*-Klasse an China. Dieses diente als Versuchsplattform für die Entwicklung des chinesischen strategischen Feststoffflugkörpers *JL-1*.

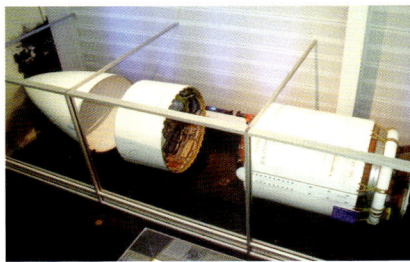

Obere Stufen eines *POLARIS-Flugkörpers*.

Auf der Suche nach Mitteln

gegen das laute U-Boot

Unterschiedliche Wahrnehmungen
der Bedrohung

1945 begann Deutschland mit der Indienststellung des unter dem Namen Typ *XXI* bekannten Elektrobootes. Durch die Neuerungen, die dieses U-Boot mit sich brachte, wurde die Überlegenheit der alliierten Ujagdkräfte in Frage gestellt. Mit einem Luftmast – auch Schnorchel genannt – konnte es im Dieselbetrieb in Sehrohrtiefe unter Wasser fahren, ohne vom Radar geortet zu werden. Durch seine leistungsfähigen Batterien und seine hydrodynamische Form war es getaucht schnell genug, um den Geleitbooten zu entkommen. Das Orten war infolge neuer Techniken, die eine Übertragung durch Kompression des Funksignals ermöglichten, wesentlich schwieriger geworden.

Für Admiral Nimitz waren die von den Sowjets erbeuteten Elektroboote für die Sicherheit der Vereinigten Staaten genauso gefährlich wie ein Atomangriff. Die ersten Erprobungen mit einem Elektroboot nach dem Krieg offenbarten zwei Schwachstellen: Die Dieselmotoren und Schrauben verursachten starke Geräusche, wenn die Batterien mit Hilfe des Schnorchels wieder aufgeladen werden mussten bzw. das U-Boot mit voller Geschwindigkeit fuhr, um einem Verfolger zu entkommen. Das Ujagd-U-Boot schien ein gutes Mittel gegen das Elektroboot zu sein. Mit Hilfe einer passiven Antenne konnte es die Durchlaufpunkte der sowjetischen U-Boote im Nordatlantik erreichen und hatte gute Chancen, diese U-Boote zu orten. 1952 stellten die Vereinigten Staaten drei Ujagd-U-Boote in Dienst, die mit ihrer passiven Antenne ein U-Boot aus 30 sm Entfernung orten konnten. Mit diesen Reichweiten war auch die Bildung einer U-Boot-Barriere zwischen Grönland, Island, den Faröern und Großbritannien denkbar. Die U-Boote sollten die Erstortung gewährleisten und die Seefernaufklärer anschließend zum Ziel lenken. Während der Kuba-Krise wurde vor Neufundland eine Barriere mit ungefähr zehn U-Booten eingerichtet, die mit den Seeluftstreitkräften zusammenarbeiteten.

Doch diese Abwehr reichte nicht aus. Die Entdeckung von Schnorcheln an der Wasseroberfläche durch Seeluftstreitkräfte war außerdem sehr vom Zufall abhängig. Daraufhin wurden zwei andere Möglichkeiten in Betracht gezogen: der Einsatz von Atomwaffen gegen sowjetische U-Boot-Stützpunkte zu Beginn eines Konflikts und die Installation einer Anlage aus passiven akustischen Antennen auf dem Meeresboden. Die ersten Schätzungen amerikanischer Geheimdienste im Hinblick auf die sowjetische U-Boot-Flotte gingen in Wirklichkeit weit über die Realität hinaus. Entgegen amerikanischer Vermutungen, dass die Sowjetunion ab 1950 300

Eine *Projekt 641* (*FOXTROTT*): Die Vereinigten Staaten investierten beachtliche Mittel in die Abwehr der Bedrohung durch sowjetische Elektroboote. Von den vier während der Kuba-Krise stationierten sowjetischen *641* wurden drei von der *US Navy* geortet und zum Auftauchen gezwungen.

Vier der 38 U-Boote aus dem 2. Weltkrieg, die im Rahmen der Programme *GUPPY I/IA/II* und *III* zu Elektrobooten umgebaut wurden. Die von der US Navy 1973 außer Dienst gestellten *GUPPY*-Boote wurden im Jahr 2002 teilweise von der taiwanesischen Marine genutzt.

Elektroboote in die Flotte einführen würde, wurden in den Jahren von 1949 bis 1958 nur 21 dieser U-Boote mit der Bezeichnung *611* in Dienst gestellt. Was die in diesem Zeitraum in die Flotte eingeführten 215 *613* anbetrifft, so waren diese für die Küstenverteidigung gedacht und wurden erst spät mit einem Schnorchel ausgerüstet.

Die U-Boot-Bekämpfung hatte für die Vereinigten Staaten aus zwei Gründen weiterhin Vorrang: Nach der Explosion der ersten sowjetischen Atombombe im Jahr 1949 wurden U-Boote von den Amerikanern zunehmend als Bedrohung empfunden. Von nun an ging es darum, einen sowjetischen Angriff mit einer von einem U-Boot aus sicherer Schussentfernung abgeschossenen Atombombe auf amerikanisches Territorium zu verhindern. Mit dem Auftauchen des atomgetriebenen Angriffs-U-Bootes schienen alle bisherigen Techniken zur U-Boot-Bekämpfung überholt zu sein.

Im Übrigen führten die Leistungen des ersten Atom-U-Bootes, der *Nautilus*, zu großer Verunsicherung angesichts der Fähigkeiten der Ujagd-Kräfte zur Bekämpfung eines solchen sowjetischen Gegners. Seine Geschwindigkeit hinderte die aktiven Sonare daran, die Verbindung zu halten. Da das Atom-U-Boot nicht auftauchen musste, war es im Gegensatz zum Elektroboot, welches Batterien bei Dieselbetrieb auf Sehrohrtiefe nachladen musste, weniger verwundbar. Passive Sonare mit niedriger Arbeitsfrequenz und niedrigstfrequente Sonare schienen einmal mehr das einzige Mittel gegen Atom-U-Boote zu sein, zumal sich die *Nautilus* als relativ laut erwies. Niedrigstfrequente Schallsignale konnten im Gegensatz zu hochfrequenten Schallsignalen aus großer Entfernung wahrgenommen werden. Zur Ortung Ersterer waren sehr große Antennen erforderlich, während Zweitere von kleinen Antennen geortet werden konnten. Bei großer Ent-

Einige der nicht zu *GUPPY* umgerüsteten U-Boote der *BALAO/TENCH*-Klasse wurden als Radarpickets oder als Transporter für Kommandokräfte eingesetzt. Dieses Bild zeigt die *Perch* (313) beim Einsatz im Eis zu Beginn des kalten Krieges um 1947.

Turm der zu einem Radarpicket umgerüsteten *Spinax* (489) *TENCH*, die die Vereinigten Staaten vor Überraschungsangriffen sowjetischer Bomber schützen sollte.

 91

Stapellauf der *Objiwa*, eines der drei kanadischen Elektroboote der *OBERON*-Klasse, am 29. Februar 1964. Diese geräuscharmen konventionellen U-Boote mit einem herkömmlichen Bug zum Brechen der Wellen an der Oberfläche wurden von Großbritannien (22), Australien (6), Kanada (3), Brasilien (3) und Chile (2) beschafft.

fernung bestand die Gefahr, dass Umgebungsgeräusche die Schallsignatur eines U-Bootes überdeckten und deshalb eine Signalverarbeitung erforderlich machten. Das zu diesem Zweck von den Vereinigten Staaten entwickelte LOFAR-Programm (*Low Frequency Analysis and Ranging*) sollte eine Signalanalyse ermöglichen.

Die Antwort

Wie Professor Cote zeigt, sollten zur Bekämpfung konventioneller und atomgetriebener sowjetischer U-Boote hauptsächlich passive Abhörmittel mit niedriger Arbeitsfrequenz verwendet werden. Die Bemühungen gingen in fünf Richtungen:
– Ujagd-U-Boote,
– schnellere Torpedos mit größerer Tauchtiefe,
– Abhöranlage aus stationären Antennen auf dem Meeresboden mit dem Namen *SOSUS (Sound Surveillance System)*,
– Seeluftstreitkräfte
– Überwasserkräfte.

Das U-Boot als Ujagdwaffe

Die modernisierten und mit passiven Niederfrequenzantennen ausgerüsteten klassischen U-Boote (50 U-Boote vom Typ *GUPPY*) waren jedoch nur eingeschränkt leistungsfähig, da sie aufgrund des lauten Dieselmotors leicht abgehört werden konnten. Der Bau herkömmlicher U-Boote für die U-Boot-Jagd wurde wegen fehlender finanzieller Mittel eingestellt, da ein wirksamer Einsatz dieser Boote die Stationierung einer großen Anzahl von Einheiten in der Nähe der sowjetischen U-Boot-Stützpunkte erfordert hätte. Auf der Grundlage des ersten atomgetriebenen Angriffs-U-Bootes wurde ein Ujagd-U-Boot entwickelt, das so geräuscharm

war, dass sein Sonar nutzbringend eingesetzt werden konnte. Nach einem zu langsamen Prototypen, der *Tullibee*, wurde mit der *THRESHER*-Klasse eine erste Serie von Einheiten für die U-Boot-Bekämpfung entwickelt. Die *STURGEON*, eine Weiterentwicklung der *THRESHER*, waren die ersten U-Boote, die geschleppte Horchantennen einsetzten und sowjetische Atom-U-Boote unauffällig verfolgen konnten.

Torpedos

Die amerikanischen U-Boote waren den lauten sowjetischen U-Booten der Klassen *627, 658 und 659* in puncto Geräuscharmut haushoch überlegen, doch die Geschwindigkeit der sowjetischen U-Boote (25 bis 30 kn) machte jegliche Hoffnung, diese mit den vorhandenen Torpedos (*Mk37*: 26 kn) erreichen zu können, zunichte.

Nach dem Ende des 2. Weltkriegs verfügte die amerikanische Marine über zwei passive Akustiktorpedos zur U-Boot-Bekämpfung: der leichte *Mk24*-Torpedo und der schwere *Mk27*-Torpedo. Die leichten Torpedos wurden von Flugzeugen und die schweren Torpedos von U-Booten und Überwasserschiffen aus abgeschossen. Der erste leichte, akustisch Ziel suchende Nachkriegs-Torpedo war der *Mk43* aus dem Jahr 1951 (20 kn/350 m Tauchtiefe), gefolgt vom *Mk44* aus dem Jahr 1956 (30 kn), der zu langsam war, um die neuesten sowjetischen U-Boote einholen zu können. Bei den schweren Torpedos war das Problem ähnlich gelagert: Die Torpedos

Der Trägerverband *hunter-killer ALFA* im Jahr 1959 auf See. Dieser zur Abwehr der sowjetischen U-Boot-Bedrohung aufgestellte Verband bestand aus einem Flugzeugträger, sieben Zerstörern, zwei U-Booten, seegestützten Flugzeugen vom Typ *Tracker* und landgestützten Flugzeugen vom Typ *Neptun*.

Der Hubschrauber *HSS*, das U-Boot *Darter* und der Geleitzerstörer *Calcaterra* auf offener See im Jahr 1960: Der Hubschrauber konnte mit Hilfe seines Tauchsonars die Verbindung zum U-Boot bis zum Eintreffen eines Überwasserschiffes halten.

93

Ujagd-Flugzeug *Neptun* im Juli 1961. Mit Beginn der siebziger Jahre wurden die Spezialflugzeugträger durch landgestützte Seefernaufklärer ersetzt.

Präsident John F. Kennedy am Sehrohr des amerikanischen strategischen Atom-U-Bootes *Thomas Edison* am 14. April 1962.

Mk37 aus dem Jahr 1957 und *Mk37-1* aus dem Jahr 1960 waren nur gegen Elektroboote wirksam. Die Antwort der Amerikaner erfolgte in zwei Schritten. Der von Flugzeugen oder *ASROC*-Flugkörpern abgeschossene leichte Torpedo *Mk46* aus dem Jahr 1965 erreichte eine Tauchtiefe von 450 m. Ihm folgte sieben Jahre später der schwere Torpedo *Mk48* (55 kn/700 m Tauchtiefe), der der amerikanischen Marine wieder Erfolgsaussichten gegen sowjetische Atom-U-Boote verlieh. Gleichzeitig wurden die U-Boote 1972 mit einer Kombination aus Rakete und Flugkörper, dem *SUBROC*, dem Atomtorpedo *Mk45* und dem Torpedo *Mk48* ausgerüstet.

SOSUS

Das erste *SOSUS*-Netz entstand 1951 vor den Bahamas zum Schutz der amerikanischen Seezugänge. Nach dem Erfolg dieser ersten Versuchsanlage wurden von 1952 bis 1958 zwei weitere Antennenreihen an der Ost- und Westküste verlegt. Diese Netzwerke bestanden aus Hydrophonen, die entlang eines Unterwasserkabels aufgereiht waren, das sie mit Schiffsstationen verband, die die Signale analysierten. Mit dem *SOSUS* konnten sowohl bei Überwasserschiffen als auch bei U-Booten zwei Arten von Signalen geortet werden: Maschinengeräusche und durch die Kavitation von Schrauben erzeugte Geräusche. Besonders die Atom-U-Boote der ersten Generation waren wenig geräuscharm: Auf dem Bootskörper aufschlagendes Wasser verursachte laute Geräusche, die kleinen Schrauben drehten sich schnell und »kavitierten«. Auch ihre Turbinen hinterließen eine charakteristische Signatur. Das amerikanische strategische Atom-U-Boot *George Washington* wurde auf seiner ersten Fahrt nach Großbritannien im Jahr 1961 ständig von *SOSUS* verfolgt.

Im Juli 1962 wurde das erste sowjetische Atom-U-Boot vor Island vom *SOSUS*-Netz vor Barbados geortet. Mit Hilfe ihrer passiven Breitbandantennen für den Niederfrequenzbereich konnten die amerikanischen U-Boote der zweiten Generation, wie die *Tullibee* und die *Thresher*, ihre Vorgänger der ersten Generation gut orten. Doch die amerikanische Strategie sah die Errichtung von Schallschirmen um die sowjetischen U-Boot-Stützpunkte herum vor, um so die unzureichende Zahl von U-Booten, die die Amerikaner dorthin schicken konnten, zu kompensieren. Während der Kubakrise gelang es fünf sowjetischen konventionellen U-Booten, sich den amerikanischen Sensoren zu entziehen, bis sie schließlich von den Blockadekräften geortet wurden.

Das *SOSUS* bedurfte dringend einer Erweiterung. 1974 umfasste das Netz 22 Signalverarbeitungseinrichtungen. Sieben Jahre später gab es insgesamt 36 Anlagen an folgenden Standorten: Vereinigte Staaten (Hawaii, Puerto Rico, Aleuten), Großbritannien, Türkei, Japan (Riukiuinseln), Bermudas, Barbados, Kanada, Norwegen, Island, Azoren, Italien, Dänemark, Gibraltar, Philippinen,

Guam und Diego Garcia. Das passive Abhörnetz *SOSUS* wurde Anfang der Sechzigerjahre des vorigen Jahrhunderts durch aktive Niederfrequenzantennen (Projekt AFTEMIS) zum Abhören geräuscharmer U-Boote ergänzt. Aufgrund der Reflexion von Mehrfachechos war dieses System nur begrenzt leistungsfähig. Die von *SOSUS* bereitgestellten Informationen gaben den politischen Entscheidungsträgern jederzeit Aufschluss darüber, ob ein sowjetischer Angriff bevorstand. Deshalb unterlagen diese Daten von Natur aus höchster Geheimhaltung. Ihre Übermittlung an Ujagd-Kräfte im Frieden war begrenzt, da dadurch die Fähigkeiten dieses Systems offenbart werden konnten. Schließlich trug *SOSUS* auch entscheidend zur Geräuschreduktion amerikanischer U-Boote bei.

Luftstreitkräfte

Bei der Verfolgung von Elektrobooten orteten die Radare der Seefernaufklärer selten einen Schnorchel. Sie verfolgten in der Regel Kontakte, die sie von anderen Ortungsmitteln empfingen und die in erster Linie durch das Aufladen der Batterien von U-Booten auf Sehrohrtiefe und durch Geräusche von Dieselmotoren verursacht wurden. Doch diese Mittel reichten gegen Elektroboote und vor allem gegen Atom-U-Boote nicht aus. Erst die neuen, von Flugzeugen abgeworfenen Sonobojen Jezebel (passiv) und Julie (durch Detonation leichter Sprengladungen) ermöglichten das Wiederauffinden eines von *SOSUS* georteten Kontakts. Dieser wurde mit einem MAD-Gerät (Magnetic Anomaly Detector) verfolgt und anschließend mit einem Torpedo bekämpft. Zur Umsetzung dieser neuer Taktiken wurden Ujagd-Trägerverbände (Hunter Killer) um einen Flugzeugträger herum angeordnet. Zu dieser Verbänden gehörten häufig auch zwei Flugzeuge für die Kontaktsuche bzw. für den Angriff. Doch diese Angriffe konnten den Elektrobooten und den Atom-U-Booten wenig anhaben. Auf Sehrohrtiefe konnten ihre Radarwarnempfänger das Radar des Flugzeugs orten, bevor dieses auch nur ansatzweise die Schnorchel oder Antennen der U-Boote entdeckte. Anfang der sechziger Jahre setzten die Vereinigten Staaten ein leistungsfähigeres, mit Sonobojen ausgerüstetes Ujagdflugzeug ein, die *P-3 Orion*, die den Atlantik von ihren Stützpunkten in Großbritannien, Island und Spanien aus überwachen konnte. Mit der Einführung des *P-3* wurden die Ujagd-Flugzeugträger außer Dienst gestellt, da ihre Aufgaben nun kostengünstiger vom *P-3* und von Ujagd-Flottillen an Bord großer, neuer Flugzeugträger übernommen wurden. Gleichzeitig verfügte man mit dem neuen Ujagd-Hubschrauber über ein Mittel, das im Gegensatz zum Flugzeug den Kontakt zum U-Boot mit Hilfe eines Tauchsonars bis zum Eintreffen eines Überwasserschiffs halten konnte. Der in den sechziger Jahren des vorigen Jahrhunderts entwickelte SH3 SEA KING wurde später durch den leichteren LAMPS (*Light Airborne Multi-Purpose System*) für Geleiteinheiten ergänzt.

Überwasserkräfte

Das Jagen eines getauchten U-Bootes war wesentlich schwieriger und erforderte die Präsenz von Überwasserschiffen, um das U-Boot mittels aktiven Sonars zu verfolgen. Während bei den Elektrobooten die Gefahr bestand, dass die Batterien aufgrund der Bedrohung aus der Luft nicht aufgeladen werden konnten, war das Atom-U-Boot in der Regel imstande, sich dem Sonarstrahl zu entziehen oder diesen zu umgehen, um das Überwasserschiff anzugreifen. Das passive Sonar war das einzig wirksame Mittel zur Ortung gegnerischer U-Boote aus großer Entfernung, wohingegen das aktive Sonar die einzige Möglichkeit zur Verfolgung eines geräuscharmen Elektrobootes und zum Schutz eines Flottenverbands darstellte. Deshalb begannen die Vereinigten Staaten mit der Modernisierung ihrer großen Zerstörerklassen des 2. Weltkriegs und mit dem Bau neuer Geleitschiffe mit aktiven Sonargeräten, die entweder am Rumpf befestigt waren oder geschleppt wurden und auch Kontakte in tieferen Meeresschichten orten konnten.

Am Rande des Kalten Krieges bot der dritte indisch-pakistanische Konflikt im Dezember 1971, der mit der Unabhängigkeit Bangladeschs endete, ein Beispiel für den Einsatz eines Elektrobootes durch die Marinen von drei Entwicklungsländern: Pakistan, Indien und Indonesien.

Der indisch-pakistanische Krieg

Pakistan wurde durch Indien, das den Aufstand in Ost-Pakistan unterstützte, in zwei Teile geteilt. Seit Juni nahmen die Spannungen zwischen beiden Staaten zu, die jeweils eigene U-Boot-Kräfte besaßen: drei DAPHNE und eine *Ghazi*, ein altes amerikanisches U-Boot der *GATO*-Klasse auf pakistanischer und vier sowjetische *641 (FOXTROTT)* auf indischer Seite. Nach heftigen Grenzgefechten kam es am 3. Dezember zur Kriegserklärung. Die *Ghazi* wurde in den Golf von Bengalen verlegt, um den indischen Flugzeugträger *Vikrant* aufzubringen. Dieser musste, um den Kampf aufzunehmen, seine Präsenz offenbaren und sich dem pakistanischen U-Boot zeigen. Letzteres sank nach einer durch eigene Minen verursachten Explosion vorzeitig. Dadurch erhielt die *Vikrant* ihre Handlungsfreiheit zurück und führte Luftangriffe auf Ost-Pakistan durch. Im westlichen Küstenbereich Pakistans war seit dem 22. November nördlich von Bombay die pakistanische *Hangor* der französischen DAPHNE-Klasse stationiert. Die beiden indischen Ujagd-Fregatten *Kukhri* und *Kirpan* wurden zu Patrouillenfahrten in dieses Gebiet geschickt, um mögliche Eindringlinge aufzuspüren. Der gesamte restliche Verkehr wurde entlang der Küsten in weniger tiefe Gewässer umgeleitet. Am Abend des 9. Dezember näherten sich die beiden Fregatten der aufgetauchten *Hangor*, die sie

fälschlicherweise als Fischerboot identifizierten. Kurze Zeit später ging die *Hangor* auf Tauchfahrt, um die beiden Fregatten zu verfolgen. Um 20.13 Uhr schoss sie im Abstand von einigen Minuten drei Torpedos ab: Der erste verfehlte sein Ziel, der zweite versenkte die *Kukhri* und der dritte machte die *Kirpan* manövrierunfähig. Daraufhin machten alle See- und Luftkriegsmittel der indischen Marine vier Tage lang Jagd auf das siegreiche U-Boot. Beim Aufladen seiner Batterien wurde sein Schnorchel zwar jedes Mal von den indischen Flugzeugen geortet, doch die Überwasserkräfte konnten den Kontakt nicht herstellen. Damit war der gute Ruf der pakistanischen U-Boote begründet. Eine Untersuchungskommission beschrieb die indischen Schwächen wie folgt: Die *Kukhri* hatte bei ihren Patrouillenfahrten eine zu geringe Geschwindigkeit, und ihr Sonar war nicht stark genug. Neue Taktiken wurden entwickelt: Indien verlegte zwei U-Boote an die feindlichen Küsten. Aufgrund eines Befehls, der die einwandfreie Identifizierung eines anzugreifenden Schiffs vorschrieb, konnten vier Angriffe auf die Handelsschifffahrt verhindert werden. Gleichzeitig sicherte Indonesien Pakistan seine Unterstützung zu und schickte zwei U-Boote vom Typ *613 (WHISKEY)* zum Kriegsschauplatz, die jedoch erst nach dem Waffenstillstand dort eintrafen. Das Elektroboot hatte ein weiteres Mal seine Qualitäten unter Beweis gestellt. Durch die bei Schnorchelfahrt erzeugten Geräusche wurde es zwar von Flugzeugen geortet, konnte aber dennoch vor einem weit überlegenen Feind fliehen.

1964: Die *Venus* im Bau in Cherbourg. Von den elf *DAPHNE* der französischen Marine gingen zwei durch Unfall verloren. 14 wurden nach Spanien, Portugal, Südafrika und Pakistan exportiert, wo die *Hangor* durch Versenken der indischen Fregatte *Kukhri* während des Krieges 1971 Ruhm erlangte.

Leistungsmerkmale der wichtigsten U-Boot-Klassen (1943–1975)

Gebaut in	Klasse	Baujahr	An-zahl	Entwickler	Werft	Verdr. (t) ü./u. Wasser	Maße (m) L/B/H	Tiefgang (m)
Konventionelle U-Boote								
Deutschland später BR Deutschland	Typ XVIIB	1944	3		B&V Hamburg	307/332	41,5/3,3/4,3	
	Typ XXI	1944	121		B&V Hamburg Schichau, Danzig	1 595/1 790	76,7/6,6/6,3	
	Typ XXIII	1944	63		DW Hamburg	230/254	34,7/3/3,7	
	Typ 201	1961	3	Gabler IKL	Howal, Kiel	395/433	42,4/43,5/4,6	
	Typ 205	1962	10	Gabler IKL	Howal, Kiel	419/455	43,3/5,5/4,2	
	Typ 206	1971	18	Gabler IKL RNSW, Em	Howal, Kiel	456/500	48,6/4,6/4,3	250
Frankreich	NARVAL	1951	6	DTCN Augustin NAC SeineM	Cherbourg	1 635/1 910	78,4/7,8/5,2	
	ARETHUSE	1955	4	DTCN	Cherbourg	543/669	49,6/5,8/4	
	DAPHNE	1958	11	DTCN Cherbourg, Brest	Dubigeon	869/1 043	57,8/6,8/5,2	
Italien	TOTI	1965–1969	4	Italcantieri	CRDA	535/591	46,2/4,7/4	
Japan	OYASHIO	1957	1		Kawasaki	1 139/1 420	78,8/7/4,6	
	UZUSHIO	1968	7		Kawasaki Mitsubishi	1 850/3 600	72/9,9/7,5	350
Niederlande	DOLFIJN	1954	4	WFijenoord	Rotterdam	1 494/1 826	79,5/7,9/5	300
	ZWAARDVIS	1966	2		Rotterdam	2 408/2 640	66,9/8,4/7,1	250
Großbritannien	EXPLORER	1951	2		Vickers	980/1 076	68,7/4,8/5,5	
	PORPOISE/ OBERON	1957	13		Cammell, Vickers Chatham	1 975/23 031 610/2 410	88,5/8,1/5,6	
Schweden	HAJEN	1953			Kockums, Karlskrona	720/900	66/5,1/5	
	SJÖORMEN	1965	5		Kockums, Karlskrona	1 125/1 400	50,5/6,1/5,1	
Sowjetunion	Projket 613	1951	215	Rubin		1 080/1 350	76/6,6/4,55	170
	Projekt 611	1953	26			1 831/2 600	90,5/7,5/5,01	170
	Projekt A615	1956	30			406/504	56,6/4,4/3,59	100
	Projekt 633	1959	21			1 330/1 730	76,8/7,3/5,5	170
	Projekt 641 FOXTROT	1958	58	Rubin		1 952/2 550	91,3/7,5/5,01	250
USA	GUPPY I/IA	1947	22	US Navy		1 830/2 440	93,6/8,2/5,2	
	GUPPY III	1961	9	US Navy		1 975/2 450	99,5/8,2/5,2	
	TANG	1949	6	US Navy	Porsm. NY, EBoat, SY	1 560/2 260	87,5/8,3/5,2	
	BARRACUDA	1949	3	US Navy	EBoat SY, Marels. NY	765/1 160	59,8/7,5/4,4	
	ALBACORE	1952	1	US Navy	Fortsm., NY	1 500/1 850	64,2/8,3/5,6	
	BARBEL	1956	3	US Navy Ingals Nysb	Fortsm., NY	2 146/2 639	66,8/8,8/6,3	
Jugoslawien	SUTJESKA	1957	2		Uljanik	820/945	60/6,6/4,8	
Atomgetriebene Angriffs-U-Boote								
China	Projekt 90-1 HAN	1967	5		Huludao	4 500/5 550	106/10/7,4	300
Großbritannien	DREADNOUGHT	1959	1	Royal Navy	Vickers	3 500/4 000	81/9,8/7,9	
	VALIANT	1962	5	Royal Navy	Vickers Cam Laird	4 400/4 900	86,9/10,1/8,2	200
	SWIFTSURE	1969	6	Royal Navy	VSEL	4 400/4 900	82,9/9,8/8,2	350
Sowjetunion	Projekt 6271 NOVEMBER	1955	12	TseKB 143	N° 402	3 101/4 069	107,4/8/6,4	240
	Projekt 671 VICTOR I	1965	15	TseKB 143	N° 194	3 500/4 870	94,3/10,6/7,3	300
	Projekt 705/ 705K ALFA	1965	7	TseKB 143	N° 402 N° 194	2 300/3 610	81,4/10/7,6	700
	Projekt 671 RT I VICTOR I	1971	7	TseKB 143	N° 112 N° 194	4 245/5 670	102,2/10,6/6,8	300+

Besatzung	Antrieb	Leistung (kW) ü./u. Wasser	Geschwindigk. (kn) ü./u. Wasser	Fahrbereich (sm/kn) ü./u. Wasser	Anzahl der Schraub.	Kampf-System	Bewaffn. Sensoren
19	1 Waltherturbine dieselelektrisch	1,8	8,5/21,5		1		2 TLT (4 t)
57	dieselelektrisch dieselelektrisch	1,9	15,6/17,2		2		6 TLT (23 t) 4 Kanonen (20 mm) FuMO61 FuMB 4, 9,10,24,25
14	dieselelektrisch	0,4	15/22		1		2 TR (2 t)
21	dieselelektrisch	1,1	10/17,5	3 800/10	1		8 TR (8 t)
21	dieselelektrisch	1,1	10/17,5	3 800/10	1	M8/1	8 TR(16 t) Calypso AN407
21	dieselelektrisch	1,1	10/17,5	3 800/10	1	M8/8	8 TR (16 t) Calypso AN410
63	dieselelektrisch	3,6	16/18	15 000/8	2	DUUA-1	8 TR
39	dieselelektrisch	0,9	12,5/16		1	DUUA-1	4 TR
45	dieselelektrisch	1,2	13,5/16	4 500/5	2	DUUA-1	12 TR (20t)
26	dieselelektrisch	1,6	9,7/14	3 000/5	1	SEPA RM20, IP-64	4 TR (6t)
65	dieselelektrisch	4,3	13/19	10 000/10	2		4 TR
80	dieselelektrisch	7,8	12/20		1		6 TR SQS36/2QQ3
64	dieselelektrisch	2,9	14,5/17		2	Typ 1 001	8 TR
67	dieselelektrisch	3,7	13/20		1	Typ 1001, 2026, DUUX5	6 TR (20 t)
49	Dieselperoxid	11	18/27	10000/10	1		–
64	dieselelektrisch	4,4	41608		2		8 TR (30 t) 187/2007
44	dieselelektrisch	1,7	16/20		2		4 TR (8 t)
23	dieselelektrisch	1,27	15/20		1		6 TR
62	dieselelektrisch	1,9	18,3/13,1	13 000/8, 353/2	2		6 TR (12 t) Tamir
72	dieselelektrisch	3,9	17/16	22 000/8, 440/2,1	3		10 TR (22 t)
33	dieselelektrisch	2,2	16/15	3 150/10, 56/15	3		4 TR (4 t)
54	dieselelektrisch	1,9	16/13	9 000/9, 353/2	2		8 TR (14 t)
90	dieselelektrisch	3,9	16,5/16	30 000/8, 400/2	3		10 TR (22 t) Artika M
82	dieselelektrisch	3,3/4	18/16		2		10 TR (24 t) BQR-2, SQR-3
86	dieselelektrisch	3,3/4	17,2/14,5		2		10 TR (24 t)
83	dieselelektrisch	4,1	15,5/18,3		2		8 TR (8t) BQS/BQG-4
37	dieselelektrisch	0,7	13/8,5		2		4 TR BQR-4
52	dieselelektrisch	11	33		1		
77	dieselelektrisch	2,3	15/21		1		6 TR, BQS-4
38	dieselelektrisch		14/9	4 800/8	2		8 TR (8+)
75	atomar	9	12/25		1		6 TR
88	atomar	11	15/28		1		6 TR
103	atomar	11	20/28		1		6 TR (32+) 2001/2007
116	atomar	11	20/30		1		5 TLT 2001/2007
110	atomar	25,7	15,2/30,2		1		8 TR
74	atomar	22,8	13/32		1 (+ 2)	Metel	6 TR MRK-50 MGK-300
29–43	atomar	29,4	14/43		1 (+ 2)	Accord	6 TR MRK-50 OKEAN
96	atomar	22,7	12/31,7		1 (+ 2)	Metel	6 TR MRK-50 MGK-400

Gebaut in	Klasse	Baujahr	An-zahl	Entwickler	Werft	Verdr. (t) ü./u. Wasser	Maße (m) L/B/H	Tiefgang (m)
USA	NAUTILUS	1952	1	US Navy	EBoat SY	3 533/4 092	98,7/8,4/6,6	
	SEAWOLF	1953	1	US Navy	EBoat SY	3 741/4 287	102,9/8,4/6,7	
	SKATE	1955	4	US Navy	EBoat SY Marels.NY Portsm.NY Portsm.NY	2 550/2 848	81,6/7,6/6,3	
	SKIPJACK	1956	6	US Navy	EBoat SY Marels.NY NewportN Ingals	3 070/3 500	76,8/9,7/7,7	350
	TULLIBEE	1958	1	US Navy	EBoat SY	2 316/2 607	83,2/7,1/5,8	
	STURGEON	1961	37	US Navy	Eboat SY Marels.NY NewportN Portsm.NY	4 246/4 777	92,1/9,7/7,8	400

Marschflugkörper-U-Boote

Gebaut in	Klasse	Baujahr	An-zahl	Entwickler	Werft	Verdr. (t) ü./u. Wasser	Maße (m) L/B/H	Tiefgang (m)
Sowjetunion	Projket 651 JULIETT	1963	16			3 174/3 750	85,9/9,7/6,9	240
USA	GRAYBACK	1954	1	US Navy	Portsm.NY	2 287/3 638	98,3/9,1/5,3	

Marschflugkörper-U-Boote mit Atomantrieb

Gebaut in	Klasse	Baujahr	An-zahl	Entwickler	Werft	Verdr. (t) ü./u. Wasser	Maße (m) L/B/H	Tiefgang (m)
Sowjetunion	Projekt 659 ECHO I	1960	6	Rubine	N°	3 731/4 920	111,2/9,2/6,8	240
	Projekt 675 ECHO II	1963	29	Rubine	N°	4 500/5 760	115,4/9,3/7,8	240
	Projekt 670 CHARLIE I	1967	11	Lazurit	N° 112	3 574/4 980	95,5/9,9/7,5	250
	Projekt 670 M CHARLIE II	1974	6	Lazurit	N° 112	4 372/5 500	104,9/9,9/8,1	250
	Projekt 661 PAPA	1969	1	Malachit		5 197/8 000	106,9/11,5/8	400
USA	HALIBUT	1957	1	US Navy	Marels.NY	3 846/4 895	106,7/9/6,3	

BFK-U-Boote

Gebaut in	Klasse	Baujahr	An-zahl	Entwickler	Werft	Verdr. (t) ü./u. Wasser	Maße (m) L/B/H	Tiefgang (m)
Frankreich	GYMNOTE	1963	1	DCN	Cherbourg	3 000/3 250	84/10,6/7,6	
Sowjetunion	Projekt 629/629 A GOLF	1959	37			2 820/3 553	98,9/8,2/7,5	250

BFK-U-Boote mit Atomantrieb

Gebaut in	Klasse	Baujahr	An-zahl	Entwickler	Werft	Verdr. (t) ü./u. Wasser	Maße (m) L/B/H	Tiefgang (m)
Frankreich	REDOUTABLE	1964	6	DCN	Cherbourg	8 045/8 940	128/10,6/10	
Großbritannien	RESOLUTION	1964	4	Royal Navy	∕ckers Cam. Laird	7 500/8 500	129,5/10,1/9,1	350
Sowjetunion	Projekt 658/658 M HOTEL	1960	14	Rubin	N° 402	4 030/5 300	114/9,2/7,5	240
	Projekt 667 A YANKEE	1967	34	Rubin	N° 402	7 766/11 500	128/11,7/7,9	320
	Projekt 667 B DELTA I	1972	18	Rubin	N° 402	8 900/13 700	139/11,7/8,4	320
	Projekt 667 BD DELTA II	1975	4	Rubin	N° 402	10 500/15 750	155/11,7/8,6	320
USA	GEORGE WASHINGTON	1957	5	US Navy	EBoat SY Marels.NY NewportN Portsm.NY	5 959/6 709	116,4/10,1/8,1	300
	LAFAYETTE	1961	31	US Navy	EBoat SY Marels.NY NewportN Portsm.NY	7 325/8 251	129,6/10,1/8,5	300

Besatzung	Antrieb	Leistung (MW)	Geschwindigk. (kn) ü./u. Wasser	Fahrbereich (sm/kn) ü./u. Wasser	Anzahl Schrauben	Kampf-system	Bewaffnung Sensoren
105	nuklear	11	23		2		6 TR
105	nuklear	11	20		2		6 TR
84	nuklear	4,8	20		2		
85	nuklear	11	–/30		1	MK 101	6 TR (24+) BQS-4
56	nuklear	1,8	15		1	MK 112 BQQ2	4 TR
99	nuklear	11,2 (14,7)	26 (15) (35)		1	MK 117	4 TR (24) BQQ5
78	dieselelektrisch	8,8	16/18		2		4 TLMC 10 TR
84	dieselelektrisch	4,1	15/12		2		4 FK 8 TR
92	nuklear	25,7	–/28		2	–	6 TR 6 MFKAE
90	nuklear	25,7	14/29		2	–	6 TLT 8 MFKAE
100	nuklear	13,8	12/24		1	Brest Kerch	6 TR 8 MFKAE
92	nuklear	13,8	15/26		1	Brest 8 TLMC Skat-M	6 TR
85	nuklear	64,7	11/44,7		2	Rubin	10 MFKAE 4 TR
111	nuklear	4,8	15/15,5		2		2 oder 5 FK 6 TR
78	dieselelektrisch	1,9	10/11		2		4 MFKAE
70	dieselelektrisch		15,5/12,5		3		3 MFKAE 6 TR
135	nuklear	11	20/25		1		16 MFKAE 4 TR
143	nuklear	11	20/25		1	2001/2007	16 MFKAE 6 TR
80	nuklear	25	15/26		3	– Arktika-M	3 MFKAE 4 TR
114	nuklear	29,4	15/27 Kerch		2	Tucha 6 TR	16 MFKAE
120	nuklear	29,4	16/26		2	Almaz 6 TR Kerch	16 MFKAE
135	nuklear	29,4	15/25		2	Almaz 6 TR Kerch	16 MFKAE
112	nuklear	11	20		1	MK 88 MK 113	16 MFKAE 6 TR (20+) BQQ3/BQR-7
140	nuklear	11	20		1	MK 88 MK 113	16 MFKAE 4 TR (20+)

Zum ersten Mal wird ein *TRIDENT*-Flugkörper am 17. Januar 1982 vom strategischen U-Boot *OHIO* (726) abgeschossen. Die Reichweite des *TRIDENT 1* (7 400 km) wurde beim *TRIDENT II* auf 12.000 km vergrößert.

KAPITEL IV

DER WETTLAUF UM DIE LAUTLOSIGKEIT (1975–1991)

DAS GLEICHGEWICHT DES SCHRECKENS

Auf der Suche nach dem Sanktuarium

Die strategischen U-Boot-Flotten der beiden »Supermächte« waren einsatzbereit. 1975 besaß die Sowjetunion 55 U-Boote gegenüber 41 U-Booten auf amerikanischer Seite. Betrachtet man jedoch die Zahl der nuklearen Sprengköpfe an Bord der U-Boote, so war die Überlegenheit der Amerikaner erdrückend: 4536 Sprengköpfe gegenüber nur 724 auf sowjetischer Seite.

Die »41 for Freedom« (41 für die Freiheit) fuhren mit zwei Besatzungen. Ihre Ausdauer erlaubte ihnen Patrouillenfahrten mit einer Dauer von ca. 70 Tagen. Dazwischen lagen einmonatige Instandsetzungsphasen und ein großer Umbau alle sechs Jahre. Diese zeitliche Abfolge galt auch für die französische und die britische Marine. Seit 1968 führten die Vereinigten Staaten Einsatz- und taktische Auswertungen ihrer Verlegungen durch, um Lücken im Abschreckungspotenzial zu ermitteln und zu beseitigen. Eine Einsatzstudie aus dem Jahr 1967 kam zu dem Ergebnis, dass strategische U-Boote das am wenigsten verwundbare Instrument der strategischen Triade waren,

aber dass eine Reichweitensteigerung ihrer ballistischen Flugkörper unerlässlich sei, um die Patrouillengebiete zu vergrößern und die Gefahr durch sowjetische U-Jagd-Kräfte zu verringern. Zehn Einheiten der *GEORGE WAS-HINGTON*-Klasse wurden mit dem *Polaris A-3*-Flugkörper und 31 *LAFAYETTE* mit dem *Poseidon*-Flugkörper (5 200 km) ausgerüstet, wodurch die Zahl der nuklearen Sprengköpfe an Bord der U-Boote zwischen 1967 und 1981 verdreifacht werden konnte (von 1552 auf 5280) bei gleichbleibender Anzahl an strategischen U-Booten. Doch für flächenmäßig größere Patrouillengebiete waren neue Flugkörper mit einer größeren Reichweite erforderlich.

Dies war die Geburtsstunde des *TRIDENT* mit einer Reichweite von über 7 000 km. Der 1971 zugelassene Flugkörper sollte eine Klasse von zehn und später 18 großen U-Booten mit einer Länge von 170 m ausrüsten, die nunmehr 24 anstelle von 16 Flugkörpern mitführten. Der S8G-Reaktor mit Naturumlauf konnte zur Reduzierung der Schallsignatur mit einem elektrischen Antrieb verbunden werden. Diese U-Boot-Klasse mit dem Namen

Stapellauf eines SSBN der *OHIO*-Klasse in der Werft Electric Boat in Groton. 18 Einheiten mit jeweils 24 Flugkörpern ersetzten 41 Einheiten mit 16 Flugkörpern.

Eine *Projekt 667 B (DELTA I)* auf See: Die militärische Führung der Sowjetunion war der Auffassung, dass diese Klasse mit 18 Einheiten zu wenig Flugkörper (12) mitführte und ließ deshalb vier zusätzliche Einheiten mit jeweils 16 Trägerraketen an Bord bauen (*Projekt 667 BD DELTA II*).

Eine *Projekt 941 (TYPHOON)*: Mit diesem größten jemals gebauten U-Boot wollte die sowjetische Führung strategische Einheiten zum Einsatz unter dem Eis befähigen, wo die Mission der Ujagd-U-Boote noch schwieriger war.

OHIO war neun Jahre in Betrieb, bevor sie für zwölf Monate modernisiert wurde.

Die sowjetische Marineführung stand vor dem gleichen Problem wie ihr amerikanischer Rivale. Die Reichweite der strategischen Flugkörper ihrer U-Boote war zu gering, um diese vor gegnerischen Ujagd-Kräften zu schützen. Mit der Einführung des vom Konstruktionsbüro Makejew entwickelten *RSM-40*-Flugkörpers, dessen Reichweite mit 9 100 km größer war als die des *Trident 1*, konnte das Problem gelöst werden. 18 Einheiten der Klassen *667 B (DELTA I)* und *BD (DELTA II)* wurden mit dem *RSM-40*-Flugkörper ausgerüstet und konnten nun von heimischen sowjetischen Gewässern oder vom Binneneis aus Ziele in den Vereinigten Staaten bekämpfen. Doch die sowjetischen Flugkörper besaßen immer noch keine Mehrfachsprengköpfe. Diese wurden erst mit dem mit vier Sprengköpfen ausgestatteten *RSM-50*-Flugkörper und später mit dem *RSM-54*-Flugkörper eingeführt. Die zwischen 1976 und 1990 in Dienst gestellten 21 U-Boote der Klassen *667 BDR (DELTA III)* und *BDRM (DELTA IV)* verfügten über diese Flugkörper. Als Antwort auf die *OHIO* genehmigte die sowjetische Führung den Bau von sechs gigantischen U-Booten vom Typ *941 (TYPHOON)* mit einer Verdrängung von 48.000 t unter Wasser und 20 *RSM-52*-Feststoffflugkörpern mit einer Reichweite über 10.000 km. Diese wegen ihrer Ballastbehälter mit einem Fassungsvermögen von 25.000 t von den Russen auch »Wassertanks« genannten Riesen sollten unter dem Eis manövrieren, das sie angesichts ihrer Masse leicht durchbrechen konnten, um von dort Salven mit 20 ballistischen Flugkörpern abzuschießen.

Insgesamt wurden von 1955 bis 1991 121 BFK-U-Boote in die sowjetische Marine eingeführt, davon 91 mit Atomantrieb. Im gleichen Zeitraum bauten die Vereinigten Staaten nur 53 Atom-U-Boote, aber die Anzahl der mitgeführten nuklearen Sprengköpfe war mehr als doppelt so groß wie die der gesamten strategischen U-Boot-Kräfte der Sowjetunion.

Abschreckung des Starken durch den Schwachen

Nach 1976 besaßen Frankreich und Großbritannien jeweils vier strategische U-Boote, von denen zwei Patrouillenfahrten durchführen konnten. Der ab 1976 eingeführte neue Megatonnenflugkörper vom Typ *M-20* vergrößerte die Wirksamkeit des thermonuklearen Gefechtskopfs und die Erfolgswahrscheinlichkeit gegen

Beladen einer *Projekt 667 BDR (DELTA III)* mit einem *RSM 50*-Flugkörper: Durch die Bestückung mit Mehrfachsprengköpfen konnte eine größere Anzahl von Sprengköpfen mitgeführt werden (sieben Sprengköpfe mit einem Gewicht von jeweils 100 KT bei der *RSM 50 Mod 3*-Version).

Die *Inflexible*, sechste und letzte Einheit der *REDOUTABLE*-Klasse, hatte eine hydrodynamischere Form und war mit einem *M4*-Flugkörper mit einer Reichweite von 4 000 km bestückt.

Hartziele. Das 1985 in Dienst gestellte sechste französische SSBN *Inflexible* war mit dem *M-4*-Flugkörper mit
sechs Sprengköpfen und einer Reichweite von 4 000 km
bewaffnet. Die vier britischen *RESOLUTION* transportier-
ten weiterhin den alten *Polaris A-3*-Flugkörper, der
jedoch mit drei Sprengköpfen englischer Bauart modernisiert wurde. Offiziell setzte Großbritannien mindestens
eines dieser U-Boote bis 1991 für Patrouillenfahrten ein.
Frankreich und Großbritannien haben mit ihrem Abschreckungspotenzial einen entscheidenden Beitrag zur
Abschreckung des Westblocks gegenüber dem Ostblock
geleistet, indem sie einen zusätzlichen Unsicherheits-
faktor in das Gleichgewicht des Schreckens einbrachten.

China setzte seine U-Boot-Entwicklung fort. Die See-
erprobungen an Bord seines Versuchs-BFK-U-Boots
GOLF dauerten fast acht Jahre. Vierzehn Jahre nach
Beginn der Studien wurde das Abschusssystem für Fest-
stoff-BFK vom Typ *JL-1* 1979 schließlich für den Abschuss
unter Wasser zugelassen. Dieser Flugkörper hatte die
Kulturrevolution überdauert und war eine intellektuelle
Herausforderung für chinesische Wissenschaftler.
Zwanzig Jahre nach Programmbeginn wurde er im
Oktober 1982 erstmalig getaucht abgeschossen. Doch
bis zum Abschuss dieses Flugkörpers vom ersten chinesi-
schen strategischen U-Boot mit Atomantrieb sollten noch
sechs weitere Jahre vergehen. Die 1971 in Huludao auf
Kiel gelegte *Xia* wurde schließlich im August 1983 für
den aktiven Dienst zugelassen. Die beiden ersten
Erprobungsschießen an Bord dieses U-Boots fanden im
September 1988 statt. Wie die anderen vier ständigen
Mitglieder des Sicherheitsrats besaß nun auch China eine
Zweitschlagfähigkeit, die sich jedoch auf ein einziges U-
Boot beschränkte. Wegen der zu geringen Reichweite des
JL-1-Flugkörpers wurde der geplante Bau einer zweiten
Projekt 09-2 verworfen. Stattdessen wurde mit dem *JL-2*
ein neuer Flugkörper mit einer Reichweite von 8 000 km
und ein neues Atom-U-Boot, die *Projekt 09-4* entwickelt,
die mit 20 bzw. 16 *JL-2*-Flugkörpern bewaffnet werden
konnte.

Die Entwicklung dieser hochseefähigen strategischen
Kräfte war begleitet von beachtlichen Anstrengungen, die
politische Kontrolle über diese Waffen unter allen
Umständen zu bewahren und menschliche Unzuläng-
lichkeiten in der Kette, die zur Auslösung des atomaren
Feuers führte, zu verhindern.

DAS NEUE »CAPITAL SHIP«

Die Überlegenheit des nukleargetriebenen Angriffs-U-Boots über alle anderen Kampfschiffe, die sich bereits seit den Versuchen mit der *Nautilus* 1954 angedeutet hatte, wurde nun offenbar. Die Schnelligkeit der sowjetischen Atom-U-Boote beunruhigte die amerikanischen U-Boote und Überwasserkräfte, denn sie erlaubte den sowjetischen U-Booten in ausreichendem Abstand von diesen zu operieren, um anzugreifen oder zu fliehen. Doch der Verrat geheimer Informationen durch amerikanische Marinesoldaten machte den Sowjets ihren Rückstand im Bereich der Geräuscharmut bewusst. Auf beiden Seiten fühlte man sich dem anderen unterlegen. Für die Amerikaner galt es nun, genauso geräuscharme, aber schnellere U-Boote zu bauen, während die Sowjets die Geräuschquellen beseitigen mussten, die ihre U-Boot-Kräfte verwundbar machten gegenüber einem Gegner, der sie möglicherweise verfolgte, den sie aber nicht hören konnten.

Die Rückkehr zum schnellen U-Boot

Die Ohnmacht der Amerikaner

Seit Ende der sechziger Jahre wusste die amerikanische Marine um ihre Verwundbarkeit gegenüber sowjetischen Angriffs-U-Booten mit Atomantrieb, zu denen auch die neuen *671* gehörten. Im Februar 1968 wurde der Flugzeugträger *Enterprise* auf der Fahrt nach Vietnam von

Stapellauf in Baltimore am 21. Mai 1979: Die *LOS ANGELES*-Klasse entsprach dem Bedarf an schnelleren U-Booten zum Geleit von Trägerkampfgruppen und zur Jagd auf sowjetische U-Boote.

Die Tiefenruder der *LOS ANGELES Improved* wurden vom Turm entfernt, damit das U-Boot das Packeis leichter durchbrechen und unter dem Packeis, wo sich die neuen sowjetischen strategischen U-Boote der *Projekt 941 (TYPHOON)*-Klasse versteckt hielten, manövrieren konnte.

105

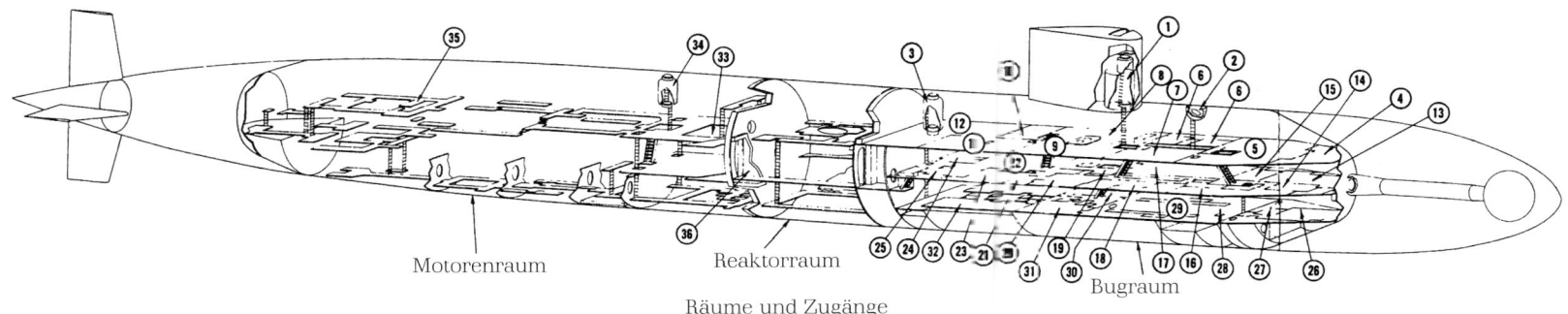

Motorenraum   Reaktorraum

Räume und Zugänge

Bugraum

Schnittbild einer *LOS ANGE-LES Improved*. Auffällig sind die drei Decks der vorderen Abteilung: Im unteren Deck waren die Waffen unterge-bracht (darunter *TOMA-HAWK*-Marschflugkörper für strategische oder taktische Zwecke), die von vertikalen Abschussrohren hinter dem Bug, in dem sich auch die sphärische Sonarantenne befand, abgefeuert wurden.

einem nukleargetriebenen Angriffs-U-Boot der *627*-Klasse aufgebracht, dessen Geschwindigkeit vom ameri-kanischen Nachrichtendienst falsch eingeschätzt worden war. Bei Übungen mit einer lauteren und älteren *SKIP-JACK* (die als Äquivalent zu den sowjetischen *671* galt), die den Gegner spielte, gelang es der moderneren, aber langsameren *STURGEON* nicht, die ältere *SKIPJACK* ein-zuholen.

Die Schnelligkeit der sowjetischen *671* veranlasste die amerikanischen Verantwortlichen zur Entwicklung eines neuen, schnelleren U-Boots, das drei Aufgaben erfüllen sollte:

– Jagen sowjetischer U-Boote, die den U-Boot-Abwehrgürtel der NATO im Nordatlantik zwischen Grönland, Island, den Faröern und Schottland durch-brochen hatten,
– Unterstützung eines von einem sowjetischen U-Boot georteten amerikanischen U-Boots und
– Geleitschutz für Trägerkampfgruppen, die ein bevor-zugtes Ziel sowjetischer U-Boote waren.

Wie konnte man ein schnelleres U-Boot bauen?

Bereits im November 1963 machte Rickover folgen-den Vorschlag: Die Zerstörer sollten einen doppelt so lei-stungsfähigen Atomreaktor wie der S5W-Reaktor erhal-ten. So entstand der S6G-Reaktor mit einer Leistung von 22 MW. Mit diesem Reaktor konnte das neue U-Boot eine Geschwindigkeit von 32 kn erreichen. Gleichzeitig wurde ein neuer Stahl mit der Bezeichnung HY-130 zur Verbesserung der Widerstandsfähigkeit und zur Reduzie-rung des Gewichts entwickelt.

Die neue Klasse amerikanischer Angriffs-U-Boote mit dem Namen *LOS ANGELES* sollte ca. 30 Einheiten, also zwei Geleiteinheiten pro Flugzeugträger, umfassen. Außerdem plante die Marine die Entwicklung eines neuen MFK-U-Boots für den Angriff gegen sowjetische Überwas-serverbände und zur Bekämpfung von U-Booten aus sehr großer Entfernung. Dieses Vorhaben wurde zugunsten einer verbesserten Version der *LOS ANGELES* mit 12 Marschflugkörpern in vertikalen Schächten aufgegeben.

Die Modelle der LOS ANGELES -Klasse

In einem Zeitraum von zwanzig Jahren (1976–1996) wurden insgesamt 66 *LOS ANGELES*-Boote zu einem durchschnittlichen Stückpreis von 1 Milliarde Euro gebaut, davon 37 von Electric Boat und 29 von Newport-News. Diese setzen sich aus folgenden Modellen zusammen:

– 31 Basisversionen, die zwischen 1976 und 1985 ge-baut wurden,
– 12 zusätzliche Einheiten mit 12 vertikalen Abschuss-vorrichtungen für *TOMAHAWK*-Marschflugkörper, die zwischen 1985 und 1989 in die Flotte eingeführt wurden,
– 23 zwischen 1988 und 1996 gebaute leisere Einheiten mit der Bezeichnung *688-I (Improved)*, die über die verbesserte Sonarreihe *BSY-1* verfügten; diese Einheiten konnten aus ihren Torpedorohren Minen abschießen und dank eines verstärkten Turms und der am Rumpf angebrachten Tiefenruder unter dem Eis operieren.

Die *LOS ANGELES*-Boote waren in zwei von einander getrennte Abteilungen in einem einzigen Bootskörper unterteilt. Im Bug befand sich die riesige Kugel des BQQ-5D/E-Sonars mit mehr als 1000 Hydrophonen.

Die vordere Abteilung umfasste drei Decks:

– im Oberdeck befand sich die für Navigation, Opera-tionen und den Waffeneinsatz zuständige Zentrale;
– das Mitteldeck beherbergte die Mannschaftsräume und
– das Unterdeck diente als Waffenlager; hier befanden sich die Mk48 ADCAP-Torpedos, die *TOMAHAWK*-Marschflugkörper, die Seezielflugkörper vom Typ *HAR-POON* und die Minen.

In der hinteren Abteilung waren die Antriebssysteme untergebracht: Reaktor, Turbinen, Generatoren und der Seewasseraufbereiter.

Die SEAWOLF: Die Aufholjagd

J. Lehmann, ein junger und ungestümer Marine-minister im neuen Kabinett von Präsident Reagan, ver-setzte den legendären und umstrittenen Admiral Rickover

Die *SEAWOLF* auf See:
Sie war schneller, besser
bewaffnet und leiser als ihre
Vorgängerinnen oder Gegner
und sollte den amerikani-
schen U-Boot-Kräften die
absolute Überlegenheit über
ihren sowjetischen Gegner
zurückgeben.

in den Ruhestand. Die Republikaner sprachen sich für
eine erneute Prüfung des Nachfolgers der *LOS ANGELES*
aus, um die Ziele ihrer neuen Marinestrategie umzusetzen und die Schlacht in das offene Gebiet der sowjetischen Stützpunkte hineinzutragen. Im Übrigen hatten die
amerikanischen U-Bootfahrer Probleme mit der *LOS
ANGELES*: Die Kabel der drahtgelenkten Torpedos bra-
chen und die schweren Tiefenruder am Turm des U-Boots
machten das U-Boot instabil. Sie beneideten die kom-
pakteren sowjetischen U-Boote um ihre widerstandsfähi-
geren Bootskörper.

Eine 1982 gegründete Arbeitsgruppe plante die
Entwicklung eines besser bewaffneten U-Boots (mit doppelt so vielen Torpedorohren, 42 Waffen gegenüber 22 bei
der *LOS ANGELES*) mit einer Verdrängung von 8 500 t.
Dank eines Wasserstrahlantriebs sollte es doppelt so
schnell (20 kn) sein wie sein Vorgänger und ebenso leise.
Diese Geschwindigkeit entsprach den Zielen der neuen
amerikanischen Marinestrategie: Die sowjetischen U-
Boote sollten in ihren Gewässern angegriffen werden,
und die leisen amerikanischen U-Boote sollten sich
heimlich einem Gegenangriff entziehen. Die Entwicklung der neuen sowjetischen U-Boot-Klassen *945* und

971, die erheblich leiser waren, rechtfertigte die In-
vestition beachtlicher Summen auf amerikanischer Seite.
Mit Hilfe der Sonarreihe BQQ-5D (geschleppte Kugel-
antennen) konnte der Gegner durch Niedrig- und
Hochfrequenz-Aktivsonar geortet werden. Der S6W-
Reaktor ermöglichte eine leisere Fahrt. Da die Tiefenruder
am Bootskörper einziehbar waren, konnte das neue amerikanische Boot auch unter dem Eis operieren. Der Bau
von insgesamt drei Einheiten der *SEAWOLF*-Klasse zu
einem Stückpreis von drei Milliarden Euro wurde genehmigt. Die beiden ersten wurden 1997 und 1998 in die
Flotte eingeführt. Die dritte Einheit mit dem Namen
Jimmy Carter erhielt eine zusätzliche ca. 30 Meter lange
Sektion zur Unterbringung von Mitteln für Spezialoperationen und soll 2005 in die Flotte eingeführt werden. Diese Klasse, die den Amerikanern die Überlegenheit über die letzten russischen *971* sicherte, hat jedoch
ihre Daseinsberechtigung verloren, seitdem die russischen Programme eingefroren wurden. Der Seekrieg findet nunmehr in Küstengewässern statt, und die *SEA-
WOLF* sind zu teuer und aufgrund ihrer Größe nicht für
diesen Kampf geeignet.

Die *Projekt 971 (AKULA)*, eine Weiterentwicklung der *Projekt 671 (VICTOR III)*, hatte eine zweifache Funktion: Sie war zugleich ein leises, atomgetriebenes Angriffs-U-Boot und ein mit *GRANAT*-Flugkörpern bewaffnetes strategisches U-Boot.

Mit den »Soks« genannten nicht-akustischen spitzförmigen Sensoren der *Projekt 971 (AKULA)* konnten die durch das Kielwasser eines anderen U-Boots verbleibenden Störungen geortet werden.

Sowjetische Aufholjagd

Beseitigung der Geräuschquellen

Aufgrund des Verrats geheimer Informationen durch amerikanische Marinesoldaten und Angehörige des Nachrichtendienstes wusste die Sowjetunion um die verräterische Schallabstrahlung ihrer U-Boote, die regelmäßig von wesentlich leiseren Einheiten der *US Navy* verfolgt wurden. Gleichzeitig gelang es ihr, sich mit Hilfe von Japan und Norwegen Werkzeugmaschinen für den Bau leiserer Schrauben zu beschaffen.

Eine dritte, ebenfalls für die U-Boot-Jagd entwickelte Variante, die *671-RTM (VICTOR III)*, hatte den gleichen Rumpf wie ihre Vorgängerinnen, die *671* und die *671-RT (VICTOR II)*. Sie verfügte über das neue *SKAT*-Sonar. Die erste Einheit, die *K-524*, wurde 1977 von der Werft Leninsky Komsomol übergeben. Bis 1992 bauten die Werft Leninsky Komsomol (13) und die Admiralitätswerft (13) insgesamt 26 weitere Einheiten, von denen drei über den strategischen Flugkörper *GRANAT* verfügten.

Gleichzeitig gab es Untersuchungen zu drei U-Boot-Familien der dritten Generation: der *Projekt 945 (SIERRA II)*, der *Projekt 671 (AKULA)* und der *Projekt 685 (MIKE)*. Die beiden ersten verfügten über identische Waffen und Waffensysteme (zwei 65 cm-Rohre mehr als ihre Vorgänger) und waren mit einem einstrahligen Luftfahrzeug ausgestattet. Das Konstruktionsbüro Malachit in Leningrad erhielt den Auftrag für die Entwicklung der *Projekt 945*, während die *Projekt 671* von Lazurit in Gorki entwickelt werden sollte. Erstere hatte eine Stahl- und Zweitere eine Titanhülle. Von 1984 bis 1993 wurden zunächst zwei *Projekt 945* und später zwei leisere und längere *Projekt 945-A* gebaut. Mit ihren Titanhüllen tra-

ten sie die Nachfolge der *705-K* an. Die beiden *Projekt 945-A* verfügten außerdem über strategische Raketen vom Typ *GRANAT*. Die *971* war eine Weiterentwicklung der *671* mit Stahlhülle. Da sie kostengünstiger waren als die *945*, erhielten sie nach dem Zerfall der Sowjetunion gegenüber diesen den Vorzug. Im Jahr 1976 wurde das Konstruktionsbüro Malachit unter Leitung des Ingenieurs G. N. Tschernichow mit den ersten Studien beauftragt. Die Form der *971* war vergleichbar mit der der *705*, sie hatte jedoch eine zusätzliche Sektion. Das U-Boot bestand aus sechs Sektionen. In der ersten Sektion befanden sich die Waffen (Torpedos und strategische Marschflugkörper in Torpedorohren). Die auf vier Decks verteilten zweiten und dritten Sektionen beherbergten die Kommandozentrale und schwingungsgedämpft aufgehängten Hilfsmaschinen. In der vierten Sektion befand sich der Reaktor, in der fünften die Dampfturbine und in der sechsten waren die Tiefenruder untergebracht. Das Kabel der Schleppantenne wurde auf einer Kabeltrommel aufgerollt, die sich in einer fischförmigen Hülle an der Spitze des hinteren Schwertes befand. Von 1984 bis 1996 wurden insgesamt 12 Einheiten der *971*-Klasse in Dienst gestellt: sieben in der Werft von Komsomolsk am Pazifik und fünf in Sewerodwinsk am Weißen Meer.

Die im Oktober 1983 in Dienst gestellte *685 (MIKE)* hatte eine Titanhülle und war für eine Tauchtiefe von 1000 Metern ausgelegt, wo sie den damaligen konventionellen Waffen aufgrund ihrer Geräuscharmut entkommen konnte. Dieser Prototyp einer für ihre Unverwundbarkeit bekannten neuen U-Boot-Generation ging am 7. April 1989 mit 47 Marinesoldaten an Bord nach einem Brand verloren. Wegen der hohen Baukosten gab es zunächst keinen Nachfolger.

Flugzeugträgerjagd-U-Boote

Die geringe Anzahl und Reichweite der Flugkörper an Bord der MFK-U-Boote vom Typ *670* und *670-M (CHARLIE I/II)* machte jegliche Hoffnung auf eine erfolgreiche Bekämpfung amerikanischer Flugzeugträger zunichte.

Mit der Einführung des flugzeug- oder satellitengelenkten *GRANIT*-Flugkörpers mit einer Reichweite von 500 km wurden die U-Boote von ihrer Zielzuweisungsfunktion entbunden und hatten damit wieder eine Chance gegenüber den mächtigen amerikanischen Trägerverbänden. 1969 erhielt das Konstruktionsbüro Rubin den Auftrag zur Erarbeitung der Spezifikationen für die *949*. Diese sollte mit 24 Flugkörpern ausgerüstet werden. Die Zieldaten wurden via Satellit an die Boje »ZUBATKA« übermittelt. Dieses Doppelhüllen-U-Boot war in neun Sektionen unterteilt.

Die beiden ersten in Sewerodwinsk gebauten Einheiten wurden zwischen 1981 und 1983 in Dienst gestellt. Eine modifizierte Version, die *949A (OSCAR II)*, von der bis heute elf Einheiten in die russische Flotte eingeführt wurden, erhielt eine zehnte Sektion. Zwei oder drei dieser U-Boote aus einem Pulk mit mehr als 20 Einheiten sollten die amerikanischen Flugzeugträger gleichzeitig aus zwei Richtungen angreifen, um deren Abwehr zu »sättigen«. Der Einsatz der *949* und der *949A* war jedoch sowohl in technischer Hinsicht als auch im Hinblick auf die Militärdoktrin problematisch. Es gab keine Garantie dafür, dass die Flugzeuge und Satelliten, von denen die U-Boote ihre Zieldaten erhielten, das Gefecht unbeschadet überstehen würden, es sei denn, das U-Boot griffe zuerst an. Dies widersprach jedoch der Verteidigungsdoktrin sowohl der Sowjetunion als auch der Russischen Föderation.

Erweiterung des Clubs

Großbritannien erhöhte die Anzahl seiner atomgetriebenen Angriffs-U-Boote von acht Einheiten im Jahr 1975 auf 16 Einheiten zum Zeitpunkt des Zerfalls der Sowjetunion. Von 1983 bis 1991 wurden sieben U-Boote der *TRAFALGAR*-Klasse, eine modifizierte Version der sechs *SWIFTSURE*-Boote, in Dienst gestellt. Eine schallabsor-

bierende Beschichtung machte die Boote leiser. Sie konnten sowohl *TIGERFISH*-Torpedos als auch *HARPOON*-Flugkörper abschießen. Zunächst geplante Neuerungen wie ein Reaktor mit Naturumlauf und eine Queraufhängung der Antriebsanlage wurden als zu gefährlich erachtet und deshalb verworfen. Die *TRAFALGAR*-Boote waren kürzer als ihrer Vorgängerinnen und hatten mit 500 Metern eine größere Tauchtiefe.

Drei weitere Nationen traten in dieser Zeit für einen mehr oder weniger langen Zeitraum dem geschlossenen Club der Länder mit atomgetriebenen Angriffs-U-Booten bei: Frankreich, China und Indien.

1976 beschloss Frankreich den Bau atomgetriebener Angriffs-U-Boote. Sechs in der Werft von Cherbourg gebaute Einheiten wurden zwischen 1983 und 1993 in Dienst gestellt. Die in ihrer Kategorie weltweit kleinsten *RUBIS*-Boote verdrängen 2 400 t. Der von einem sehr kompakten Reaktor produzierte Dampf versorgt zwei Turbogeneratoren, deren Strom wiederum einen Elektroantriebsmotor versorgt. Diese Boote verfügen über 14 Waffen (Torpedos vom Typ F-17 mod 2 und *SM-39*-Flugkörper). Die fünfte Einheit mit dem Namen *Améthyste* wurde umfangreich modifiziert und erhielt eine stärker profilierte Hülle. Sie diente als Grundlage für den Umbau der vier älteren Einheiten dieser Klasse im Rahmen des Programms »AMElioration Tactique, HYdrodynamique, Silence, Transmissions, Ecoute« (taktische Verbesserung, Hydrodynamik, Geräuscharmut, Verbindungen, Sonar), das der Klasse ihren neuen Namen gab. Diese U-Boote geben Frankreich in den Krisengebieten Handlungsspielraum, obgleich ihre Leistungen nicht mit denen der besten amerikanischen oder russischen Einheiten vergleichbar sind.

Die chinesische Marine, deren Bemühungen weiter oben beschrieben wurden, erhielt im Juli 1978 die Genehmigung zur Fortsetzung des Programms *09-1*. Der Bau fünf weiterer Einheiten bis 1991 wurde von Deng Xiaoping unterstützt, der die Marine anwies, alle nicht der Norm entsprechenden Schiffe abzulehnen. Veränderungen an Untersystemen führten zu einem verbesserten Schutz und zu Leistungssteigerungen bei diesen fünf neuen Einheiten, die jedoch weiterhin laut und nicht ausgereift waren und hinter den Fortschritten im Westen und Osten zurückblieben.

Die indische Marine gehörte dem Club von 1988 bis 1991 zeitweise an. In diesem Zeitraum erhielt sie leihweise ein altes sowjetisches MFK-U-Boot mit Atomantrieb ohne Flugkörper. 1974 zündete Indien seine erste Atombombe und begann mit dem Atom-U-Boot-Programm *S-2*. 1985 übernahm die indische Wehrforschungs- und -entwicklungsorganisation DRDO dieses Programm. Zu diesem Zeitpunkt begannen im Atomforschungszentrum Bhaba in Bombay die Arbeiten an einem 600-t-Reaktor. Als es bei der Umsetzung dieses Vorhabens zu Problemen kam, wandten sich die indi-

Marschflugkörper an Bord eines Flugzeugträgerjagd-U-Bootes der *Projekt 949A* (*OSCAR II*)-Klasse: Die Rohre sind außerhalb der dicken Hülle gelagert und enthalten 24 Flugkörper mit konventionellen oder nuklearen Sprengköpfen, die in Salven abgeschossen werden. Die Zahl der U-Boote vom Typ *Projekt 949* und *Projekt 949A* sollte offenbar der Zahl amerikanischer Flugzeugträger entsprechen.

Das britische atomgetriebene Angriffs-U-Boot *Triumph* der *TRAFALGAR*-Klasse taucht am Nordpol neben einer amerikanischen *STURGEON* auf.

Die französische *RUBIS* war das kleinste Atom-U-Boot der Welt und hatte eine Verdrängung von 2 670 t. Dieses ursprünglich für den Einsatz gegen Überwasserkräfte entwickelte U-Boot wurde später für die U-Boot-Jagd umgebaut. Die Bilder zeigen den Torpedoraum und die Gefechts- und Kommandostation.

schen Verantwortlichen an die Sowjetunion. 1983 wurden zwei Besatzungen an Bord der *K-43*, einem Atom-U-Boot der *670*-Klasse, das bereits zweimal in niedrigen Gewässern gesunken war und keine Flugkörper mehr mitführte, nach Wladiwostock geschickt. Indien hoffte, auf diese Weise die Besatzungen für sein künftiges U-Boot mit Atomantrieb ausbilden zu können. Unter indischer Flagge lief die *Chakra* mit Premierminister Rajiv Gandhi an Bord Anfang Februar 1988 in den Stützpunkt von Vishakaptnam ein. Drei Jahre lang wurde die *Chakra* intensiv genutzt, wobei sie ein Drittel der Zeit auf See verbrachte und an allen großen Übungen teilnahm. Nach dem Ende der Sowjetunion wollte Moskau sein U-Boot Indien nicht länger leihweise überlassen und auch keine zweite Einheit schicken. Die *Chakra* diente daraufhin noch einige Monate in der russischen Pazifikflotte, bevor sie außer Dienst gestellt wurde.

Ein viertes Land, Kanada, dachte im Jahr 1987 ernsthaft über den Kauf einer Flottille aus vier bis zwölf Angriffs-U-Booten mit Atomantrieb aus Frankreich oder Großbritannien nach. Die *Trafalgar* und die *Rubis* machten sich auf den Weg nach Kanada, um die kanadische Marine von ihren Qualitäten zu überzeugen. Die Regierung in Ottawa gab schließlich im April 1989 ihr Kaufvorhaben auf.

Brasilien war das fünfte Land, das beachtliche Summen für die Beschaffung eines atomgetriebenen Angriffs-U-Boots (*SNAC-2*) eingeplant hatte. Damit wollte man der Bedrohung begegnen, der die künftigen Generationen ausgesetzt sein würden. Das Vorhaben wurde im Jahr 1978 vom Generalsekretariat für nationale Sicherheit beschlossen und an die Nationale Kommission für Atomenergie (CNEN) sowie das Institut für Energie- und Kernforschung (IPEN) übergeben. In Ipero im Staat Sao Paulo wurde ein Versuchszentrum (ARAMAR) eingerichtet. Im April 1988 wurde dort eine Urananreicherungsanlage eingeweiht. Gleichzeitig erwarb die Marinewerft in Rio de Janeiro beim Ingenieur-

kontor Lübeck (IKL) die Lizenz zum Bau von Bootskörpern. Das IKL überwachte den Bau von U-Booten der *209*-Klasse in der brasilianischen Marinewerft.

Durch die leihweise Überlassung eines sowjetischen U-Bootes vom Typ *Projekt 670* für die Dauer von drei Jahren (1989–1991) konnte sich Indien Kenntnisse im Bereich des Atomantriebs aneignen. Doch das Ende der Sowjetunion machte die indischen Hoffnungen auf eine Verlängerung des Vertrags und die Beschaffung einer zweiten Einheit zunichte.

Leistungsmerkmale der wichtigsten Unterwasserwaffen (1975–1991)

Baujahr	Bezeichnung Funktion	Durchm. (mm)	Länge (m)	Antrieb	Masse (kg)	Geschw. (kn)	Reichw. (km)	Ladung (kg)	Len-kung
	Torpedos								
	Deutschland								
1980	AEG SUT Mod 0	533	6,39	elektrisch	1 414	34/12 km	23/28 km	260	drahtgelenkt
1989	STN Atlas DM 2A3 Seehecht	533	6,6	elektrisch	1 370	35/13 km	28 23 nds	260	drahtgelenkt A/P
	China								
1984	Yu-4	533				35/11 kyds		272	passiv
	Frankreich								
1985	F17 Mod1	550	5,9	elektrisch	1 410	35/22 000 yds		300	drahtgelenkt P
1988	F17 Mod2 (600 m)	550	5,62	elektrisch	1 320	40	20	250	drahtgelenkt P
	Japan								
1984	Type 80	533	3,4	elektrisch	649	34/16 kyd	22/36 kyds	150	drahtgelenkt
1989	Type 89 (AS/ASM)	533		elektrisch		70/30 km	30		drahtgelenkt
	Großbritannien								
1980	Mk24 Mod1 Tigerish	533	6,47	elektrisch	1 600	35	21	250	drahtgelenkt A/P
1981	Spearfish Mod1	533	5,9	Turbine/hyd		60/21 km			
1990	Spearfish Mod 2 (Tiefgang 1 000m)	533	8	Turbine/hyd	1 850	80/?	21	300	drahtgelenkt
	Schweden								
1976	Type 42	400	2,6	elektrisch	300	33/10 km	25/30 km	50	drahtgelenkt
	Sowjetunion								
1976	65-76 (AS)			Turbine	4 000	50/50 km		400/atomar	Spur akust. A/P
1977	Shkval VA 111 (AS/ASM)	650	11	Rakete		200/10 km		210/atomar	mit Kreisel
1977	TEST-3	533	8	elektrisch	1 750	40/15		200	drahtgelenkt A/P
1980	USET-80	533	7,9		2 000			300	akustisch AP
	USA								
1989	Hughes Mk48 ADCAP (Tiefgang 1 000m)	533	5,34	Kolben/Pumpe	1 662	65/20 km	50/40 nds	544	drahtgelenkt AP
	Taktische U-Jagd-Marschflugkörper								
	Sowjetunion								
1981	RPK-6 VODOPOD (STALLION)			Rakete			37		Kommandolenkung
1984	RPK-7 VODOPOD-MK (STALLION)	533		Rakete			100		Kommandolenkung
	Taktische Marschflugkörper gegen Seeziele								
	Frankreich								
	SM-39			Rakete		Mach 0,9		165	Zielsuchkopf
	Sowjetunion/Russland								
1981	P.-700 GRANIT (SHIPWRECK)			Rakete	7 000	Mach 2,5	550	atomar/TNT	Kommandolenkung
	USA								
1981	SUB HARPOON			Turboreaktor	695	Mach 0,96	100/130	227	
	Taktische Marschflugkörper gegen Landziele								
1983	TOMAHAWK TLAM-C BGM109			Turboreaktor	1 816	Mach 0,7		450	Gelände GPS
	Strategische Marschflugkörper gegen Landziele								
	Sowjetunion								
1987	PK-55 GRANAT (SAMPSON)			Turboreaktor	1 700	Mach 0,7	3 000 km	atomar	Trägheit/Gelände
	USA								
1983	TOMAHAWK TLAM-N BGM109A			Turboreaktor	1 542	Mach 0,7	2 500		Trägheit/Gelände
	Strategische ballistische Flugkörper								
	China								
1983	JL-1								
	Frankreich								
1977	M20			Festtreibstoff	20 Tonnen		3 000	1 Mt	Trägheit
1985	M4	1,5	10,4	Festtreibstoff	36 Tonnen		4 000	6x150 kt	Trägheit
	Sowjetunion								
1977	RSM-50 Mod1			Flüssigtreibstoff	35,3 Tonnen		6 500	3x200 kt	Astro
1978	RSM50 Mod2	1,8	14,1	Flüssigtreibstoff	35,3 Tonnen		8 000	450 kt	Astro
1979	RSM50 Mod3	1,8	14,1	Flüssigtreibstoff	35,3 Tonnen		6 500	7x100 kt	Astro
1980	RSM-45	1,8	14,1	Festtreibstoff	26,9 Tonnen		3 900	500 kt	Astro
1983	RSM-52	1,5	10,6	Festtreibstoff	90 Tonnen		8 300	10x100 kt	Astro
1986	RSM-54	2,4	16	Flüssigtreibstoff	40,3 Tonnen		8 300	4x100 kt	Astro
	USA								
		1,9	14,8						
1979	TRIDENT 1 C-4 UGM-96A Lockheed			Festtreibstoff	31,7 Tonnen		8 047	8x100 kt	Trägheit
1989*	TRIDENT 2 D-5 UGM-133A Lockheed	1,83	10,4	Festtreibstoff	57,1 Tonnen		11 000	8X100 kt	Trägheit

FUSION VON ELEKTROBOOT UND ALBACORE

Das niederländische U-Boot *WALRUS*: Die nach dem Vorbild der amerikanischen *BARBEL* gebauten vier *WALRUS* waren eine modifizierte Version der beiden *ZWAARDVIS*. Sie vereinten Elemente des Elektrobootes mit dem tropfenförmigen Rumpf der *ALBACORE*.

Ende der sechziger Jahre wurde die Rumpfform der klassischen U-Boote, die diesen eine gute Seefähigkeit über Wasser verlieh, endgültig zugunsten eines schlichten, zylinderförmigen oder runden Bootskörpers aufgegeben, der sich optimal für die Unterwasserfahrt eignete. Gleichzeitig konnte die Seeausdauer durch höhere Batterieleistungen verbessert werden. Es entstand eine neue Generation von U-Booten, die sich durch folgende Merkmale auszeichnete:

– Verdrängung unter Wasser von über 1 100 t;
– eine einzige von einem Elektromotor angetriebene Schraubenwelle. Der Elektromotor wurde von Batterien gespeist, die wiederum mit Hilfe von Dieselgeneratoren nachladbar waren;
– Unterbringung der Torpedorohre ausschließlich im Bug;
– Unterwassergeschwindigkeit von mindestens 20 kn mit einer Ausnahme;
– Einsatztauchtiefe von ca. 250 Metern;
– Einsatzreichweite von ungefähr 40 Tagen;
– weniger als 50 Mann Besatzung mit Ausnahme der japanischen und niederländischen Einheiten (80 Mann).

Es entstanden fünf Gruppen konventioneller U-Boote.

Die erste Gruppe umfasste die nach dem Vorbild der amerikanischen *ALBACORE* und *BARBEL* gebauten japanischen und niederländischen Hochseeeinheiten, die über 2 500 t unter Wasser verdrängten. Von 1972 bis 1994 wurden auf japanischer Seite sieben *UZUSHIO* und 19 *YUSHIO* sowie auf niederländischer Seite zwei *ZWAARDVIS* und vier *WALRUS* in die Marine eingeführt. Sie hatten eine Doppelhülle und fuhren mit einer Geschwindigkeit von über 20 kn unter Wasser.

Zur zweiten Gruppe gehörten die für den Export gebauten deutschen U-Boote. Die Tonnage schwankte zwischen 1 200 t und 2 200 t bei den größten Einheiten. Die U-Boote hatten einen einfachen, zylinderförmigen Rumpf. Ab Anfang der siebziger Jahre bis zu Beginn der neunziger Jahre wurden ca. 40 Einheiten an drei NATO-Länder (Griechenland, Norwegen, Türkei), ein asiatisches Land (Indien) und sechs Länder in Lateinamerika (Argentinien, Brasilien, Chile, Kolumbien, Ecuador, Venezuela) ausgeliefert. Mit Ausnahme der *TR-1400* und der *TR-1700* entsprachen diese Schiffe dem bekannten

Konventionelle französische
U-Boote der *AGOSTA*-Klasse
im Bau. Der Bug der *AGOSTA*
hatte im Gegensatz zur
ALBACORE eine gerade Form,
um dort sowohl die Torpedorohre (unten) als auch die
Sonarantenne (oben) unterbringen zu können. Frank-
reich und Spanien eschafften
jeweils vier und Südafrika
zwei Einheiten. Letztere
wurden an Pakistan weiter-
verkauft.

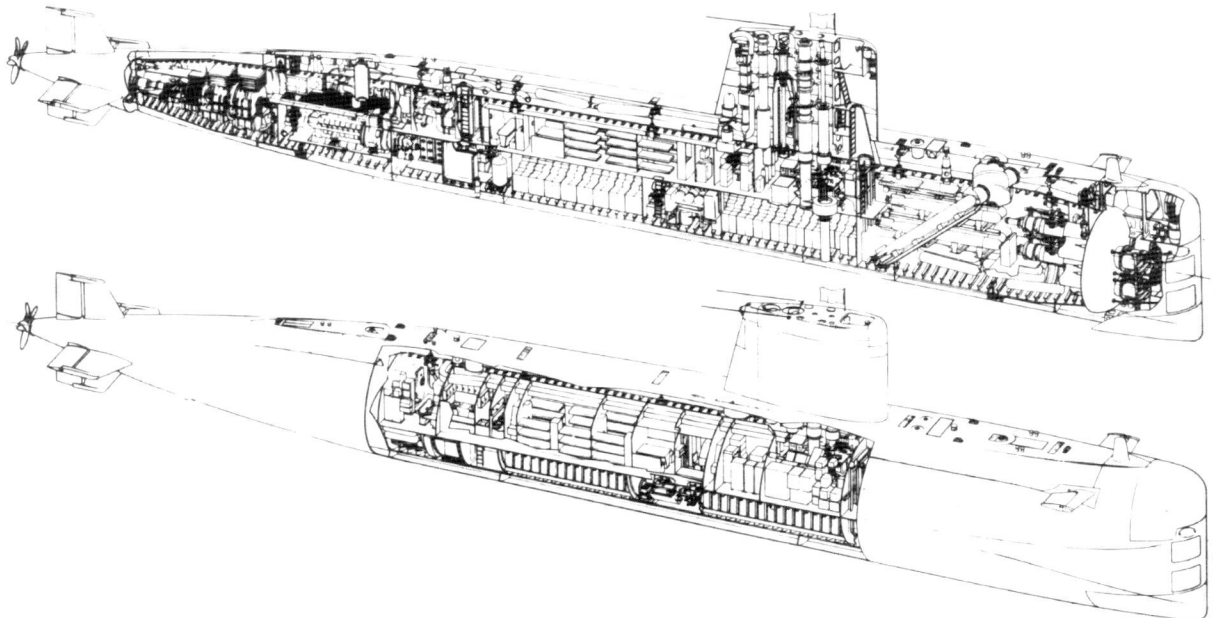

113

U-Boot vom Typ 209 unter peruanischer Flagge. Die deutsche HDW-Werft, die U-Boote mit einer Verdrängung von 1 000 t für den Export bauen durfte, exportierte bis 1989 15 U-Boote vom Typ 209 in sechs lateinamerikanische Länder: Argentinien (zwei im Jahr 1974), Peru (sechs zwischen 1975 und 1983), Kolumbien (zwei im Jahr 1975), Venezuela (zwei in den Jahren 1976 und 1977), Ecuador (zwei in den Jahren 1977 und 1978) und Brasilien (eins im Jahr 1989).

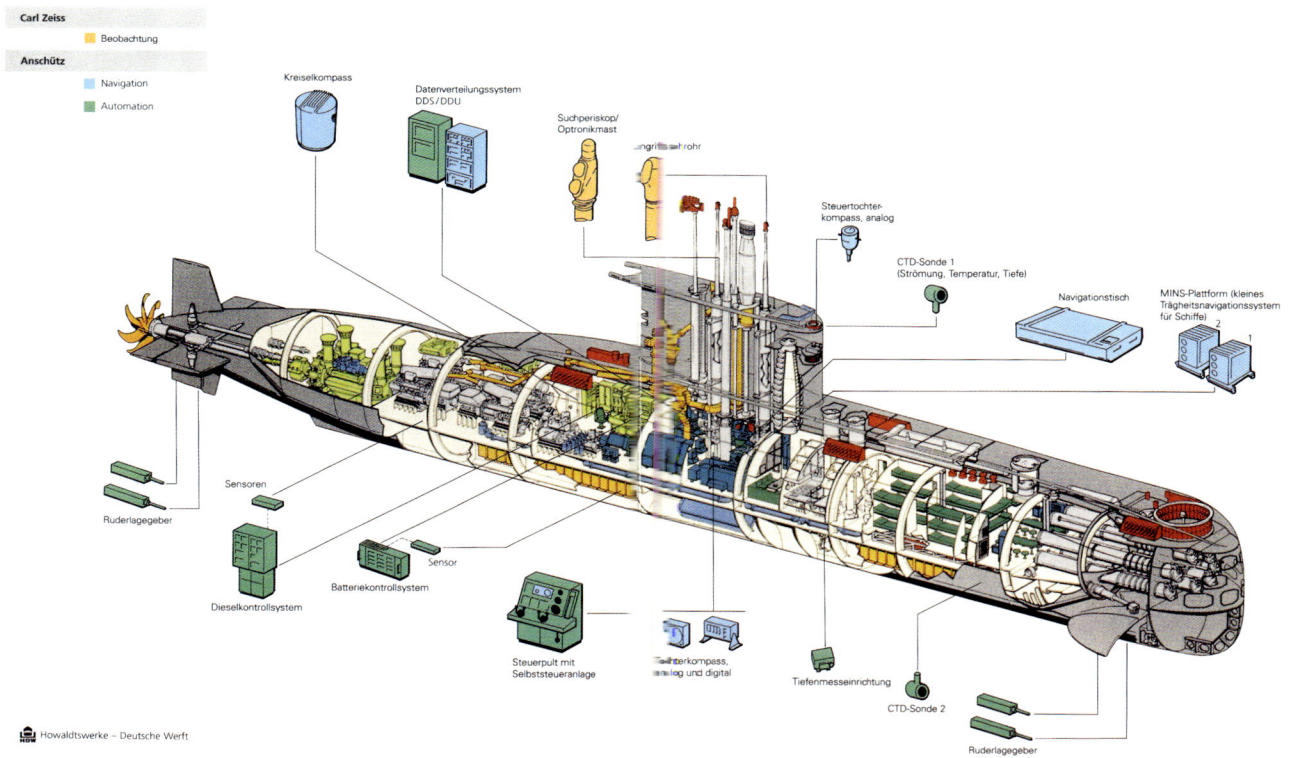

Carl Zeiss
- Beobachtung

Anschütz
- Navigation
- Automation

Kreiselkompass
Datenverteilungssystem DDS / DDU
Suchperiskop/ Optronikmast
Angriffssehrohr
Steuertochter- kompass, analog
CTD-Sonde 1 (Strömung, Temperatur, Tiefe)
Navigationstisch
MINS-Plattform (kleines Trägheitsnavigationssystem für Schiffe)
Sensoren
Sensor
Ruderlagegeber
Dieselkontrollsystem
Batteriekontrollsystem
Steuerpult mit Selbststeueranlage
Tochterkompass, analog und digital
Tiefenmesseinrichtung
CTD-Sonde 2
Ruderlagegeber

Howaldtswerke – Deutsche Werft

Die Thyssen-Werft, Konkurrent der HDW, baute zwei Elektroboote für Argentinien. Mit ihren leistungsfähigen Batterien konnten sie eine Höchstgeschwindigkeit von 25 kn unter Wasser und eine Ausdauer von 460 sm bei einer Geschwindigkeit von 6 kn erreichen.

Typ *209*, der vom Ingenieurkontor Lübeck (IKL) entwickelt und von der Howaldtswerke-Deutsche Werft (HDW) gebaut wurde. Die nach Norwegen und Argentinien verkauften Typen *TR-1400* und *TR-1700* des Konkurrenten Thyssen hatten von allen konventionellen U-Booten dank einer hohen Batterieleistung die größte Ausdauer. Die mit 500 t Batterien ausgerüstete argentinische *TR-1700* konnte unter Wasser 25 kn über eine Entfernung von 20 sm bzw. 50 sm bei 20 kn erreichen. Ihre Leistungen waren alles in allem anderthalb mal höher als die der *209*.

Die dritte Gruppe bildeten die schwedischen U-Boote. Als Nachfolger der Ende der sechziger Jahre gebauten *SJÖORMEN* bauten Kockums und die Karlskrona-Werft zwei weitere Klassen von Küsten-U-Booten, die *NÄCKEN* und die *VÄSTERGÖTLAND* (1 150 t) mit einem einfachen Rumpf und einer relativ hohen Auftriebsreserve gegen die häufigen Grundberührungen in den niedrigen Gewässern der Ostsee.

Die vierte Gruppe umfasste italienische, französische und englische Konstrukteure, die in diesem Zeitraum jeweils eine Klasse von Hochsee-U-Booten entwarfen: die *SAURO/PELOSI* (1 600 t), die nach Spanien und Pakistan exportierten *AGOSTA* (1 750 t unter Wasser) und die *UPHOLDER* (2 400 t), die nach dem Verzicht Großbritanniens auf klassische U-Boote nach Kanada verkauft wurden.

Zur fünften Gruppe gehörten alle sowjetischen U-Boote: Die *641B (TANGO)*, eine Weiterentwicklung der *641 (FOXTROTT)*, hatten einen relativ klassischen Aufbau in einem vergrößerten Rumpf (3 500 t unter Wasser gegenüber 2 500 t). Dadurch konnten mehr Batterien mitgeführt und die Lebensbedingungen der Besatzung verbessert werden. Von 1973 bis 1982 wurden 18 Einheiten gebaut.

Die von Juri Kormilitsin vom Konstruktionsbüro Rubin entwickelte *877 (KILO)*-Klasse mit einer Verdrängung von 3 000 t hatte den Rumpf der *ALBACORE*. Der relativ konservative Aufbau der *641B* wurde aufgegeben. Die mit sechs Rohren und 18 Torpedos bewaffnete *877* konnte aufgetaucht auch Flugabwehrflugkörper zum Schutz gegen eine Bedrohung aus der Luft abschießen. Diese Bedrohung bestand vor allem dann, wenn das Boot seine Batterien auflud oder zum Stützpunkt zurückfuhr.

Insgesamt wurden 23 Einheiten in die russische Marine eingeführt, von denen acht ein neues Antriebssystem und eine Wasserstrahlpumpe zu Versuchszwecken erhielten. Im betrachteten Zeitraum wurden zwei Einheiten nach Rumänien und Polen sowie zwei weitere nach Algerien und acht nach Indien geliefert.

Die *Projekt 877* (*KILO I*) waren die ersten russischen konventionellen U-Boote, die die Rumpfform der *ALBACORE* hatten. Bis 1991 wurden 21 Einheiten für die sowjetische Marine und zwei weitere für zwei Marinen des Warschauer Paktes – die polnische und die rumänische – gebaut. Die hier dargestellte verbesserte Version, die *Projekt 636* (*KILO II*) war noch leiser.

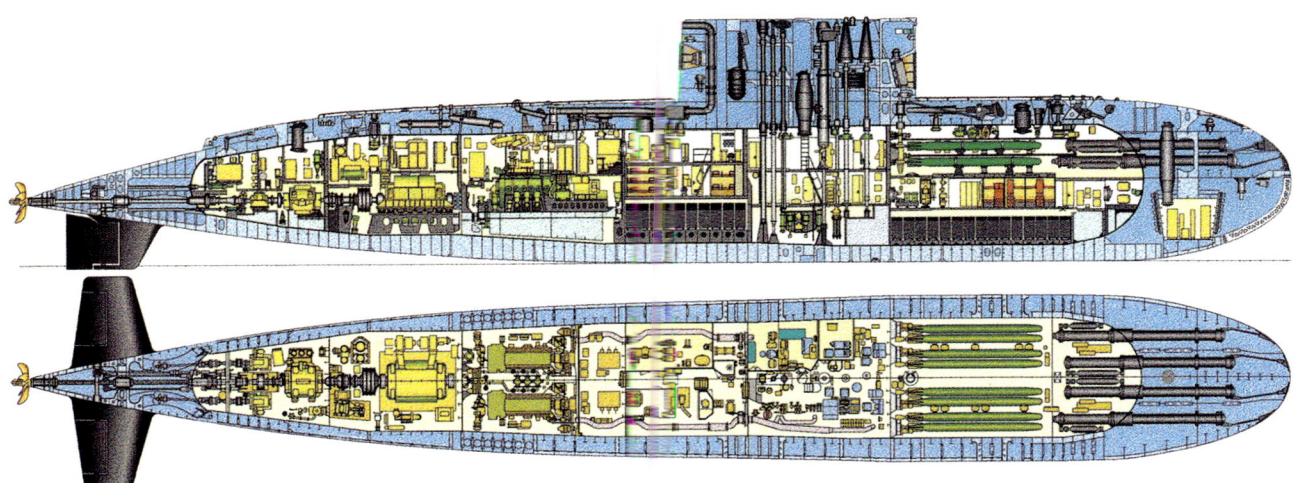

Antriebsanlagen

Die verbreitete Einführung von U-Booten mit nur einer Propellerwelle entsprach der Notwendigkeit, die Schallsignatur zu reduzieren. Nur die großen strategischen Atom-U-Boote oder Flugzeugträgerjagd-U-Boote der Sowjetunion und später Russlands hatten nach wie vor zwei Propellerwellen. Auch die Form der Antriebsanlagen sollte sich entscheidend ändern.

Ziel war die Entwicklung eines U-Boots, das bei einer Geschwindigkeit von 20 kn leise fuhr, dessen Rumpf nur wenig Geräusche abstrahlte und dessen Propeller nicht kavitierte. Durch die zwei sich geringfügig unterscheidenden Propellerwellen der traditionellen Elektroboote bzw. der ersten Atom-U-Boote konnte der von den kleinen Propellern verursachte Lärm verringert werden. Doch die nun angestrebten Geschwindigkeiten erforderten eine größere Schubleistung. Dies sollte durch eine Antriebsmaschine erreicht werden, deren Durchmesser bei den größten Einheiten mehr als 4,5 Meter betrug, um die Drehgeschwindigkeiten zu verringern. In der Tat neigte der Propeller unabhängig von der Qualität zu Vibrationen (Gesang der Schraube) und Kavitationen, wenn das Boot mit Höchstgeschwindigkeit fuhr. Eine Kavitation wird durch Unterdruck ausgelöst, welcher eine Entgasung im Wasser bewirkt. Dadurch entstehen nach dem Zerplatzen der Blasen Geräusche und Hohlräume, die dazu führen, dass Material aus den Propellerflügeln abgetragen wird (Kavitäten).

Nach zahlreichen Versuchen führten die Amerikaner Ende der sechziger Jahre einen Propeller mit sieben zum Teil sensenförmigen Flügeln ein. Diese drehten sich langsam, um weniger Kavitation zu erzeugen. Im Übrigen forschten Großbritannien, die Vereinigten Staaten und später auch Frankreich an einer Schraubenpumpe. Diese mit einem stromlinienförmigen Laufrad vergleichbare

Schraubenpumpe einer im Schwarzen Meer erprobten Variante der *KILO*-Klasse, die *Projekt 877 V.*

Pumpe kann den durch sie hindurchlaufenden Wasserstrom besser kontrollieren und damit die Kavitation verringern. Auf sowjetischer Seite forschten die Ingenieure in verschiedene Richtungen, unter anderem an einem Doppelpropeller. Durch die illegale Beschaffung von Werkzeugmaschinen aus einem Zweigwerk von Toshiba konnte die Sowjetunion auch große Propeller mit sieben Flügeln herstellen, deren Fertigung eine sehr hohe Präzision erforderte. Sie wurden in die letzten strategischen und atomgetriebenen Angriffs-U-Boote sowie in die besten konventionellen U-Boote anstelle einer Schraube mit sechs Flügeln eingebaut.

Außerdem erprobte Russland eine Schraubenpumpe auf einem seiner konventionellen U-Boote und beabsichtigte offenbar, auch seine künftigen atomgetriebenenen Mehrzweck-U-Boote der *SEWERODWINSK*-Klasse mit dieser Pumpe auszustatten. Jüngste Veröffentlichungen deuten darauf hin, dass die *SEWERODWINSK* eine siebenflügelige Schraube haben wird.

Siebenflügeliger Propeller russischer Bauart an Bord eines chinesischen U-Bootes der *SONG*-Klasse: Als Vorbild für die mit illegal beschafften Werkzeugmaschinen gefertigten Propeller mit sieben sensenförmigen Flügeln dienten amerikanische Propeller.

DER KAMPF GEGEN LEISE U-BOOTE

Die strategischen U-Boote der Klassen *Projekt 667 BDRM (DELTA IV)* und *Projekt 971 (AKULA)*: Erstere waren mit ballistischen Interkontinentalraketen mit atomaren Mehrfachsprengköpfen vom Typ *RSM-54* ausgerüstet und zweitere mit Marschflugkörpern mit Atomsprengköpfen, die Befehlszentralen mit einer geringen Vorwarnzeit zerstören konnten.

Kurs auf die Arktis

Wie Professor Cote in seinem Buch aufzeigt, sah sich die amerikanische Ujagdstrategie durch die Verbesserung der Geräuscharmut und der Leistungsfähigkeit der sowjetischen U-Boote der zweiten Generation bedroht. Die *705* und die *661* konnten den amerikanischen Torpedos aufgrund ihrer Geschwindigkeit und ihrer Tauchtiefe entkommen. Die *670* waren in der Lage, Überwasserziele aus der Ferne getaucht zu bekämpfen. Die strategischen U-Boote vom Typ *667-B* konnten ihren strategischen Auftrag aus einer Entfernung von 4 000 sm vor den amerikanischen Küsten erfüllen. Außerdem begann die sowjetische Marine, ihre besten atomgetriebenen Angriffs-U-Boote mit Marschflugkörpern auszurüsten, die nukleare Gefechtsköpfe trugen. Diese Boote patrouillierten entlang der amerikanischen Küste und bedrohten ohne Vorwarnung die Befehlszentralen.

Auf diese Fortschritte der sowjetischen Flotte reagierte die amerikanische Seite mit den folgenden drei Maßnahmen:
- Entwicklung eines neuen Torpedos,
- Einbau von passiven Sensoren an Bord der Überwasserschiffe und
- vermehrte Einsätze atomgetriebener Angriffs-U-Boote in der Nähe sowjetischer U-Boot-Stützpunkte und unter dem Packeis.

Doch gegen die neuen sowjetischen U-Boote der *661*-Klasse und insbesondere der *705*-Klasse mit einer Geschwindigkeit von 45 kn und einer Tauchtiefe von

mehr als 700 Metern besaß die amerikanische Marine keine geeignete Waffe. Die beiden sowjetischen Programme waren offenbar die Vorboten einer neuen Serie von U-Booten, die nur mit einem neuen Torpedo bekämpft werden konnten. Die drahtgelenkte Version des schweren *MK48*-Torpedos wurde Anfang der achtziger Jahre durch die *ADCAP*-Version (65 kn) ergänzt.

Mit den MFK-U-Booten der Klassen *670* und *670M* (*CHARLIE-I* und *CHARLIE-II*, 17 Einheiten) sieht sich die amerikanische Marine mit einem Gegner konfrontiert, der ihre Überwasserkräfte getaucht aus einer Entfernung von 50 und später 100 km bekämpfen kann. Im Gegensatz zu ihren Vorgängern vom Typ *659* werden die Flugkörper der *670* getaucht abgeschossen und von Satelliten gelenkt, die weniger anfällig waren als Flugzeuge. Sie wären eine riesige Bedrohung für eine im Europäischen Nordmeer oder im Nordpazifik stationierte amerikanische Flotte. Im Übrigen konnten die *670* darauf hoffen, den *SOSUS*-Schallschirmen zu entkommen und somit die Weltmeere zu erreichen.

Die nun folgende Veränderung der strategischen Landschaft wurde von den *667B* bestimmt, von der zwischen 1973 und 1991 42 Einheiten gebaut wurden. Dank der Reichweite ihrer Flugkörper (6 500 bis 8 000 km) konnten sie in der Nähe der sowjetischen Gewässer und damit weit von den *SOSUS*-Schallschirmen entfernt bleiben. Nachdem die Vereinigten Staaten zunächst bekräftigt hatten, dass sie keinen Versuch unternehmen würden, sich diesen Sanktuarien zu nähern und die sowjetischen U-Boote zu jagen, wurde ihre Haltung Mitte der siebziger Jahre offensiver. Dadurch konnten die sowjetischen Seestreitkräfte, die auch an anderen Schauplätzen hätten eingesetzt werden können, in ihren Gewässern zurückgehalten und die Glaubwürdigkeit der amerikanischen Entschlossenheit zur Anwendung einer Atomwaffe im Falle einer Eskalation unterstrichen werden. Die Folgen dieser strategischen Änderung ließen nicht lange auf sich warten: Die Sowjets verlegten ihre besten atomgetriebenen Angriffs-U-Boote vom Mittelmeer in den Atlantik, wo

Ein Moment der Entspannung an Bord eines sowjetischen strategischen Atom-U-Bootes: Angesichts der Einsatzdauer (ca. vierzig Tage, denen eine Vorbereitungsphase vorausging) waren gute Lebensbedingungen für die Besatzungen von besonderer Bedeutung. Im Hintergrund werden Bilder von der Heimat auf einer Leinwand gezeigt.

sie die strategischen U-Boote der *667*-Klasse schützen
sollten.

Auf amerikanischer Seite führte die neue Strategie zur
Aufstellung eines Verbands aus 100 atomgetriebenen
Angriffs-U-Booten und zur Entwicklung der *688I* sowie
der *SEAWOLF*, welche beide unter dem Packeis operieren konnten. Den bisher in den Vereinigten Staaten veröffentlichten taktischen und operativen Analysen dieser
Strategie zufolge, hat die Marine nur geringe Aussichten,
diesen Auftrag erfolgreich durchzuführen. Die Geräuscharmut der neuesten sowjetischen U-Boote und die geringe Tiefe der Küstengewässer verringerten die Chancen
des Jägers. Hinzu kam, dass die Sowjetunion ab 1978
eine neue Klasse atomgetriebener Angriffs-U-Boote, die
671-RTMK, einsetzte, die von den Amerikanern nur selten aufgespürt wurden und deren neue siebenflügelige
Schrauben mit Hilfe von illegal beschafften Werkzeugmaschinen der Firma Toshiba hergestellt worden waren.
Mit dem Auftauchen eines neuen strategischen Faktors
änderte sich die Lage in den achtziger Jahren des vorigen
Jahrhunderts erneut: Geräuscharme, atomgetriebene
Angriffs-U-Boote (*971*) wurden mit atomaren Marschflugkörpern bestückt.

Sowohl die Amerikaner als auch die Sowjets waren
nunmehr in der Lage, die gegnerischen Befehlszentralen
ohne jegliche Vorwarnung von einem nahezu nicht ortba-
ren, atomgetriebenen Angriffs-U-Boot aus anzugreifen.
Einmal mehr schien ein solcher Angriff nur durch Ablen-
kungsmanöver abgewehrt werden zu können. Mit ihrer
offensiven U-Jagd-Strategie, die sich auf die Umgebung der
sowjetischen Stützpunkte konzentrierte, zwangen die
Vereinigten Staaten die Sowjetunion, ihre besten atomgetriebenen Angriffs-U-Boote zur Verteidigung bereitzuhal-
ten. Kurz nach Indienststellung der *971* erklärte Admiral
McKee 1986: »Die Fähigkeiten amerikanischer und
sowjetischer U-Boote werden sich letztlich immer mehr
annähern ... Wir werden an einem Punkt ankommen, an
dem es nicht mehr möglich sein wird, darauf zu hoffen, ein
U-Boot mit egal welchem Mittel aufspüren zu können ...«
(zitiert nach O. Cote).

Zwei *LOS ANGELES* und eine *STURGEON* in ihrem Heimathafen in Norfolk, Virginia. Ab den achtziger Jahren des vorigen Jahrhunderts verlegten die Amerikaner ihre Angriffs-
U-Boote mit Atomantrieb in arktische Gewässer und zwangen die besten sowjetischen atomgetriebenen Angriffs-
U-Boote, in Verteidigungsstellung zu gehen.

Die Leistungen der *971* kamen denen der amerikanischen U-Boote vom Typ *688I* in der Tat sehr nahe. Doch
die Amerikaner hatten im Hinblick auf die Geräuscharmut nach wie vor einen beachtlichen Vorteil, da die
restliche sowjetische U-Boot-Flotte und vor allem die
strategischen U-Boote immer noch sehr laut waren.

Die Übungen *OKEAN 70* und *75* deuteten zwar auf
einen Krieg gegen die Schifffahrtswege des Westens hin,
doch die sowjetische Marinestrategie der achtziger Jahre
war auf die Verteidigung eines Sanktuariums ausgerichtet,
in dem die eigenen strategischen Atom-U-Boote ohne
Bedrohung durch amerikanische Ujagd-Kräfte operieren
konnten. Durch Enthüllungen der amerikanischen
Familie Walker, die für den KGB spionierte, wurde die
Sowjetunion auf die akustische Verwundbarkeit ihrer strategischen U-Boote aufmerksam. Die Amerikaner konnten
damit rechnen, diese zu verfolgen, ohne dabei auf
Gegenreaktionen zu stoßen. Die NATO wiederum wollte
mit ihrer Strategie die atomare Schwelle eines Konflikts
gegen die Sowjetunion anheben. Die Stützpunkte der
sowjetischen strategischen U-Boote waren demnach in
der Anfangsphase eines Konflikts keiner unmittelbaren
Bedrohung durch Atombomben ausgesetzt. Die U-Boote
konnten also damit rechnen, ungestört ihre Einsatz-
gebiete zu erreichen.

In Wirklichkeit wollten die Vereinigten Staaten die
sowjetischen Stützpunkte in den ersten Stunden eines
Konflikts blockieren, auf alle Fälle aber die Verantwortlichen im Kreml von dieser Absicht überzeugen: In den
achtziger Jahren des vorigen Jahrhunderts liefen die amerikanischen atomgetriebenen Angriffs-U-Boot nach kur-

Antennen einer amerikani-
schen ELF-Fernmeldestation.
ELF-Wellen hatten eine große
Reichweite, eine geringe Anfälligkeit gegenüber elektro-
magnetischen Störungen und
konnten von der Boje eines
getauchten strategischen
U-Bootes empfangen werden.

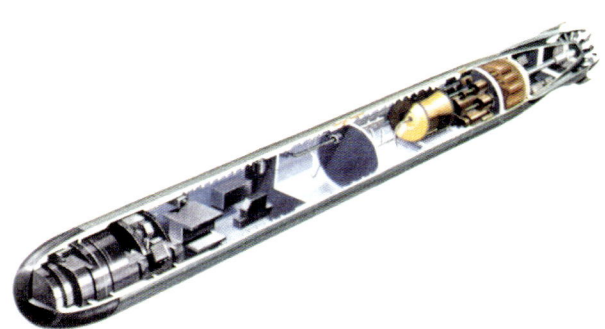

Die *ADCAP*-Version (1989)
des amerikanischen Mk48-
Torpedos (*1971*) konnte eine
Geschwindigkeit von 65 kn
und eine Tauchtiefe von
1000 m erreichen. Sie wurde
entwickelt, um die schnell-
sten und tiefsten tauchenden
sowjetischen U-Boote einzuholen.

Antennen einer Projekt 667 BDRM auf Sehrohrtauchtiefe.

Ziviles amerikanisches Aufklärungsschiff vom Typ T-AGOS, das in der Nähe der sowjetischen Gewässer ankert, um U-Boot-Aktivitäten aufzuzeichnen und die von SOSUS-Hydrophonen am Meeresgrund gelieferten Informationen zu vervollständigen.

zer Vorbereitungszeit dreimal aus und sendeten damit ein klares Signal an die Adresse Moskaus. Angesichts der amerikanischen Strategie sah sich die Sowjetunion gezwungen, ihre besten atomgetriebenen Angriffs-U-Boote zum Schutz seiner strategischen Atom-U-Boote einzusetzen.

Die Geräuscharmut der *671-RTM* und der *971* bereitete den Amerikanern weiterhin Probleme, die eine angemessene Antwort finden mussten, ohne dabei jedoch die klassischen U-Boote, darunter Elektroboote vom Typ *877*, zu vernachlässigen. Die großen Zerstörer erhielten den Auftrag, die besten sowjetischen Mehrzweck-U-Boote aufzuspüren und Fühlung mit diesen zu halten. Die Vereinigten Staaten ergänzten das *SOSUS* durch ein mobiles Abhörnetz aus zivilen Schiffen (T-AGOS), die passive Überwachungsantennen langer Reichweite und aktive Niederfrequenzantennen schleppten.

Der Einsatz der U-Jagd-Mittel wurde zum Zwecke des Informationsaustausches zunehmend koordiniert. Die Ausdauer der Überwasserkräfte in Verbindung mit den geschleppten passiven akustischen Antennen der U-Boote sowie die Schnelligkeit der Flugzeuge ermöglichten ein erfolgreiches Vorgehen gegen die *971*.

Am Rande dieses geheimen Krieges fand ein offener Krieg statt, bei dem zum ersten Mal ein atomgetriebenes Angriffs-U-Boot im Gefecht eingesetzt wurde.

Der Falklandkrieg

1977 erhielt London Kenntnis von der Absicht Argentiniens, den Konflikt um die von Großbritannien besetzten und von Argentinien beanspruchten Falklandinseln, gewaltsam lösen zu wollen. Das atomgetriebene Angriffs-U-Boot *Dreadnought* wurde unter größter Geheimhaltung gemeinsam mit zwei Fregatten in den Südatlantik verlegt. Damit die Abschreckung auch wirksam war, informierte ein britischer Agent in Buenos Aires eine seiner Kontaktpersonen in der argentinischen Marine über die britischen Aktivitäten. Fünf Jahre später überrumpelte die Militärjunta unter General Galtieri die Regierung Thatcher: Am 2. und 4. April 1982 besetzte das argentinische Militär die Falklandinseln und Südgeorgien. Mit Hilfe des alten U-Boots *Santa Fe* der *GUPPY*-Klasse wurden Kommandotrupps angelandet. Am 7. April reagierte Großbritannien mit der Errichtung einer Ausschlusszone um die Falklandinseln, die am 12. April in Kraft treten sollte, dem Tag, an dem die ersten britischen Atom-U-Boote voraussichtlich den Kriegsschauplatz erreichen würden.

Diese unerwarteten Ereignisse machten die bemerkenswerte Leistungsfähigkeit atomgetriebener Angriffs-U-Boote deutlich, die autonom waren und den halben Erdball mit einer Geschwindigkeit von über 25 kn durchqueren konnten. Die *Conqueror* und die *Splendid* trafen als erste am Kriegsschauplatz ein, zehn Tage vor Ankunft des britischen Marineverbands. Das konventionelle britische U-Boot konnte dagegen nur mit einer Geschwindigkeit von 15 kn – auf Sehrohrtauchtiefe noch langsamer – zum Einsatzgebiet fahren.

Am 22. April erhielt die *Conqueror* den Auftrag, sich an der Rückeroberung von Südgeorgien zu beteiligen, wo die argentinische *Santa Fe* Stellung bezogen hatte. Die an der Oberfläche durch Hubschrauber beschädigte *Santa Fe* vermied es, abzutauchen und wollte damit einem Torpedo unter ihrem Rumpf entgehen. Sie legte im Hafen der Insel an, wo sie von britischen Soldaten in Besitz genommen wurde. Am 30. April erhielt die *Splendid* die Genehmigung zur Versenkung des argentinischen Flugzeugträgers *25 de Mayo*, falls sie mit diesem auf offener See zusammentreffen sollte. Mit ihrer passiven ELF-Antenne konnte die *Splendid* die argentinischen Zerstörer hören, aber der Flugzeugträger entkam.

Weiter im Süden entdeckte und verfolgte die *Conqueror* vierundzwanzig Stunden lang den Kreuzer *Belgrano*, der von einem Versorger und zwei Zerstörern begleitet wurde.

Am 1. Mai um 17.30 Uhr erhielt die *Conqueror* den Befehl zur Torpedierung des Kreuzers. Anderthalb Stunden später schoss sie drei Torpedos ab, von denen zwei die *Belgrano* versenkten und die Zerstörer in die Flucht schlugen. Damit hatte der Kommandeur des britischen Flottenverbands, Admiral Woodward, sein Ziel erreicht: Die beiden argentinischen Überwasserverbände, die die britischen Flugzeugträger bedrohten, zogen sich in ihre Stützpunkte zurück, wo sie bis Kriegsende verblieben.

Umgekehrt wurde der britische Verband durch zwei Fregatten und mehrere Hubschrauber gesichert, die versuchten, das aus deutscher Produktion stammende U-Boot *San Luis* aufzuspüren. Durch eine Panne im Kampfsystem konnte die *San Luis* nur einen Torpedo gleichzeitig abschießen. Am 8. Mai eröffnete sie das Feuer gegen einen U-Boot-Kontakt im Norden der Falklandinseln. Am 11. Mai verlief ein Angriff der *San Luis* gegen eine Fregatte und einen Zerstörer erfolglos, da diese sich zu schnell entfernten. Mangels Angriffszielen kehrte die *San Luis* Ende Mai zu ihrem Stützpunkt zurück. Die Briten stellten ihrerseits am 3. Mai erfolglose Nachforschungen nach unbestimmten Kontakten an.

U-Boote wurden während des Falklandkrieges auch zur Aufklärung eingesetzt: Britische atomgetriebene Angriffs-U-Boote wurden in der Nähe der argentinischen Luftstützpunkte stationiert, um Flüge zu den Falklandinseln zu melden. Die *Conqueror* und die *San Luis* konnten aufgrund ihrer Geräuscharmut ungefährdet operieren und ihren Verfolgern entkommen. Sie unterschieden sich nur durch ihre Geschwindigkeit. Die *San Luis* war zu langsam, um eine ausreichende Schussentfernung zu erreichen. Die englische Führung war sich der Fähigkeit ihrer Atom-U-Boote, sich vom Gegner abzusetzen, bewusst und verbot ihren U-Booten aus Angst vor möglichen Irrtümern auf Sonarkontakte zu schießen.

Was Chile anbetraf, befürchtete man hier, dass ein argentinischer Erfolg auf den Falklandinseln Buenos Aires dazu ermutigen würde, den Grenzkonflikt in Feuerland mit Gewalt zu lösen. Anfang Mai beschloss die Regierung in Buenos Aires offenbar nach Absprache mit der britischen Regierung, seine in Valparaiso stationierte Flotte und seine beiden in Talcahuano beheimateten U-Boote vom Typ *OBERON* auslaufen zu lassen, um die strategischen Pläne der Argentinier durcheinander zu bringen.

Die *San Luis* und zwei nicht fertiggestellte TR1700 in der Werft von Domecq Garcia (Buenos Aires). Mit einer unerfahrenen, aber mutigen Besatzung und einer defekten Torpedofeuerleitung greift die *San Luis* zwei englische Schiffe an und setzt dann in 70 Meter Tiefe auf dem Grund auf. Sie hört, wie zwei englische Torpedos auf den Felsen explodieren; zehn Tage später entdeckt die *San Luis* eine SNA, doch ihre Waffen funktionieren immer noch nicht; wegen fehlender Mittel kann die argentinische Marine den großen Umbau des Veteranen nicht beenden.

Die *General Belgrano* und ehemalige *USS Phoenix*, die Pearl Harbor unbeschadet überstanden hatte. Die Zerstörung der General Belgrano durch das Atom-U-Boot Conqueror zeigte die Anfälligkeit eines Überwasserschiffs gegenüber Torpedoangriffen und die Leichtigkeit, mit der ein Atom-U-Boot dank seiner Geschwindigkeit eine angemessene Schussposition erreichen konnte. Der Zerstörer wurde durch zwei im Jahr 1927 eingeführte Mk 8-Torpedos versenkt, wobei 323 Besatzungsmitglieder den Tod fanden.

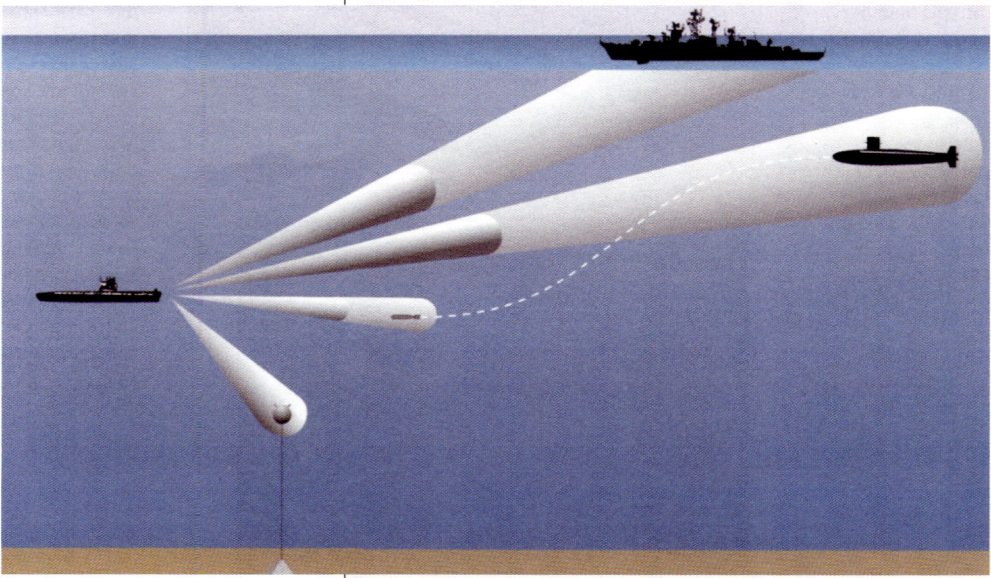

Leistungen der passiven Sonargeräte (Strahlungskeulen mit großer Reichweite zur Ortung von Überwasserverbänden) und aktiven Sonargeräte (Strahlungskeulen mit kürzerer Reichweite für die Minenjagd).

Antenne der Seawolf mit einer oberen Kugel (passiv), einem Parabolgitter (passiv) und einer unteren Halbkugel (aktiv).

In der Zeit der Tauchboote war die optische Überwachung über Wasser das beste Mittel zur Ortung von Schiffen oder aufgetauchten U-Booten. Mit dem Sehrohr konnte anschließend getaucht angegriffen werden. Die Entwicklung des Zentimeterwellenradars zwang die U-Boote zum Tauchen und führte zur Entstehung der Elektroboote und des Schnorchels. Das Elektroboot, das ständig im Verborgenen operierte, musste die optische Überwachung durch die akustische Überwachung ersetzen. Deutschland entwickelte daraufhin das passive Sonar BALKON (20–40 km Reichweite), um Geleitzüge über den Horizont hinaus orten zu können. Das parallel entwickelte aktive SU-Gerät »Nibelung« (Reichweite: 5000 m) ermöglichte den getauchten Angriff.

Das passive Sonar – ein Nachfahre der im Ersten Weltkrieg eingesetzten Hydrophone – hatte den großen Vorteil, dass es die Präsenz eines mit diesem Gerät ausgestatteten U-Boots nicht verriet und Geräusche auffangen konnte, die wesentlich weiter entfernt waren als die von einem aktiven Sonar ausgestoßenen Schallwellen. Doch die Bandbreite der Frequenzen war so groß, dass sie zahlreiche Antennen und Signalverarbeitungsgeräte erforderte, mit denen Geräusche aufgeschlüsselt und die Signatur eines U-Boots oder Schiffes aus den Umgebungsgeräuschen herausgefiltert werden konnte. Mehrere Geräusche verrieten die Anwesenheit eines U-Boots: Geräusche (im Breitbandfrequenzbereich) infolge von Mikroverwirbelungen an den Propellerflügeln, bei Kavitation durch Zerplatzen der Blasen erzeugte Geräusche, durch Maschinen, Antriebsanlagen und sonstiges Gerät hervorgerufene harmonische Schwingungen (im Schmalbandfrequenzbereich genannt Spektrallinien)

des Rumpfes und der Propellerwellen, Erschütterung durch Bewegen der Tiefenruder und Öffnen der Abschussrohre, Rumpfgeräusche beim Auf- oder Abtauchen.

Das Horchen bedeutete, selbst leise zu sein, also mit einer konstanten Geschwindigkeit von ca. 10 kn zu fahren. Doch ein U-Boot, das einen Überwasserverband begleitete oder in eine Schussposition fuhr, musste häufig getaucht mit einer Geschwindigkeit von über 20 kn fahren. Deshalb war es wichtig, dass die Schiffbauer ein Rumpfprofil entwarfen, das die durch abfließendes Wasser erzeugten Geräusche soweit wie möglich verringerte, da diese das Horchen bei höheren Geschwindigkeiten häufig unmöglich machten. Neben der Ortung, und der Zuordnung und Verfolgung eines Kontakts hatte das passive Sonar weitere Funktionen: Verfolgen der abgeschossenen Torpedos, Einschätzen der Geräuschentfernung, Verhindern von Zusammenstößen, Orten eines feindlichen Torpedos und die akustische Aufklärung (ACINT) auf den Plattformen.

Nach dem Krieg schritt die Entwicklung des aktiven Sonars schnell voran. Zunächst wurde die Sonarantenne mit einer Strahlungskeule in einem Öffnungswinkel von 20° und einem Entfernungsbereich von ca. 5 000 m mechanisch ausgerichtet. Ca. drei Minuten waren notwendig, um den Horizont zu erfassen, während sich eine

Radarantenne in zwei oder drei Sekunden dreht. Ab den sechziger Jahren des vorigen Jahrhunderts konnte man mit Hilfe von kreisförmig angeordneten Antennenteilen in jede Richtung senden und aus jeder Richtung empfangen. Der Einsatz eines aktiven Sonars an Bord eines U-Boots war weiterhin heikel, da es seine Position verriet.

Die leistungsfähigsten U-Boote wurden mit einer aus mehreren Antennen bestehenden Antennenanlage ausge-

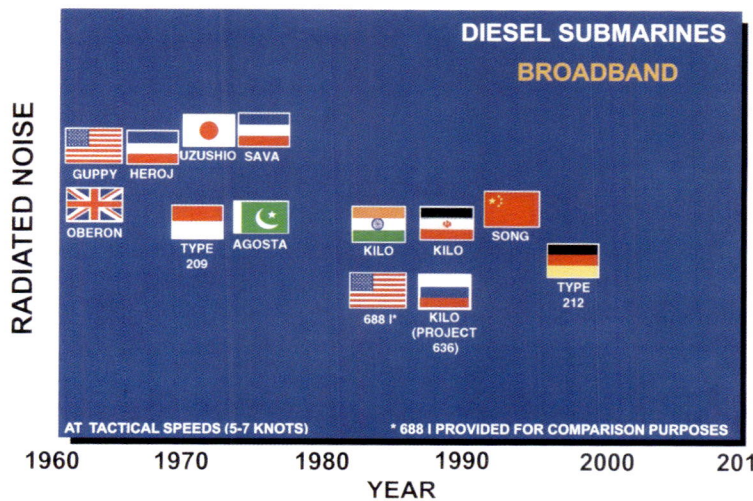

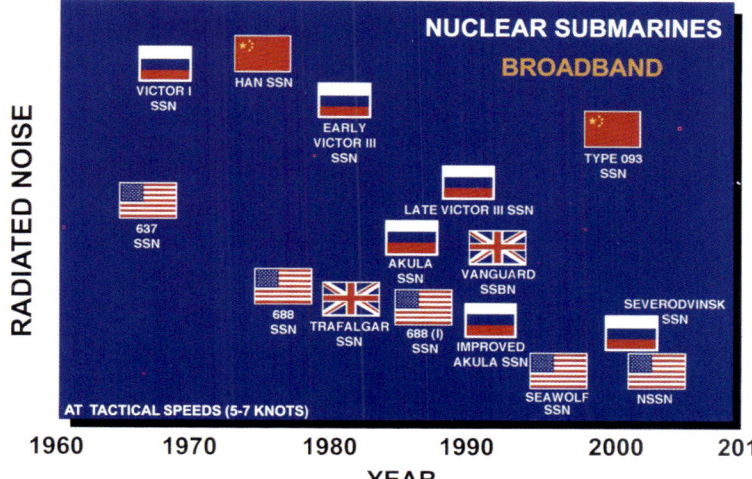

Darstellung der Schallpegel der verschiedenen in Gebrauch befindlichen konventionellen U-Boote im Vergleich zum amerikanischen atomgetriebenen Angriffs-U-Boot LOS ANGELES I: Die Projekt 636 (KILO II) ist in dieser Darstellung das leiseste U-Boot vor der künftigen deutschen 212, die wiederum etwas besser ist als die Projekt 877 (KILO II). Diese vom amerikanischen Marinenachrichtendienst veröffentlichte Bewertung fordert zur Wachsamkeit gegenüber einem Feind auf, der weniger spektakulär ist als die sowjetischen atomgetriebenen Angriffs-U-Boote.

rüstet, die seitlich im Bug angeordnet waren und weit hinter der Schraube geschleppt wurden. Die passive oder sowohl aktive als auch passive Bugantenne war kugelförmig, konform oder zylinderförmig. Bei der kugelförmigen Antenne mussten die seitlich am U-Boot angebrachten Torpedorohre weiter nach hinten versetzt werden.

Die in den fünfziger Jahren des vorigen Jahrhunderts von der Firma Raytheon für amerikanische U-Boote der THRESHER-Klasse entwickelte Antenne sollte auch auf den französischen *Triomphant* und dem künftigen atomgetriebenen Mehrzweck-U-Boot der Russischen Föderation eingebaut werden. Mit dieser Rundstrahlantenne konnten auch sehr schwache Geräusche aufgefangen werden. Die hufeisenförmige konforme Antenne befand sich unter den Torpedorohren und in seltenen Fällen auch darüber. Die zylinderförmige Antenne war in einem Dom über dem Bug untergebracht, um damit den gesamten Horizont zu erfassen. Die lineare Schleppantenne bestand aus einem bis zu einem Kilometer langen Schlauch mit mehreren Hydrophonen. Zur Verringerung der durch die Schraube des Schleppboots erzeugten Geräusche wurde sie in einigen hundert Metern Entfernung geschleppt. Mit ihr konnte theoretisch der gesamte Horizont abgehorcht werden. Aufgrund der Länge konnten Geräusche mit sehr großer Wellenlänge in Schmalbandfrequenzbereich (durch elastische Schwingungen von Maschinen der U-Boote und Überwasserschiffe erzeugte Spektrallinien) erfasst werden. Die seitlichen Antennen waren in der Außenhülle und den

Ballasttanks untergebracht. Sie dienten der Ortung lauter Ziele aus weiter Entfernung im Niederfrequenzbereich.

Schlauch der von der russischen Firma Morphyzpribor hergestellten Schleppantenne für passives Horchen *Vinetka*.

Russische Zylinderantenne RUBIN an Bord einer *Projekt 671 (VICTOR I)*: Man beachte von unten nach oben die Minenjagdantenne RADIAN MG509, den Ring der Vorrichtung zum Auffangen des Fernmeldeverkehrs und die große Aktiv-/Passiv-Antenne.

Leistungsmerkmale der wichtigsten U-Boot-Klassen (1975–1991)

Gebaut in	Klasse	Baujahr	Anzahl	Entwickler	Werft	Verdr. (t) ü./u. Wasser	Maße (m) L/B/H	Tiefgang (m)
Konventionelle U-Boote								
Deutschland	Typ 209 1100	1968	Griechenl.:4	IKL	HDW Kiel	1 100/1 285	55,9/6,2/5,5	250
	Typ 209 1200	1972	Kor.:2 ; Gr.:4 Peru, Tür.:6	IKL	HDW Kiel	1 185/1 290	56/6,2/5,5	250
	Typ 209 1300	1973	Venez : 2 Indon : 2	IKL	HDW Kiel	1 285/1 390	59,5/6,3/5,4	
	Typ 209 1500	1982	Indien : 4	IKL	HDW Kiel	1 660/1 850	64,4/6,5/6	260
	TR 1700	1980	Argentinien: 2	IKL	HDW Kiel	2 116/2 264	66/7,3/6,5	270
China	MING	1970	24+	CSSC	Wuhan	1584/2113	76/7,6/5,1	300
Frankreich	AGOSTA	1975	Fr.:4; Esp.:4; Pak.:2	DCN	Cherbourg	1 510/1 760	67,6/6,8/5,4	300
Italien	SAURO	1974	4		Italcantieri	1 456/ 1 631	63,9/6,8/5,7	300
Niederlande	WALRUS	1979	4		Rotterdam	2 465/2 800	67,7/8,4/7	300
	HAI LUNG	1982	Taiwan:2		Wilton Fijenoord	2 376/2 660	66,9/8,4/6,7	
Großbritannien	UPHOLDER	1986	Kanada:4	Royal Navy	Cam. Laird	2 169/2 455	70,3/7,6/5,5	200+
Schweden	VASTER-GOTLAND	1983	4	Kockums	Kockums	1 070/1 143	48,5/6,1/5,6	300
Sowjetunion	Projet 641B (TANGO)	1973	18	Rubin	Nr. 112	2 770/3 500	90,2/8,6/5,7	240
	Projekt 877 (KILO I)	1980	21+	Rubin	Nr. 112 Nr. 199	2 300/3 076	72,6/9,9/5,2	250
Jugoslawien	SAVA	1975	2		Split	770/964	55,8/7,2/5,5	300
Angriffs-U-Boote mit Atomantrieb								
Frankreich	RUBIS	1976	6	DCN	Cherbourg	–/2670	72,1/7,6/6,9	
Großbritannien	TRAFALGAR	1979	7	Royal Navy	Vickers	4 740/5 208	85,4/9,8/9,5	300
Sowjetunion	Projekt 671 RTM (VICTOR III)	1976	26	Rubin	Amirauté/Koms.	4780/7250	106,1/10,6/8	300+
	Projekt 685 (MIKE)	1978	1	Rubin	Nr. 402	5880/8500	110/112,3/9,5	1000+
	Projekt 945 (SIERRA I)	1982	2 (+2 umgebaute)	Lazurit	Nr. 402	5830/9000	107/12,39,5	700
	Projekt 971 (AKULA I)	1980	12 (+2 umgebaute)	Malachit	Nr. 402	8140/12770	110,3/13,5/9,6	400+
USA	LOS ANGELES		39 (+23 umgebaute	US Navy	E.Boat; N.News	6082/6927	110,3/10,1/9,9	450
	SEA WOLF	1989	3	US Navy	Electric Boat	8060/9142	107,6/12,9/10,9	600
MFK-U-Boote mit Atomantrieb								
Sowjetunion	Projekt 949A (OSCAR II)	1987	11	Rubin	Nr. 402	14700/2400	155/18,2/9,2	600
BFK-U-Boote mit Atomantrieb								
China	Projekt 09-2	1978	1		Huludao	6500	120/10/8	300
Frankreich	L'INFLEXIBLE	1980	1	DCN	Cherbourg	8080/8920	128,7/10,6/10	250
Sowjetunion	Projekt 941 (TYPHOON)	1980	6	Rubin	Nr. 402	23200/48000	172/23,3/11	
	Projekt 667 BDRM (DELTA IV)	1985	7	Rubin	Nr. 402	11740/18200	167/11,7/8,8	320
USA	OHIO	1979	18	US Navy	G.Dyna. E.Boat	16600/18750	170,7/12,8/11,1	244

Besat-zung	Antrieb	Leistung (MW) ü./u. Wasser	Geschwind. (kn) ü./u. Wasser	Fahrbereich (sm/kn) ü./u. Wasser	Anzahl Schrau-ben	Kampf System	Bewaffnung Sensoren
31	dieselelektrisch	1,76/3,38	11/21,5	7 500/8	1	HSA Sindbad	8 TR (14t)
	dieselelektrisch	1,76/3,38	11/21,5	8000/8 ; 240/8	1	Sepa HSA M8	8 TR (14t)
33	dieselelektrisch	1,76/3,38	11/21,5	8200/8	1	HSA Sindbad	8 TR (14t)
40	dieselelektrisch	1,76/3,38	11/22	13 000/10	1	Singer	8 TR (14t)
29	dieselelektrisch	4,94/6,6	15/25	12 000/8-20/25	1	Signaal	6 TR Atlas CSU 3/4
57	dieselelektrisch		15/18	8000/8-330/4	2		8 TR (16t) DUUX5
54	dieselelektrisch	2,65/3,4	12/20	8 500/9-350/3,5	1	DLA2A	4 TR
49	dieselelektrisch	2,46/2,36	11/19	11000/11-250/4	1	Selenia	6 TR
52	dieselelektrisch	4,63/5,1	12/20	10 000/9	1	SEWA-CO	4 TR Thomson
67	dieselelektrisch	3/3,74	12/20	10 000/9	1	Sinbads	6 TR (20 t)
48	dieselelektrisch	2,7/4	12/20	8 000/8*	1	Loral	6 TR Typ 2 040
28	dieselelektrisch	1,62/1,32	10/20		1	Ericsson	6 TR Atlas
78	dieselelektrisch	4,6/3,8	13/16	14 000/7 420/2,5	3	Uzel	6 TR (24 t)
52	dieselelektrisch	2,68/4,34	10/19	6 000/8 400/3	1	Uzel	6 TR (18 t)
35	dieselelektrisch	1,18/1,5	10/16		1		6 TR Atlas
66	atomar	48	-/25		1		4 TR (14)
130	atomar	17	-/32		1	SMCS	5 TR (25t) ; 2072/2074/2076
100	atomar	23	10/30		1 (+2)	Omnibus	6 TR (24 t oder FK)
60	atomar	37	11/30		1 (+2)	unbekannt	6 TR (22t oder FK) ; SKAT ; MOLNIYA MTS
61	atomar	37	12/35		1	Omnibus	6 TR (22t oder FK) ; SKAT KS ; MOLNIYA L
73	atomar	37	10/30+		1	Omnibus	8 TR (t oder FK) ; SKAT KS ; MOLNIYA MTS
133	atomar	26	-/32+		1	Mk 117; Mk 81	4 TR (26t) ; BQQ 5 D/E
134	atomar	33,5	-/40+		1	BSY-2JMCIS	8 TR (50 t oder FK) BQQ5D
107	atomar	80	15/30		2	Antey	24 TLCM ; 8 TR ; SKAT; MOLNIYA M
140	atomar	9	-/22		1		12 TLBM (JL-1); 6 TR; SNOOP TRAY, TROUT CHEEK
130	atomar	11,76	25/20		1		16 TLBM (M4) 4 TR
160	atomar	80	12/25		2	Omnibus	20 TLBM (RSM52) ; 6 TR (20t) ; SKAT; MOLNIYA L1
130	atomar	30	14/24		2	Omnibus	16 TLBM (RSM-54) ; 4 TR (12t) ; SKAT; MOLNIYA M
156	atomar	44,8	-/24		1	CCS Mk2	4 TLBM (D5) ; 4 TR ; BQQ5/BQQ6

Die *Virginia* als Nachfolger der teureren *Seawolf* wurde vor allem für Küstenoperationen entwickelt. Doch die Kosten des Irak-Kriegs könnten dazu führen, dass ihre Anzahl von dreißig auf zehn reduziert wird. Der Reaktor ist für die gesamte Lebensdauer des U-Boots (30 Jahre) ausgelegt. Der Optronikmast BVS-1 enthält Fernsehkameras, Infrarot-Sensoren und Laserentfernungsmesser. Die letzten Einheiten sollen einen Profilturm und elektrische Motoren anstelle von Dampfturbinen erhalten.

KAPITEL V

KÜSTENGRENZEN (1991–2006)

NEUE STRATEGISCHE OPTIONEN

Das Ende des Kalten Krieges und der Zusammenbruch der Sowjetunion führten zur Unterzeichnung der START-I- und START-II-Verträge über die Reduzierung strategischer Waffen durch den amerikanischen und den russischen Präsidenten am 31. Juli 1991 und am 3. Januar 1993. START-I sieht die Vernichtung von 9000 Atomsprengköpfen auf beiden Seiten bis zum Jahr 2003 vor. START-II legt die Vernichtung von 5000 weiteren Sprengköpfen fest. Außerdem wurde eine Obergrenze vereinbart, die bis zum Jahr 2003 erreicht werden musste. Diese lag zwischen 3000 und 3500 Sprengköpfen pro Seite, davon 1700 bis 1750 an Bord strategischer U-Boote. Zur gleichen Zeit legte die führende Großmacht Amerika im Zuge des Golfkrieges (1990–1991), der Spannungen zwischen Süd- und Nordkorea sowie der Operationen in Somalia, im Sudan und in Afghanistan eine neue Strategie zur Verlegung von Kräften von See aus fest, denn die Meere wurden vorläufig von den Amerikanern kontrolliert. Nicht mehr die Tiefen der Weltmeere stehen im Zentrum des Geschehens, sondern die Küsten. In einem 400 km breiten Streifen finden 80% der menschlichen Aktivitäten statt. Das bereits als Träger strategischer Waffen gegen die atomaren Streitkräfte und die Zivilbevölkerung des Gegners eingesetzte U-Boot findet hier seinen Platz als Plattform für taktische Marschflugkörper.

Abrüstung und Verstärkung der maritimen Komponente der Triade (Bomber, landgestützte Raketen, U-Boote)

Mit dem Ende der Sowjetunion wurden zwar die wichtigsten laufenden Programme gestoppt, doch die Russische Föderation verblieb im Besitz des Großteils der für den Bau strategischer U-Boote erforderlichen Mittel, insbesondere das Konstruktionsbüro Rubin in St. Petersburg und die Sewmach-Werft in Sewerodwinsk.

Am 16. Oktober 1996 gab der Oberbefehlshaber der russischen Marine die Kiellegung eines strategischen U-Boots der vierten Generation in Sewerodwinsk bekannt, das zwei- bis dreimal so leistungsfähig sein würde wie seine Vorgänger. Dieses U-Boot der Projekt 955 (vormals 935)-Klasse mit dem Namen Yuriy Dolgorukiy hat eine Länge von 170 m und sollte zwölf ballistische Flugkörper vom Typ RSM-52 Grom mitführen, die jedoch 1999 nach mehreren erfolglosen Abschussversuchen aus-

gesondert wurden. Daraufhin wurde das Moskauer Institut für Wärmetechnik mit der Entwicklung des BULAGA-30-Flugkörpers mit festem Oxidator beauftragt, der eine Weiterentwicklung des Boden-Boden-Flugkörpers TOPOL-M war. Dabei wurde es vom Konstruktionsbüro Makejew unterstützt. Der für das Jahr 2002 geplante Start der ersten Einheit verzögerte sich. Die für das Jahr 2005 angekündigte Indienststellung der Yuriy Dolgorukiy wird wahrscheinlich nicht vor Ablauf dieses Jahrzehnts stattfinden. Die Anzahl der Flugkörper an Bord der 955 könnte von zwölf auf 20 angehoben werden. Die Russische Föderation sieht sich folglich einer schnell alternden strategischen Flotte gegenüber, deren Kräfte stark reduziert wurden: 58 Einheiten mit ca. 3000 Atomsprengköpfen im Jahr 1991, 26 Einheiten mit 2272 Sprengköpfen im Juni 2000 und weniger als ein Dutzend mit 800 bis 1000 Sprengköpfen im Jahr 2010 (sechs 667-BDRM, fünf 667-BDR, zwei 941 und eine 955), also die Hälfte der vertraglich vereinbarten Anzahl. Moskau hat dennoch seine Absicht bekräftigt, den U-Booten innerhalb der strategischen Kräfte den Vorzug zu geben. In einem Interview äußerte der stellvertretende Generalstabschef der Russischen Föderation im Januar 2002, dass die maritime Komponente der Triade Priorität genieße. Im Jahr 2020 dürfte es voraussichtlich ein halbes Dutzend Einheiten der 955-Klasse oder eines eventuellen Nachfolgers geben.

Gemäß dem START-II-Vertrag stellten die Vereinigten Staaten im Jahr 2002 vier große U-Boote der OHIO-Klasse außer Dienst. Die nach 1988 in Dienst gestellten zehn letzten Einheiten dieser Klasse sind mit dem dreistufigen TRIDENT-II D5-Flugkörper mit einer Reichweite von 11.000 km und zwölf Atomsprengköpfen ausgerüstet. Diese Anzahl musste reduziert werden, um die für die amerikanischen strategischen Seestreitkräfte ab 2002 festgelegte Obergrenze von 1722 Sprengköpfen nicht zu überschreiten. Bei einigen dieser Flugkörper sollen die nuklearen Sprengköpfe durch konventionelle Ladungen ersetzt werden.

Erneuerung der strategischen Seestreitkräfte Frankreichs, Großbritanniens und Chinas

Großbritannien beschloss, TRIDENT-II D5-Flugkörper von den Vereinigten Staaten zu kaufen und seine POLA-

Eine der vier SSBN OHIO, die zu Trägerfahrzeugen für 154 Marschflugkörper umgerüstet wurden.

Strategisches U-Boot der Projekt 667 BDRM-*Klasse* unter der Flagge der ehemaligen Zarenmarine. Die Russische Föderation musste die Lebensdauer dieser veralteten strategischen U-Boote verlängern, um weiterhin über ein Abschreckungspotenzial verfügen zu können, das jetzt nur noch eine oder zwei Patrouilleneinheiten gegenüber 15 zehn Jahre zuvor umfasste.

U-Boot der LE TRIOMPHANT-Klasse: Vier Einheiten dieser sogenannten neuen Generation sollen bis 2008 in Dienst gestellt werden. Im Zuge der Reduzierung der amerikanischen und russischen Waffenarsenale, verringerten auch Frankreich und Großbritannien die Anzahl der mitgeführten Atomsprengköpfe und der strategischen U-Boote.

RIS-Flugkörper durch diese zu ersetzen. Vier von der Vickers-Werft gebaute U-Boote der *VAN-GUARD*-Klasse, die mit einem Gewicht von 15.900 t doppelt so schwer sind wie ihre Vorgänger, wurden zwischen 1993 und 2001 in die Flotte eingeführt. Nach dem Ende des Kalten Krieges verringerte Großbritannien die Anzahl der auf einem U-Boot mitgeführten Atomsprengköpfe von 192 auf maximal 96.

Frankreich konnte angesichts der internationalen Lage seine strategischen U-Boote auf vier Einheiten reduzieren: zwei U-Boote der *REDOUTABLE*-Klasse, die 2004 und 2008 außer Dienst gestellt wurden bzw. werden,

und zwei U-Boote der *LE TRIOMPHANT*-Klasse, zu denen zwei weitere hinzukommen werden. Die mit 16 *M-45*-Flugkörpern mit jeweils sechs Atomsprengköpfen und einer Reichweite von 6 000 km bewaffneten *LE TRIOMPHANT* werden ab dem Jahr 2008 mit dem *M-51*-Flugkörper mit einer Reichweite von 8 000 km ausgerüstet. Eine passive Niederfrequenz-Schleppantenne ermöglicht Ortungen über große Entfernungen. Die Höchstgeschwindigkeit unter Wasser beträgt wie bei den amerikanischen, russischen und britischen Einheiten mehr als 25 kn bei einer Tauchtiefe von ca. 300 m und einer Seeausdauer von ungefähr 60 Tagen.

Bereits 1976 genehmigte der chinesische Militärausschuss Untersuchungen zu einem Flugkörper mit einer Reichweite von 9 000 km, dem *JL-2*, und seinem Trägerschiff, dem U-Boot *Projekt 09-4*. Zehn Jahre später wurden die Studien zu den *09-4* und den *JL-2* fortgesetzt. Geplant war eine Marineversion des künftigen *DF-31*-Boden-Boden-Flugkörpers, mit dessen Reichweite es möglich war, die Vereinigten Staaten von chinesischen Hoheitsgewässern aus anzugreifen und zwei Drittel des amerikanischen Hoheitsgebiets mit einem in der Nähe der Kurilen patrouillierenden Trägerschiff abzudecken. Der neue Flugkörper, der vier Sprengköpfe mit einem Gewicht von jeweils 90 Kilotonnen trug, wurde mit Hilfe legaler und illegaler Technologietransfers aus den Vereinigten Staaten entwickelt, was in Washington einen Skandal verursachte. Schwierigkeiten bei der Fertigstellung des U-Boot-Reaktors verzögerten die Kiellegung der ersten Einheit in der Werft von Huludao, die immer noch nicht stattgefunden haben soll. Insgesamt sind vier Einheiten geplant. Sie dürften nicht vor Mitte des kommenden Jahrzehnts einsatzbereit sein.

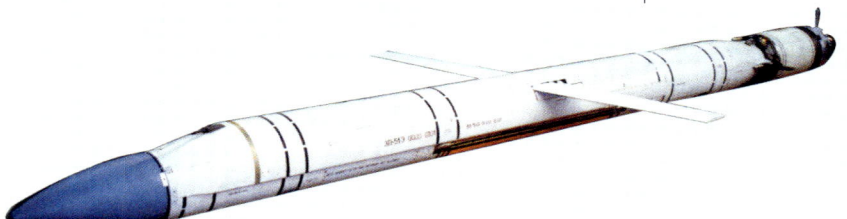

Neue Formen der Abschreckung

Der lange Weg Indiens

Die ersten Erprobungen eines Atomreaktors im Atomkraftwerk von Kalapakkam in der Nähe von Madras im November und Dezember 1995 endeten angeblich mit einem Misserfolg. Sie werden mit russischer Hilfe fortgesetzt. Geplant ist der Bau eines 190 MW-Reaktors.

Teile eines U-Bootes mit mehr als 6 000 t sollen oder dürften mit russischer Hilfe in Vishahapatnam und in der Mazagon-Werft in Mumbai gebaut werden. Das Schiff mit dem Namen *ATV (Advanced Technology Vehicle)* könnte bis 2009 fertiggestellt sein. Es verbindet die klassischen Aufgaben eines atomgetriebenen Angriffs-U-Boots mit denen eines Trägers strategischer Einsatzmittel und wird wie das künftige russische *885* über senkrecht oder schräg gelagerte Startsilos verfügen. Das für das *ATV* entwickelte Programm *SAGARIKA* umfasst einen Marschflugkörper oder einen ballistischen Flugkörper zur Bekämpfung von See- und Landzielen. Jüngste erfolgreiche Erprobungen des *BRAHMOS*, einer von Indien finanzierten Version des russischen Marschflugkörpers *YAKHONT* von Machinostroienie, legen die Vermutung nahe, dass das künftige *ATV* mit diesem Flugkörper ausgerüstet werden wird, der über Atomsprengköpfe für strategische Aufgaben verfügt. Angesichts der geringen Reichweite dieser Waffe (ca. 300 km) dürfte Pakistan ein möglicher Gegner sein.

Die derzeitigen Verhandlungen zwischen Russland und Indien über die Lieferung von zwei noch nicht fertiggestellten U-Booten vom Typ *971* aus Komsomolsk lassen den Schluss zu, dass sich das *ATV*-Programm verzögert oder (und) dass Indien bereits jetzt die für das *ATV* erforderlichen Fachkräfte ausbilden will. Das *ATV*-Programm wird zurzeit von Konteradmiral Ganesh geleitet.

Da Indien immer noch nicht im Besitz eines ballistischen Flugkörpers großer Reichweite ist, kann es keine mit westlichen, russischen oder sogar chinesischen Einheiten vergleichbaren strategischen U-Boote bauen. Indien wird sich vermutlich darum bemühen, dies in den kommenden beiden Jahrzehnten nachzuholen.

Der Marschflugkörper: strategisches Einsatzmittel der Armen

Offiziellen Verlautbarungen Indiens und Pakistans zufolge sind diese beiden Nationen im Besitz von Atomwaffen oder treffen Vorbereitungen für die Ausstattung ihrer U-Boot-Kräfte mit Atomwaffen. Auch israelische und ägyptische Zeitungen lassen vermuten, dass Israel seine neuesten U-Boote der *DOLFIN*-Klasse mit Atomwaffen bestückt. Es stellt sich die Frage, ob Pakistan, Indien und Israel die Fähigkeit zur Herstellung von Atomsprengköpfen besitzen, die klein genug sind, um sie in einen 533-mm-Flugkörper einzubringen. Dies ist insbesondere im Fall von Israel nicht ausgeschlossen. Wie dem

auch sei, in naher Zukunft werden Nationen, die nicht über U-Boote mit ballistischen Flugkörpern verfügen, in der Lage sein, Marschflugkörper mit atomaren oder chemischen Sprengköpfen zu bestücken und von Startrohren ihrer U-Boote abzuschießen. Das mit diesem technischen Fortschritt verbundene Abschreckungspotenzial ist beachtlich. Es bestehen Zweifel und diese werden größer. Jeder Protagonist zieht daraus seinen Nutzen. Eine zweitrangige Macht mit einem Arsenal an atomaren, bakteriologischen oder chemischen Waffen kann in Zukunft aus einem einfachen Seezielflugkörper ein strategisches Einsatzmittel machen. Der Iran soll sein Interesse an Marschflugkörpern vom Typ *NOVATOR ALFA* bekundet haben. Dieser von Russland auf jeder Waffenmesse angebotene Flugkörper ist mit denen vergleichbar, mit denen die indische Marine zurzeit ihre U-Boote der *KILO*-Klasse ausrüstet. Mit einer Reichweite von 300 km ist der *NOVATOR ALFA* eine taktische Waffe, aus der bald eine strategische werden kann.

Das Bhabha-Atomforschungszentrum in Mumbai gegenüber der Elefanteninsel ist nach dem ersten indischen Atomphysiker benannt. Es soll am Entwicklungsprogramm des Reaktors für das atomgetriebene U-Boot ATV (*Advanced Technology Vehicle*) beteiligt sein.

ALFA-Flugkörper von Novator: Dieser von 533-mm-Startrohren abgefeuerte Überschallflugkörper mit einer Reichweite von 150 km ist eine gefährliche Waffe, die sich im nächsten Jahrzehnt ausbreiten könnte. Indien modernisiert zurzeit seine U-Boote der *Projekt 877* (KILO)-Klasse mit diesem Flugkörper. Die Anfangsschwierigkeiten dürften bald überwunden sein.

Russisch-indischer *BRAHMOS*-Flugkörper. Der im Juli 2001 und im April 2002 mit Erfolg erprobte *BRAHMOS* scheint eine Version des russischen *ONIKS (YAKHONT)*-Marschflugkörpers von Machninostroienie zu sein. Der mit 200 kg Sprengstoff beladene Flugkörper mit einer Reichweite von über 300 km könnte auf den künftigen *ATV* eingesetzt und für strategische Aufgaben mit Atomsprengköpfen ausgestattet werden.

UMBAU DES »CAPITAL SHIP« FÜR DEN KÜSTENKRIEG

Von der Centurion zur Virginia

Die Arbeiten an einem Nachfolger der *SEAWOLF* begannen 1991. Das neue U-Boot sollte halb so teuer, genauso leise und ebenso schnell wie die *LOS ANGELES* sein und diese ersetzen. Am 28. August 1992 wurde das Angriffs-U-Boot der nächsten Generation (*New Attack Submarine*) mit dem Namen *Centurion* bewilligt. Die Kosten schnellten in die Höhe, so dass das neue U-Boot teurer wurde als die *SEAWOLF*, was eine Überprüfung des Projekts zur Folge hatte. Aus dem *NAS* wurde 1998 das *NSSN* mit dem Namen *Virginia* und einer Verdrängung von 7 300 t. Die für den Küstenkrieg konzipierte *Virginia* hat eine geringere Geschwindigkeit (ca. 28 kn), weniger Waffen (38 Waffen) und eine niedrigere Tauchtiefe (ca. 500 m) als die *SEAWOLF*. Ihr aktives Hochfrequenzsonar wurde für U-Boote mit dieselelektrischem und luftunabhängigem Antrieb optimiert. Mit seinen passiven Sensoren kann es feindliche Signale erfassen ohne selbst gehört zu werden und eine taktische Lage auf dem Gefechtsfeld erstellen. Dank einer bis zu neun Personen fassenden Taucherschleuse kann die *Virginia* Spezialkräfte ein- und ausschleusen. Ein Mini-U-Boot am Rumpf des U-Boots mit einem Gewicht von 55 t dient der Verbringung von Kampfschwimmern (*Seals*) an ihren Einsatzort. Der S9G-Reaktor ist so uranhaltig, dass der Reaktorkern während der 33-jährigen Betriebsdauer nicht ersetzt werden muss. Mit der *Virginia* werden wichtige Neuerungen eingeführt wie das ausziehbare Periskop, das nicht durch den Rumpf durchgeht. Hochauflösende Farb- und Schwarz-Weiß-Kameras sowie Infrarotkameras senden Bilder von der Oberfläche zur Kommandozentrale, die auch ein Deck tiefer im breitesten Teil des U-Boots untergebracht werden kann. Die beiden Teleskopmasten, die nicht durch den Rumpf geführt werden, dienen neben der Optik der Navigation, dem Elektronischen Kampf sowie dem Senden und Empfangen. Die modulare Bauweise erlaubt die Fertigung und Erprobung von Teilsystemen, die vom Rumpf getrennt sind und deshalb über eine bessere Schockfestigkeit verfügen. Die ersten vier *Virginia* sollten zwischen 2004 und 2008 in die Flotte eingeführt werden. Zunächst ist der Bau von dreißig Einheiten geplant, die die *LOS ANGELES* ersetzen sollen.

Infolge der im SALT-II-Abkommen vorgesehenen Abrüstung von vier *OHIO*-U-Booten dürften diese für den Abschuss von Marschflugkörpern und die Durchführung von Spezialoperationen umgerüstet werden. So könnte die große TRIDENT-Abteilung für den Einsatz von 154 *TOMAHAWK*-Raketen, Kampfschwimmergerät, Aufklärungsdrohnen und eventuell *SM-3*-Flugabwehrflugkörpern umgebaut werden. Letztere würden im Rahmen der geplanten Abwehr ballistischer Flugkörper über Wasser abgeschossen.

U-Boot der *Virginia*-Klasse: Diese U-Boote waren etwas kostengünstiger als die *SEAWOLF* und wurden für Operationen in Küstengewässern optimiert (Minensuche, Einsatz von Klein-U-Booten und Drohnen).

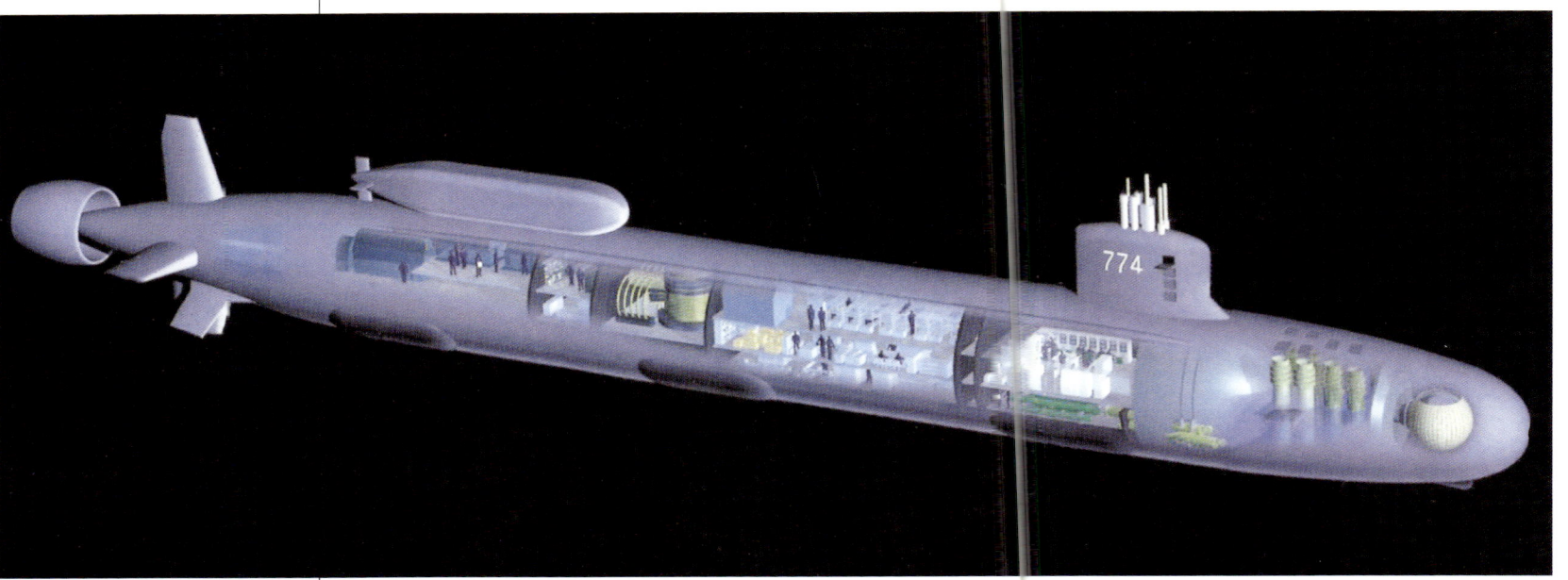

Stagnation und Innovation in der Marine

Die vom Leningrader Konstruktionsbüro Malachit in den achtziger Jahren des vorigen Jahrhunderts entwickelte und am 21. Dezember 1993 auf Kiel gelegte *Projekt 885 (SEWERODWINSK)* mit einer Hülle von fast 9 000 t verbindet die Funktionen eines herkömmlichen Angriffs-U-Boots vom Typ *Projekt 971* mit denen eines Flugzeugträger-Killers vom Typ *949* und *949-A* sowie mit den strategischen oder taktischen Funktionen von Marschflugkörpern gegen Landziele. Die bei der *Projekt 971* erzielten Fortschritte im Bereich der Geräuscharmut wurden hier umgesetzt. Jedoch hat die mit dem neuen Hochleistungskugelsonar *AMPHORA* ausgerüstete *Projekt 885* mehr Waffen (54 gegenüber 40) als die *Projekt 971*. Diese können außerdem flexibler eingesetzt werden (Flugkörper gegen See- und Landziele vom Typ *ONIKS* und *NOVATOR ALFA*). Die Waffen werden aus zehn Torpedorohren, die auf einem Vorsprung vor dem Turm horizontal angeordnet sind, und 24 vertikalen Torpedorohren hinter dem Turm abgeschossen. Es soll nur eine Einheit gebaut werden, auch wenn in den Medien von drei weiteren Schiffen die Rede ist. Diese auf einem alten Entwurf beruhende Klasse der vierten Generation wurde im Laufe ihrer Entstehung umgestaltet und verfügt jetzt über einen Rumpf, der um einen Flugkörperraum verlängert wurde, aber keinen Vorsprung hat. Es könnte sein, dass es von der *885* nur einen Prototyp geben wird, dessen Indienststellung für das Jahr 2005 geplant war. Alle folgenden Einheiten könnten zu einer Klasse der fünften Generation gehören, es sei denn, die jüngsten technischen Entwicklungen werden bei der Modifizierung der *885* berücksichtigt.

Gleichzeitig wurde der Bau der *971* fortgesetzt. Die *971-A (AKULA II)*, eine modifizierte Version mit einem neu gestalteten Rumpf und wesentlich leiserem Gerät, wurde 1991 in Sewerodwinsk auf Kiel gelegt. Einige der Änderungen waren bereits bei ihrem Vorgängermodell, der *Vepr* (NATO-Bezeichnung: *AKULA II*), umgesetzt worden, doch hatte diese noch den Originalrumpf der *971*. Die *971-A* besaß nicht mehr den typischen POD, in dem die passive Schleppantenne untergebracht war. Auf diese Weise konnte eine Geräuschquelle eliminiert werden und das U-Boot wurde schneller. Die Antenne befindet sich jetzt in einem Rohr am Rumpf. Die *Gepard* mit 24 Marschflugkörpern an Bord führte im Juni 1991 ihre ersten Seeerprobungen durch, bevor sie im Dezember desselben Jahres von Präsident Putin offiziell in Dienst gestellt wurde.

Die USS *VIRGINIA*.

Der russische Präsident Wladimir Putin und der Oberbefehlshaber der russischen Marine Wladimir Kurojedow bei der Indienststellung der *Gepard* am 4. Dezember 2001.

Die 971A *Gepard*, eine modifizierte Version der *971*, besitzt eine neue Vorrichtung zur Unterbringung der Schleppantenne, die das große, fischförmige POD am Achterschwert der Vorgängermodelle ersetzt.

Neue taktische Gelegenheiten und Machtprojektion

In Großbritannien wurde der Konzern GEC-Marconi (die spätere BAE Systems) im Juli 1994 mit der Projektleitung für den Bau des künftigen britischen atomgetriebenen Angriffs-U-Boots *ASTUTE* beauftragt. Dieses im Jahr 2001 auf Kiel gelegte U-Boot (7 200 t) ist eine Weiterentwicklung der Vorgängermodelle der *TRAFAL-*

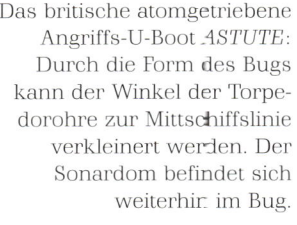

Künstlerische Darstellung des U-Bootes *SEWERODWINSK*: Die atomgetriebenen Mehrzweck-Angriffs-U-Boote vom Typ 885 sollten die Angriffs-U-Boote der 971-Klasse und die atomgetriebenen Marschflugkörper-U-Boote 949 ablösen.

Man beachte die Torpedorohre, die nunmehr auf einem Vorsprung seitlich angeordnet waren. Die große Kugelantenne konnte auf diese Weise im Bug untergebracht werden.

Eine erste Einheit wurde 1993, eine weitere möglicherweise 1996 in Dienst gestellt.

Das britische atomgetriebene Angriffs-U-Boot *ASTUTE*: Durch die Form des Bugs kann der Winkel der Torpedorohre zur Mittschiffslinie verkleinert werden. Der Sonardom befindet sich weiterhin im Bug.

GAR-Klasse. Die Anzahl der Waffen (38) wurde gegenüber den Vorgängermodellen erhöht, darunter amerikanische Marschflugkörper gegen Landziele vom Typ *TOMAHAWK* und *SPEARFISH*-Torpedos. Die beiden Periskopmasten werden nicht durch den Rumpf geführt. Die Urananreicherung reicht für die gesamte Betriebsdauer des Reaktors. Die drei in Auftrag gegebenen Einheiten sollen zwischen 2005 und 2008 in die Flotte eingeführt werden. Voraussichtlich werden drei weitere, geringfügig modifizierte Versionen hinzukommen.

Was Frankreich anbetrifft, ist damit zu rechnen, dass ab dem Jahr 2003 sechs *BARRACUDA* in Auftrag gegeben werden. Voraussichtliches Datum für die Indienststellung dieser U-Boote ist das Jahr 2013. Um Einsparungen bei den Entwicklungskosten zu erzielen, ist die Reaktoranlage eine Weiterentwicklung des Reaktors der *TRIOMPHANT*. Mit einer Verdrängung von 4 000 t dürften diese U-Boote zur Machtdemonstration eingesetzt werden und den in der Entwicklung befindlichen *SCALP*-Marschflugkörper gegen Landziele in der Marineversion (Reichweite: 1 000 km) mitführen.

Den Aussagen des Leiters des amerikanischen Marinenachrichtendienstes zufolge wurde das erste chinesische atomgetriebene Angriffs-U-Boot einer neuen Serie, die *Projekt 09-3*, 1999 in der Werft von Huludao auf Kiel gelegt. Dieses von zwei 150 MW starken Atomreaktoren angetriebene U-Boot mit einer Verdrängung von ca. 7 000 t ist vermutlich mit dem Seezielflugkörper *C-802* und dem U-Jagd-Flugkörper *SHKVALL* bewaffnet. Es könnte um das Jahr 2003 herum vom Stapel laufen und zwei Jahre später in Dienst gestellt werden. China dürfte dabei Unterstützung von russischen Technikern erhalten, insbesondere bei den Akustikeinrichtungen und der Feuerleitung. Die Serie soll ca. zwölf Einheiten umfassen, die die U-Boote der *HAN*-Klasse ablösen, von denen die ersten drei Einheiten voraussichtlich gegen Ende des Jahrzehnts außer Dienst gestellt werden. Diese U-Boote sind in den Augen der chinesischen Führung die künftige Waffe gegen amerikanische Seeluftstreitkräfte für den Fall, dass diese Taiwan zur Hilfe kommen.

Auch Brasilien setzt sein Programm für atomgetriebene Angriffs-U-Boote fort. Angeblich wurde bereits fast eine Milliarde Dollar in dieses Vorhaben investiert. Der Prototyp eines 50 MW-Kernreaktors für Schiffe soll im Jahr 2007 betriebsbereit sein. Offiziellen Angaben zufolge ist die Indienststellung des brasilianischen atomgetriebenen Angriffs-U-Boots vom Typ *SNAC-2* im Jahr 2010 geplant.

Leistungsmerkmale der wichtigsten Unterwasserwaffen (1991–2002)

Baujahr	Bezeichnung/ Funktion	Durchm. (mm)	Länge (m)	Antrieb	Masse (kg)	Geschw. (kn)	Reichw. (km)	Ladung (kg)	Lenkung
Torpedos									
Deutschland									
In Entwicklung	STN Atlas DM 2A4 Seehake	533		elektrisch	1 370	35/20 km			Spur
Südkorea									
In Entwicklung	White Shark	533							
China									
In Entwicklung	Yu-6	533							drahtgel. A/P
Italien									
In Entwicklung	IF21 BLACK SHARK	533							
Schweden									
1997	Type 62 (Tiefgang 500)	533	5,7		1 249	50	50		drahtgelenkt
In Entwicklung	Type 46	400	–	–	–	–	–		akustisch A/P
Taiwan									
In Entwicklung	WS-X-T								
Russland									
In Entwicklung	UGST	533	7,2			50/40 km	50/35 kn	200	
In Entwicklung	UGST-M	533	6,1			50	40	300	
USA									
1991	Mk NT37F	533				36	36/20 kyd		
1999	Mk 48 Mod 6 (ADCAP)	533			1 678	70			
Taktische Marschflugkörper gegen Seeziele									
China									
90er-Jahre	C802								
Russland									
1999	P-800 ONIKS (YAKHONT)	650	8,9	Turboreaktor	3 900	Mach 2,5		TNT (300)	Kommando + aktiv
2000	P.-10 BIRYUZA (ALFA)	530	8,5	Turboreaktor	2 500	Mach.2,2	200/250	TNT (200)	Komm. + aktiv
Taktische Marschflugkörper gegen Landziele									
China									
In Entwicklung	C-803								
Russland									
2000	P.-10 BIRYUZA (ALFA)	530	8,5	Turboreaktor	2 500	Mach.2,2	200/250	TNT (200)	Komm. + aktiv
Strategische Marschflugkörper									
Indien									
In Entwicklung	BHRAMOS								
Israel									
In Entwicklung	Marineversion des POPEYE	533 ou >	4,8				200–1 500	atomar	
Strategische ballistische Flugkörper									
China									
In Entwicklung	JL-2			Festtreibstoff					
Frankreich									
1996	M45	1,93	11,05	Festtreibstoff	36 Tonnen		4 000	6x150 kt	Trägheit
In Entwicklung	M51	2,3	12	Festtreibstoff	48 Tonnen		6 000–8 000	?x100 kt	Trägheit
Russland									
In Entwicklung	BULAGA-30			Festtreibstoff					

DAS NICHT NUKLEARE U-BOOT: BLÜTEZEIT ODER NEUBEGINN

Die erbitterte Konkurrenz zwischen den Konstrukteuren konventioneller U-Boote führte zu Neuerungen, die das Überleben der Werften durch neue Vertragsabschlüsse sichern sollten.

Dazu griffen die Planer auf die Konzepte von Professor Walter zurück und machten Vorschläge für einen Antrieb mit geschlossenem Kreislauf, der sicherlich nicht die vom deutschen Ingenieur beabsichtigte Geschwindigkeit bot, aber mit dem das U-Boot trotz lauter Dieselmotoren über einen langen Zeitraum geräuscharm fahren konnte und zwar in der Zeit zwischen dem Aufladen der Batterien. Hauptanliegen war es, die verräterische Schallabstrahlung so weit wie möglich zu reduzieren. Diese außenluftunabhängigen Antriebsarten (AIP für *Air Independant Propulsion*) konnten natürlich nicht mit dem Atomantrieb konkurrieren, der dem atomgetriebenen Angriffs-U-Boot eine unvergleichlich höhere Ausdauer und Schnelligkeit verlieh. Aber sie ermöglichten einem konventionellen U-Boot, ca. zwei Wochen bei einer Geschwindigkeit von 3 oder 4 kn getaucht zu bleiben, um z.B. eine Enge zu blockieren. In einem strategischen Umfeld, in dem die Küstenoperationen wieder an Bedeutung gewannen, sollte diese Art von U-Boot zu einer taktischen Revolution werden, auch wenn die neuen Antriebsarten große Gefahren für die Besatzungen bargen.

Leistungssteigerung

Die ca. fünfzehn Großaufträge für den Bau konventioneller U-Boote in den neunziger Jahren des vorigen Jahrhunderts verteilten sich auf sechs Unternehmen. Fünf beinhalteten den Einbau außenluftunabhängiger Antriebsmodule:

- die von der französischen Marinewerft »Direction des Constructions Navales« (DCN) in Zusammenarbeit mit dem spanischen Konzern Isar gebauten *AGOSTA-90* (AIP) für Pakistan und *SCORPENE* für Chile und Malaysia;
- die schwedischen *GÖTLAND* (AIP) und die australischen *COLLINS* vom schwedischen Hersteller Kockums, der auch alte *SJÖOREMEN*-U-Boote nach Singapur lieferte;

Ein israelisches *DOLPHIN*-U-Boot: Die arabische Presse äußerte sich besorgt über eine mögliche Bestückung mit Nuklearwaffen. Einige Experten sprachen von einer Marineversion des Luft-Boden-Marschflugkörpers *POPEYE* und sollen dieser Variante eine Reichweite von 2000 km zugeschrieben haben. Wie dem auch sei, solche Gerüchte steigerten den militärischen Wert dieser U-Boote und gaben einen Vorgeschmack von einer für viele zugänglichen Form der Abschreckung.

Ankunft des ersten chilenischen U-Boots der *SCORPENE*-Klasse *O'Higgins* am 9. Dezember 2005 In Valparaiso.

– die von der deutschen Werft HDW gebauten israelischen *DOLPHIN*, deutschen (AIP) und italienischen *212*, griechischen und südkoreanischen *214* sowie südafrikanischen *209*;
– die vom Konstruktionsbüro Rubin in Sankt Petersburg entworfene *LADA/AMUR* 1850 (AIP) für die russische Marine,
– das chinesische *SONG*-Programm der CSSC (*Chinese Shipbuilding and Ship Repair Corporation*)**,**
– das für Ägypten entworfene MORAY-Programm der niederländischen Rotterdamse Droogdok Maatschappij (RDM);
– das *OYASHIO-Programm* für Japan und
– die Lieferung gebrauchter Kobben von Norwegen an Polen.

Zurzeit laufen Verhandlungen über folgende Projekte:
– Lieferung von *SCORPENE*-U-Booten an Indien (Projekt 75) und an Spanien (S-80),
– Lieferung von *SCORPENE* oder eines deutschen Konkurrenzmodells an Portugal,
– Lieferung von *AMUR 1850* an die indische Marine (im Rahmen des Projekts 75),
– das gemeinsame *VIKING*-Programm von Schweden, Norwegen, Dänemark und Finnland,
– Bau von acht U-Booten für Taiwan durch einen von der amerikanischen Marine ausgewählten Konzern,
– Lieferung neuer oder gebrauchter U-Boote an Portugal (das gerade einen Rückzieher gemacht hat) und an Thailand,
– Programm über südkoreanische Hochsee-U-Boote mit 3 000 t,

– langfristiger Austausch der U-Boot-Flotten von Peru, Ecuador, Kolumbien und Venezuela.

Betrachten wir nun die Merkmale einiger dieser konventionellen U-Boote ausgehend von ihrer Verdrängung. Die von der normalerweise auf Küsteneinheiten spezialisierten schwedischen Werft Kockums gebauten sechs gigantischen U-Boote der *COLLINS*-Klasse (1996–2001) mit einer Verdrängung von 3 353 t entsprechen dem operativen Bedarf Australiens an ausdauernden Einheiten mit sehr großem Fahrbereich. Sie können bis zu 22 Torpedos oder Flugkörper in sechs Torpedorohren mitführen. Aufgrund ihrer Leistungsmerkmale gehören sie mit den argentinischen *TR-1700* zu den U-Booten mit der längsten Seeausdauer: 70 Tage im Einsatz, 3 500 sm bei einer Geschwindigkeit von 4 kn im Schnorchelbetrieb. Vor der Indienststellung der ersten Einheit waren zahlreiche Korrekturen erforderlich, um die anfänglichen Unzulänglichkeiten zu beseitigen (Verdecken der passiven Sonare durch ablaufendes Wasser, rissige Propeller, Vibrationen und Softwareprobleme beim Kampfsystem). Diese großen Einheiten konnten mit Hilfe der US Navy umgebaut werden und dürften in Zukunft ihre Fähigkeiten voll und ganz unter Beweis stellen. Sie werden möglicherweise mit amerikanischen *TOMAHAWK*-Marschflugkörpern ausgerüstet.

In der Kategorie der U-Boote mit einer Verdrängung von 1 800 t entstanden vier neue Modelle: die französisch-spanische *SCORPENE*, die deutschen *U-212*, *U-214* und *DOLPHIN* und die russische *LADA/AMUR 1850*.

Die U-Boote der *SCORPENE*-Klasse, die in die chilenische und malaysische Marine und eventuell in die spa-

Die *Collins* mit einer Verdrängung von 3 500 t gehören zu den größten konventionellen U-Booten. Der Prototyp und das Kampfsystem wurden mit Unterstützung der amerikanischen Marine fertig gestellt, die auf diese Weise die Fähigkeiten ihres australischen Verbündeten verbessern wollte.

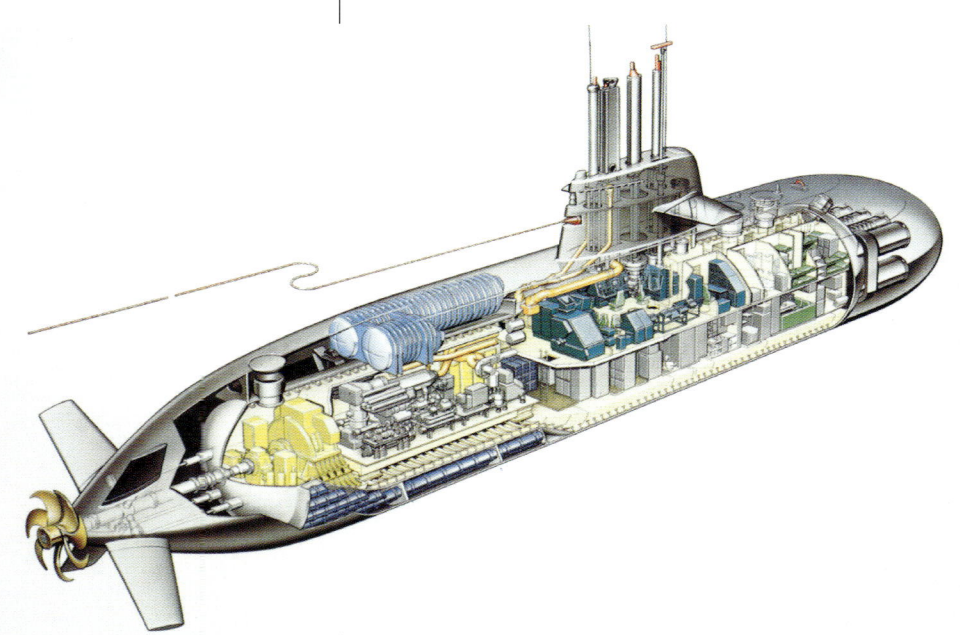

Mit der *212* mit einer Verdrängung von 1 830 t im getauchten Zustand werden die deutschen U-Boot-Kräfte auch in küstenfernen Gebieten operieren können.

nische und indische Marine eingeführt werden sollen, profitieren von der Technologie der atomgetriebenen Angriffs-U-Boote vom Typ *AMETHYSTE*. Sie haben eine Verdrängung von 1 670 t unter Wasser und sind so automatisiert, dass die Besatzung auf 32 Mann reduziert werden konnte. Ein weiteres interessantes U-Boot, die *AGOSTA-90*, ist eine automatisierte Weiterentwicklung des Vorgängermodells. Dadurch wurde eine Reduzierung der Besatzung von 54 auf 36 Mann möglich. Die mit 16

Raketen oder Torpedos bewaffnete *AGOSTA-90* verfügt über ein Kampfsystem, in das alle Waffen eingebunden sind (*SUBTICS* von DCN-Thalès) und ein leistungsfähiges Funkbeobachtungsgerät. Durch Verwendung von verstärktem Stahl kann das Boot bis zu 350 m tief tauchen. Frankreich und Großbritannien bauen keine konventionellen U-Boote mehr, da ihre Leistungen kaum mit denen atomgetriebener Angriffs-U-Boote mithalten können.

Deutschland bereitet den Austausch seiner kleinen Küsten-U-Boote vom Typ *206* vor. Diese operieren seit 1993 im Mittelmeer, um dort den Einsatz der deutschen Marine an der Südflanke der NATO vorzubereiten. Deshalb haben die künftigen *212* eine Tonnage von 1 830 t. Ihr Einsatzgebiet wird nicht mehr nur das Baltikum sein. Auch der Führungsstab der italienischen Marine plant die Einführung einer modifizierten Version der *212*, die die italienischen *SAURO/PELOSI* ersetzen soll. Die weitgehende Automatisierung ermöglicht eine Reduzierung der Besatzung auf weniger als 30 Mann. Um das Boot geräuscharm zu machen, wird sämtliches Gerät elastisch gelagert. Der Rumpf ist glatt und hat keine Außenhautanhänge, so dass das Wasser ungehindert ablaufen kann. Das Sonar *DBQS-40* ist vor allem für den passiven Horchbetrieb geeignet. Die Seitenantennen erfassen die Nieder- und Zwischenfrequenzen im Schmal- und Breitbandbereich in wesentlich größeren Entfernungen als das Rumpfsonar. Die Klassifizierung der Geräusche übernimmt das Kampfsystem, so dass die Ausbildungszeit des Bedieners nun kürzer ist.

Der von der deutschen Regierung finanzierte Bau dreier U-Boote für Israel wurde beim Ingenieurkontor Lübeck und der HDW-Werft in Kiel in Auftrag gegeben. Diese 1999 und im Jahr 2000 in Dienst gestellten, hochseefähigen U-Boote (1 760 t) wurden für die Küstenüberwachung sowie Aufklärungs- und Spezialoperationen entwickelt. Gewisse Äußerungen israelischer Verantwortlicher lassen vermuten, dass diese U-Boote eine strategische Rolle erfüllen sollen. Mit Hilfe von zehn Torpedorohren, davon vier 650 mm-Rohre, können 16 Waffen (Torpedos oder *HARPOON*-Flugkörper) und Tauchertransportfahrzeuge eingesetzt werden. Mit einer Seeausdauer von 30 Tagen, einer Höchstgeschwindigkeit von 20 kn und einer Reichweite von 400 sm bei einer wirtschaftlichen Geschwindigkeit von 8 kn scheinen sich die *DOLPHIN*-U-Boote gut für Einsätze im Mittelmeer, im Roten Meer und im Indischen Ozean zu eignen.

Die *214* für die griechische und südkoreanische Marine ist eine für den Export gebaute Weiterentwicklung der *212* und der *DOLPHIN*.

Das gemeinsame *VIKING*-Projekt der dänischen, norwegischen und schwedischen sowie möglicherweise finnischen und polnischen Marine wurde 1994 mit der Absicht ins Leben gerufen, die Forschungs- und Entwicklungskosten für ein nationales U-Boot um 20% zu reduzieren. Die *VIKING*-U-Boote sollen mit einem *AIP*-

Antrieb ausgerüstet werden. Dänemark plant die Beschaffung von vier Einheiten, während Schweden einen Bedarf an zwei Schiffen geäußert hat. Mit Hilfe eines modularen Konzepts soll den Spezifikationen jedes Landes Rechnung getragen werden. Die norwegische Version (ca. 1 700 t) sollte eine zusätzliche Sektion erhalten, um die Batteriekapazitäten zu erhöhen und die Seeausdauer und Geschwindigkeit zu verbessern. Oslo hat sich wegen des zu unterschiedlichen Bedarfs der einzelnen Partner aus dem Programm zurückgezogen. Die dänischen und schwedischen Varianten werden möglicherweise leichter sein (ca. 1 100 t).

Die für die russische Marine entwickelte Projekt *677 LADA* gehört zu einer Reihe von U-Booten, die unter dem Namen *AMUR* für den Export gebaut werden. Die *677* soll der *AMUR 1850* (2 700 t) entsprechen. Der geschätzte Bedarf der russischen Marine beträgt ca. 20 Einheiten, die in erster Linie in der Baltischen Flotte und in der Schwarzmeerflotte zum Einsatz kommen werden. Sie werden vermutlich mit dem Flugkörper *BIRIUZA* bewaffnet, der im Export eher unter dem Namen *NOVATOR ALFA* bekannt ist.

Rückkehr in die Zukunft

Die Vorteile der Atomenergie führten dazu, dass zunächst nicht mehr nach einer neuen Antriebsart geforscht wurde. Mit dem Bedarf der Erdöl- und Bergbauindustrie und der Suche nach einer eigenen Energie für die verschiedenen Transportmittel erwachte das Interesse an einem luftunabhängigen Antrieb ohne die enormen Risiken der Radioaktivität von neuem. Entsprechende Forschungen waren auch für die U-Boote von Interesse. Auch wenn die Leistungen nicht den Erwartungen entsprachen und weit hinter denen der Atomenergie zurückblieben, insbesondere was die Geschwindigkeit anbetraf, so ermöglichten sie doch die Entwicklung eines U-Boots, dessen Ausdauer unter Wasser besser sein sollte, als die der besten diesel-elektrischen U-Boote. Seit der Aufgabe der Walter-Turbine hatte man in vier Richtungen geforscht, von denen drei in den neunziger Jahren des vorigen Jahrhunderts zu konkreten Umsetzungen und Programmen führten.

An erster Stelle ist der 1816 vom gleichnamigen schottischen Geistlichen entwickelte Stirlingmotor zu nennen, der Wärmeenergie in mechanische Energie umwandelt. Dies geschieht mit Hilfe eines Gases (Helium

Die *Sankt Petersburg*, das erste U-Boot der LADA-Klasse (*Projekt 677*), im Juni 2005 bei der Marineausstellung IMDS 2005.

Stapellauf des AIP-U-Bootes *Götland* in Anwesenheit des schwedischen Königs am 2. Februar 1995. Mit einer Seeausdauer von zwei Wochen im getauchten Zustand und bei geringer Geschwindigkeit stellt die *Götland* die Möglichkeiten dieser Art von U-Boot im Bereich des Küstenschutzes oder des Schutzes von Meerengen unter Beweis.

Die *SCORPENE* verfügen über die Technologien der *SNA RUBIS* und wurden gemeinsam mit der spanischen Werft Bazan, die heute Izar heißt, gebaut. Jeweils zwei U-Boote dieses Typs wurden an Chile und Malaysia verkauft. Laut Presseberichten laufen zurzeit Verhandlungen mit Indien.

Die für den Einsatz einer großen konformen Antenne entlang des Rumpfs entwickelte *OYASHIO*-Klasse (11 Einheiten) hatte nicht mehr die tropfenförmige Rumpfform der *ALBACORE*.

Das japanische U-Boot *ka* in See: Die siebte Einheit der *HARUSHIO*-Klasse verfügt über einen außenluftunabhängigen AIP-Antrieb.

oder Wasserstoff) in einem geschlossenen Raum. In einem Freikolbenzylinder wird das Gas in mehreren Zyklen periodisch expandiert und komprimiert. Die 1986 von der schwedischen Kockums-Werft aufgekaufte Stirling-Gesellschaft baute einen Prototyp dieses Motors für das U-Boot *Näcken*. Nach erfolgreichen Seeerprobungen im Jahr 1988 wurde der Motor in die drei Einheiten der *GÖTLAND*-Klasse eingebaut. Eine verbesserte Version, der Stirlingmotor Mk3, wurde später im Zuge eines umfassenden Umbaus in zwei der vier U-Boote der *WÄSTERGÖTLAND*-Klasse eingebaut. Ein Stirlingmotor wurde auch an Japan verkauft. Die *GÖTLAND* konnte 700 sm bei 3 kn im getauchten Zustand fahren. Mit ihrem Luftvorrat konnte sie zwei Wochen getaucht bleiben. Die Beweglichkeit war zwar gering, aber für das Einsatzgebiet der Ostsee ausreichend.

Der Dieselmotor mit geschlossenem Kreislauf (CCD: *Closed Cycle Diesel*), auch Kreislaufdiesel genannt, war das zweite konkrete Projekt. Er wird auf Sehrohrtiefe mit Luftsauerstoff und getaucht mit reinem Sauerstoff angetrieben. Diese auf den ersten Blick einfache Lösung hat zwei Nachteile: die verräterische Schallabstrahlung der Dieselmotoren und Probleme bei der Aufrechterhaltung einer konstanten Wärme beim Wechsel der Betriebsart. Die Sowjetunion wählte in den fünfziger Jahren des vorigen Jahrhunderts diese Antriebsart für ihre *Projekt 615-A (QUEBEC)*. Nach mehreren durch die Sauerstofflagerung im Rumpf bedingten Unfällen wurde diese Klasse außer Dienst gestellt. Von 1992 bis 1993 erprobte die HDW einen 250 kW-CCD an Bord der *U-1*. Die niederländische RDM baute einen 400kW-CCD in den *Zeehond* ein.

Die dritte Option, die umgesetzt wurde, ist die Rankine-Cycle-Turbine. Eine Turbine mit externer Verbrennung (von Diesel oder Alkohol mit Sauerstoff) erzeugt Wärme, mit der eine Dampfturbine betrieben wird. Letztere wird durch die Gasreaktion aufgeheizt, wobei die dabei entstehenden Abgase zur Kühlung des Systems zurückgeleitet werden. Ein entsprechender Antrieb wurde ab 1988 vom französischen Unternehmen Bertin unter dem Namen MESMA (module d'énergie sous-marin autonome) entwickelt und von der DCN-Werft aufgekauft. Diese baute es in einen Land-Prototyp ein. Das von Pakistan in Auftrag gegebene dritte U-Boot der *AGOSTA-90*-Klasse sowie einige der *SCORPENE* der nächsten Generation sollen mit diesem System ausgerüstet werden wie auch die U-Boote der *AGOSTA-90*-Klasse. Es besteht aus einer Hochdruckdampfturbine. Der Dampf wird in einem Verbrennungsraum durch Verbrennen eines Gasgemisches aus Ethanol und Flüssigsauerstoff erzeugt. Die Länge des U-Boots beträgt nunmehr 76 m anstelle von 67 m. Die Verdrängung vergrößert sich von 1 760 t auf 2 050 t. Das MESMA soll die Tauchzeit um das

Dreifache verlängern. Die Reichweite bei getauchter Fahrt könnte bei 2 000 sm bei einer Geschwindigkeit von 4 kn liegen.

Die von vielen als erfolgversprechendste angesehene vierte Option ist die Brennstoffzelle. Diese basiert auf der chemischen Reaktion von Wasserstoff und Sauerstoff zur Erzeugung von Elektrizität und Wasser. Die von drei sowjetischen Entwicklungsfirmen (Lazurit, Kvant und Kriogenmach) entwickelte geräuschlose Brennstoffzelle wurde 1981 an Bord des sowjetischen Versuchs-U-Boots KATRAN vom Typ *613* (die *S-273*) erprobt. Eine Brennstoffzelle von Siemens mit 34 kW wurde 1982 an Bord der *U-1* erprobt. Obwohl die Lagerung von Wasserstoff in Form von Metallhydriden raumaufwändig ist, wird dieses Verfahren bei den künftigen deutschen U-Booten der *212*-Klasse angewandt. Den Äußerungen des russischen Chefkonstrukteurs Kormilizyn zufolge sollen die künftigen konventionellen U-Boote der russischen Marine vom Typ *LADA* mit Brennstoffzellen ausgestattet werden. Die Ausdauer des getauchten U-Boots soll je nach Geschwindigkeit und Nutzung des Schnorchels 15 bis 45 Tage betragen.

China, das über seinen pakistanischen Verbündeten Zugang zur MESMA-Technologie bekommen kann, hat unter Leitung der chinesischen Akademie der Wissenschaften ein Hochtechnologieprogramm im Bereich Brennstoffzellen auf den Weg gebracht. Das Chemische Institut in Dalian wird im Rahmen dieses Programms vermutlich eine Brennstoffzellenanlage entwickeln, die unter anderem auch in U-Booten zum Einsatz kommen wird. Voraussichtlich werden die letzten Einheiten der *OYASHIO*-Klasse mit einem AIP-Antrieb (Brennstoffzellen) ausgerüstet.

Aufgrund der geringen Luftvorräte wird die Ausdauer des getauchten U-Boots bei einer Geschwindigkeit von maximal 4 kn auch künftig nur ca. zwei Wochen betragen. Eine höhere Geschwindigkeit von 20 bis 25 kn ist zwar möglich, doch die Luftvorräte wären in weniger als einem Tag aufgebraucht. Im Gegensatz zu konventionellen U-Booten, die ihre Batterien wieder aufladen können, müssen U-Boote mit AIP-Antrieb zu ihrem Heimathafen zurückkehren, um ihre Sauerstoffvorräte aufzufüllen. Die Brennstoffzellen-Technologie ist möglicherweise die beste Lösung, doch die Frage nach dem geeignetsten Brennstoff-Flüssigsauerstoff und Wasserstoff oder katalysiertes Kerosin und Druckluft, wobei erstere leistungsfähiger, aber auch gefährlicher ist – bleibt weiterhin bestehen. Die technologische Herausforderung ist beachtlich. Sollte eine zufriedenstellende Lösung gefunden werden, könnte diese auch über das U-Boot hinaus auf andere Transportmittel übertragen werden. Egal ob Stirlingmotor, Kreislaufdiesel, Rankine-Cycle-Turbine oder Brennstoffzellen, die Gefahren des AIP-Antriebs für die Besatzungen sind enorm und erfordern eine hundertprozentige Dichtigkeit des außenluftunabhängigen Systems.

Die konventionellen chinesischen U-Boote SONG (unten) und YUAN (oben): Erstere waren von den vom pakistanischen Verbündeten in Frankreich beschafften AGOSTA beeinflusst, zweitere von den von der Volksbefreiungsarmee in den Jahren 1994 und 1995 beschafften russischen KILO.

NACH DEM KALTEN KRIEG

Auf der Suche nach einer Daseinsberechtigung

Der Fall der Berliner Mauer und die Auflösung des Warschauer Pakts signalisierten zwar das Ende des Kalten Krieges und den Rückzug der sowjetischen Seestreitkräfte in allen Einsatzgebieten, doch die unsichere politische Zukunft Russlands veranlasste die Vereinigten Staaten und ihre Verbündeten zur Fortsetzung der Überwachungsmaßnahmen, wodurch gleichzeitig die Fähigkeiten und die Motivation der zu diesem Zweck eingesetzten U-Boot-Fahrer erhalten blieben.

1992 und 1993 kam es bei Überwachungseinsätzen zu zwei schweren Zusammenstößen zwischen amerikanischen und russischen U-Booten in der Barentsee. Präsident Jelzin forderte den amerikanischen Präsidenten Clinton daraufhin auf, diese Einsätze zu stoppen, da sie die bilateralen Beziehungen gefährdeten und die Befürworter einer Öffnung zum Westen schwächten. Als Ausdruck seiner Unzufriedenheit setzte Russland 1995, 1996 und 1999 Atom-U-Boote im Atlantik und im Pazifik ein. Diese Einsätze, die wie gerufen kamen, um den Haushalt der *US Navy* zu rechtfertigen und den russischen Patriotismus zu beschwören, erregten die Aufmerksamkeit der Öffentlichkeit in Washington und Moskau. Im Mai und Juni 1995 patrouillierte zum ersten Mal seit 1987 eine *971* nahe der Kings Bay in Georgia, dem Heimathafen der *OHIO*-U-Boote an der Atlantikküste. Im darauf folgenden Oktober erfüllte eine weitere *971* denselben Auftrag auf den Zufahrtswegen nach Bangor, dem Heimathafen der *OHIO* an der Pazifikküste. In einer vergleichbaren zeitlichen Abfolge bezog ein Flugzeugträgerkiller der *949-A*-Klasse zwischen August und September 1995 eine Schussposition in der Nähe der Trägerverbände der *America* und der *Wasp* mitten im Atlantik. Einen Monat später bezog eine weitere *949-A* Stellung im Norden von Hawaii in der Nähe des Verbands *Abraham Lincoln*, bevor sie Japan und den

Verband *Independence* passierte, um in ihren Heimathafen zurückzukehren.

Als Antwort auf die Militärschläge der NATO gegen Serbien schickte Russland im August 1999 die *Kursk* ins Mittelmeer. Nach Scheinangriffen gegen alliierte Trägerverbände fuhr dieses U-Boot der *949-A*-Klasse in seinen Heimathafen zurück, nachdem es durch die Netze eines spanischen Fischers enttarnt worden war. Im darauf folgenden Sommer sank es bei Übungen der Nordflotte infolge einer rätselhaften Explosion, die zwei Minuten später zur Explosion eines Teils der Torpedos führte.

Nach der Reduzierung der russischen U-Boot-Flotte stellten die Vereinigten Staaten einen Teil des bemerkenswerten akustischen Systems SOSUS, das die Ozeane in einen Schallkörper verwandelt und somit zur Überlegenheit über die sowjetischen U-Boote während des Kalten Krieges beigetragen hatte, außer Dienst. Ein Teil der Antennen wurde Forschern für seismologische Untersuchungen und zur Erforschung der Meeresfauna zur Verfügung gestellt. Andere aktive Sensoren im Tiefstfrequenzbereich, die im Meer verblieben, wurden wegen ihrer teilweise tödlichen Wirkung auf bestimmte Meeressäugetiere von Umweltschützern kritisiert. Laut Presseberichten sollen neue akustische Anlagen zum Schutze Taiwans gegen die chinesische U-Boot-Flotte eingerichtet worden sein.

Einsätze in Küstengewässern

Mit dem Ende des Kalten Krieges und der Neuausrichtung der Doktrin auf die Bekämpfung von Landzielen vom Meer aus (*From the sea ...*) erhielten die amerikanischen und später auch britischen U-Boote einen neuen Auftrag: Bekämpfung von Landzielen mit Hilfe u-bootgestarteter Marschflugkörper. Der Golfkrieg war ein erstes Beispiel für diesen neuen Auftrag. Zwei U-Boote der *LOS ANGELES*-Klasse, die im Roten Meer operierende *Louisville* und die im östlichen Mittelmeer eingesetzte *Pittsburgh*, feuerten während der Operation *Desert Storm* zwölf *TOMAHAWK*-Marschflugkörper ab. Dieser erstmalige Einsatz von Marschflugkörpern von U-Booten aus erschien symbolisch, doch er sollte sich gegen den Irak, gegen Serbien und gegen Afghanistan wiederholen und die Möglichkeiten des Marschflugkörpers aufzeigen. Die britische *Sovereign* bekämpfte 1999 serbische Ziele mit ca. 12 Raketen. Eines ihrer Schwesterschiffe beschoss im Jahr 2001 Stellungen der Taliban ebenfalls mit Raketen. Im Gegensatz zu Überwasserschiffen mit Marschflugkörpern, die geortet und verfolgt werden können, sind U-Boote unsichtbar. Das Abschießen von Marschflugkörpern von U-Booten aus ist nahezu unmöglich vorauszusehen und zu bekämpfen.

U-Boote sind nach wie vor ein bevorzugtes Überwachungsmittel. Sie werden von der *US Navy* im Kampf

Die *LOS ANGELES I Greeneville* im Hafenbecken von Pearl Harbor nach ihrem Zusammenstoß mit dem japanischen Trawler *Ehime Maru* am 9. Februar 2001, der daraufhin versank. Das Auftauchen ist immer ein heikler Moment für ein U-Boot. Die US Navy warb nach dem Kalten Krieg um finanzielle Unterstützung und hatte deshalb einige Persönlichkeiten und Sponsoren an Bord der *LOS ANGELES* eingeladen, durch deren Anwesenheit die Besatzung möglicherweise abgelenkt wurde.

gegen den Drogenschmuggel in der Karibik eingesetzt. Für Israel waren sie im Kampf gegen die Palästinensische Autonomiebehörde erfolgreich: Am 2. Januar 2002 ortete ein israelisches U-Boot vor Gaza einen Transporter mit Waffen für Palästina und setzte ca. 40 Taucher ab, die das Schiff in ihre Gewalt brachten. Außerdem können U-Boote auch dann Informationen gewinnen, wenn andere Mittel bereits versagen. Die elektronische Aufklärung erfolgt häufig über nicht erkennbare Sensoren an Periskopmasten, während die Überflüge der Aufklärungssatelliten vorhersehbar sind und das System rechtzeitig abgeschaltet werden kann. Das U-Boot eignet sich ebenfalls hervorragend zum Abhören von HF/UHF/VHF-Verbindungen, sowohl was den Inhalt als auch die Lokalisierung der Übertragungsquellen anbetrifft.

Künstlerische Darstellung eines in eine Marschflugkörper- und Einsatzplattform für Kampfschwimmer (SEAL) umgewandelten amerikanischen strategischen Atom-U-Bootes der OHIO-Klasse. Vier OHIO werden vermutlich auf diese Weise zur Verlegung von Spezialkräften und zur Bekämpfung von Landzielen in einem Küstenstreifen von 2 500 km umgebaut.

TOMAHAWK-Marschflugkörper in der Luft: Dieser während des Golfkriegs zum ersten Mal von U-Booten aus eingesetzte Unterschall-Marschflugkörper ist das bevorzugte Instrument der Amerikaner bei Erstschlägen, sogar noch vor der Luftwaffe. Genauigkeit und exakte Informationen über das geplante Ziel sind unbedingte Voraussetzung, um Irrtümer zu vermeiden, die Menschenleben kosten und dem diplomatischen Ansehen schaden können (Zerstörung einer Pharmafabrik im Sudan und der chinesischen Botschaft in Belgrad).

China setzt den Bau der MING-U-Boote fort. Diese U-Boote sind eine Weiterentwicklung der Projekt 633 (ROMEO) und nach westlichen und russischen Standards veraltet. Sie könnten in großer Zahl zur Blockade von Taiwan eingesetzt werden und umfangreiche U-Boot-Bekämpfungsmaßnahmen erforderlich machen.

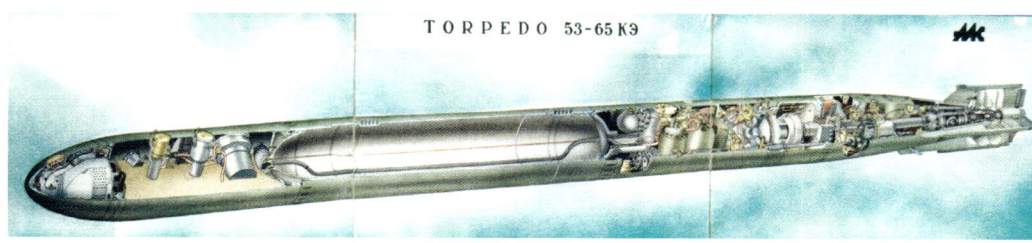

Zwei Waffen der ehemaligen Sowjetunion, für die es im Westen kein Äquivalent gab und die exportiert oder für den Export gebaut wurden. Oben: Torpedo 53-65 mit einem Sensor, der das Kielwasser eines Überwasserschiffs orten und mit einer Geschwindigkeit von 45 kn verfolgen kann. Dieser Torpedo wurde an den Iran, an Algerien, an Indien und an China verkauft. Nebenstehende Abbildung: Raketentorpedo SHKVAL (VA 111), der eine Geschwindigkeit von über 200 kn bei einer Reichweite von 10.000 m erreichen soll. Er wurde möglicherweise an China verkauft.

Die Tragödie der Kursk

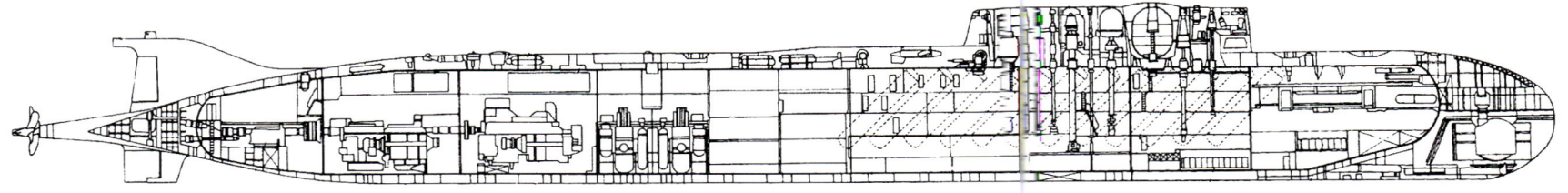

Oben: Die *Kursk*, zehnte Einheit der *949A (OSCAR II)*-Klasse kurz vor ihrem Untergang.

Unten: Schematische Darstellung der in 10 Abteilungen unterteilten *Kursk*. Theoretisch hätte das U-Boot in der Lage sein müssen, trotz vier überfluteter Abteilungen aufzutauchen. Nach der ersten und anschließenden zweiten Explosion drang Wasser in die ersten vier Abteilungen ein. Dabei kamen ca. 90 Besatzungsmitglieder ums Leben, die Zentrale wurde zerstört und das U-Boot konnte nicht mehr auftauchen.

Die *Kursk* gehörte zu einer Klasse von Atom-U-Booten, die zu Zeiten der Sowjetunion amerikanische Flugzeugträger zerstören sollte. Die vom Konstruktionsbüro Rubin in Leningrad entworfenen und von der Werft Sewmasch in Sewerodwinsk am Weißen Meer gebauten U-Boote verdrängen getaucht 24.000 t und sind in zehn Sektionen unterteilt. Mit ihrem Zweihüllenrumpf aus Spezialstahl können sie bis zu 600 Meter tief tauchen. Die beiden Atomreaktoren mit einer Leistung von 380 Megawatt verleihen ihnen eine Geschwindigkeit von über 30 kn (55km/h). 1981 und 1983 wurden zwei Einheiten mit dem Namen *Projekt 949 (OSCAR I)* in Dienst gestellt, zu denen zwischen 1986 und 1997 elf weitere Einheiten der modifizierten Version *Projekt 949-A (OSCAR II)* hinzukamen. Die *Kursk* wurde als vorletzte Einheit dieser Serie 1995 in die Flotte eingeführt. Die Hauptbewaffnung besteht aus 24 Flugkörpern vom Typ *GRANIT (SHIPWRECK)*, die in Salven verschossen werden. Dieser Flugkörper mit einer Reichweite von 500 km und einer Überschallgeschwindigkeit bis zu Mach 2,5 ist mit mehr als einer Tonne TNT bestückt. Das U-Boot ist mit zwei 650 mm-Torpedorohren und vier 533 mm-Torpedorohren ausgerüstet. Diese dienen dem Eigenschutz. Insgesamt verfügt es über 28 Torpedos, darunter der Raketentorpedo *Shkval* und der riesige 65 cm-Torpedo *65-76*, der die Katastrophe womöglich verursachte.

Am Donnerstag, dem 10. August 2000, verlässt die *Kursk* den Stützpunkt Vidyayevo, um an den Sommermanövern der vier Flotten (Nordmeer, Pazifik, Ostsee, Schwarzmeer) und der Kaspischen Flottille der Russischen Föderation teilzunehmen. Zwischen 30 und 50 Schiffe der Nordflotte sind ausgelaufen und sollen zahlreiche Schießmanöver durchführen. Wie bei den vorherigen Manövern halten sich auch zahlreiche westliche Schiffe, darunter die amerikanischen U-Boote *Memphis* und *Toledo*, das britische U-Boot *Splendid* sowie die amerikanischen und norwegischen Aufklärungsschiffe *Loyal* und *Marjata*, in einem Umkreis von 70 sm auf.

An Bord der *Kursk* befinden sich außer dem Kommandanten, Kapitän zur See G.P.Liachin, 48 Offiziere, 63 Mannschaftsdienstgrade, fünf Stabsoffiziere der Nordflotte und zwei zivile Techniker der Torpedofabrik Dagdizel, die offenbar den Abschuss eines vor kurzem modifizierten Torpedos beobachten sollen.

Am Samstag, dem 12. August, erhält die *Kursk* gegen 11 Uhr die Erlaubnis zum Abschuss von zwei Torpedos. Um 11.29:34 Uhr (Moskauer Zeit) registriert das norwegische Institut für seismische Studien *NORSAR* eine Explosion mit einer Stärke von 1,5 auf der Richterskala, gefolgt von einer wesentlich stärkeren zweiten Explosion um 11.31:48 Uhr mit einer Stärke von 3,5 auf der Richterskala bei Position 69°38′N, 37°19′E. Amerikanischen Quellen zufolge ergaben akustische Aufzeichnungen, dass die *Kursk* nach der ersten Explosion

versucht hat, die Ballasttanks zu leeren und die Reaktorleistung hochzufahren, um aufzutauchen.

Die sofortige Überflutung der fünf Bugabteilungen führt zur Bewegungsunfähigkeit dieses Giganten in nur 100 Meter Tiefe. Aufgrund der geringen Tiefe bestand deshalb noch Hoffnung, einen Teil der 118 Besatzungsmitglieder zu retten. Die Schottdurchgänge der Bugabteilungen waren möglicherweise nicht geschlossen, um den Torpedobedienern den unangenehmen Überdruck nach dem Abfeuern eines Torpedos zu ersparen.

Drei Viertel der Besatzung sind auf der Stelle tot. Ungefähr zwanzig Besatzungsmitglieder überleben bis zu dreißig Stunden. In dieser Zeit versuchen russische Rettungskräfte vergeblich, mit ihren Klein-U-Booten an der achteren Luke der *Kursk* anzudocken. Eine Woche danach ist es zu spät: Die norwegischen Taucher öffnen die Luke eines Grabes.

Als das vereinbarte Funksignal der *Kursk* an ihren Heimatstützpunkt um 18 Uhr ausbleibt, werden Suchmaßnahmen eingeleitet. Um 20 Uhr läuft das U-Boot-Rettungsschiff *Mikhail Rudnitzkiy* mit zwei kleinen Rettungs-Tauchbooten vom Typ *PRIZ* aus Seweromorsk aus. Am Abend trifft der Befehlshaber der Nordflotte, Admiral Popov, an Bord des Kreuzers *Petr Velikiy* ein, um von dort aus die Suche zu leiten. Am Sonntag, dem 13. August, entdeckt die Sonaranlage der *Petr Velikiy* gegen 04.35 Uhr ein Objekt am Meeresgrund. Um 7 Uhr wird Präsident Putin über den Unfall informiert. Gegen 18.30 Uhr versucht das Rettungsschiff *Altay* vergeblich, eine Rettungsglocke am Rumpf der nun sicher identifizierten *Kursk* anzudocken. In der Nacht untersucht und fotografiert das atomgetriebene Spezial-U-Boot *AS-35 PALTUS* das Wrack. Am Montag, dem 14. August, wird der Schwimmkran *RK-7500* zum Unfallort geschleppt. Gegen 10.45 wird die Nachricht vom Untergang veröffentlicht. In der Pressemitteilung heißt es, dass ein »technischer Vorfall« das U-Boot am Sonntag und nicht am Samstag zum Aufsetzen auf den Grund der Barentsee gezwungen habe. Die Besatzung mache sich durch Klopfzeichen bemerkbar. Der Oberbefehlshaber der russischen Marine, Admiral Kurojedow, zeigt sich jedoch pessimistisch. Zahlreiche Länder, darunter Frankreich, Deutschland, Großbritannien, Israel und die Vereinigten Staaten, bieten ihre Hilfe an. Großbritannien versetzt sein Rettungs-U-Boot *LR-5* in Alarmbereitschaft. Der stellvertretende Ministerpräsident Klebanow wird zum Vorsitzenden der Untersuchungskommission ernannt. Verschiedene Verantwortliche sprechen von einer möglichen Kollision mit einem fremden U-Boot. Am Mittag des 15. August erklärt Präsident Putin die Lage für kritisch. Der Vertreter Russlands beim Ständigen Rat der NATO lehnt die Hilfe der NATO ab. Um 20 Uhr taucht das Rettungs-U-Boot *Priz* zum ersten Mal zur *Kursk*. Drei weitere vergebliche Andockversuche folgen in der Nacht. Am Mittwoch, dem 16. August, taucht das Rettungs-U-

Kapitän zur See Liachin, Kommandant der *Kursk*.

Die *Mikhail Rudnitzkiy* lässt ein kleines Rettungs-U-Boot vom Typ *PRIZ* zu Wasser, das vergeblich versucht, die Besatzung der *Kursk* zu retten.

Entladung eines *GRANIT*-Flugkörpers aus dem Wrack: Am Tage ihres Untergangs hatte die *Kursk* 22 Waffen dieses Typs an Bord. Von diesen in Torpedorohren außerhalb des Druckkörpers untergebrachten Flugkörpern ist angeblich keiner explodiert.

Boot *Bester* um 8 Uhr bei einem Seegang von 2 bis 3 zum ersten Mal zur *Kursk*. Nach einem Telefongespräch mit Präsident Clinton am Nachmittag weist Putin die russische Marine an, das Hilfsangebot Großbritanniens und Norwegens anzunehmen. Daraufhin wendet sich die Regierung in Oslo an die Ölgesellschaft Stolt Offshore. Um 17.20 Uhr startet ein russisches Transportflugzeug vom Typ An-124 mit dem englischen Rettungs-U-Boot *LR-5* von Prestwich in Großbritannien in Richtung Trondheim. Am Donnerstag, dem 17. August, läuft das norwegische Schiff *Normand Pioneer* um 12 Uhr mit dem *LR-5* und einem Team aus 21 Tauchern und Ärzten aus Trondheim aus. Alle weiteren Andockversuche der russischen Klein-U-Boote scheitern. Zwei Tage später erreicht die *Normand Pioneer* gefolgt von der *Seaway Eagle* der Ölgesellschaft Stolt Offshore gegen 19.30 Uhr die Untergangsstelle. Der russische Marinestab räumt ein, dass der entscheidende Zeitpunkt, um noch Überlebende zu finden, überschritten sei. Am Sonntag, dem 20. August, wird die *Kursk* gegen 10 Uhr von einer ferngesteuerten Kamera der *Seaway Eagle* inspiziert. Um 13.15 Uhr werden drei norwegische Taucher zum Wrack herunter gelassen. Ihre Untersuchungen ergeben, dass die *Kursk* möglicherweise vollständig geflutet ist.

Am Montag, dem 21. August, gelingt es norwegischen Tauchern gegen 7.45 Uhr die Außenluke und gegen 13 Uhr die Innenluke zu öffnen. Um 21 Uhr erklärt die Nordflotte die Besatzung offiziell für tot.

Am Mittwoch, dem 23. August, erklärt Präsident Putin, dass er die volle Verantwortung für das Unglück übernehme. Er lehnt die Rücktrittsgesuche des russischen Verteidigungsministers, Igor Sergeev, und der Befehlshaber der Marine und der Nordflotte ab.

Am 29. August versammelt sich die Untersuchungskommission, um über mögliche Verfahren zur Hebung des gesunkenen U-Boots zu beraten. Die *Berliner Zeitung* behauptet unter Berufung auf einen Bericht des Geheimdienstes, dass die *Kursk* durch eine vom Kreuzer *Pietr Velikiy* abgefeuerte Waffe gesunken sei. In Zeugenaussagen von Angehörigen wird ein fehlerhafter Torpedo vom Typ *65-76*, den der Kommandant bei seinen Vorgesetzten gemeldet hatte, für den Unfall verantwortlich gemacht.

Ein Jahr später beginnen zwei niederländische Gesellschaften mit den ersten Maßnahmen zum Heben des U-Boots. Nach ihrer Ankunft im Trockendock von Roslyakovo am 23. Oktober 2001 lüftet die *Kursk* nach und nach ihr Geheimnis. Am 2. November nennt der Stellvertreter des Militärstaatsanwalts zunächst noch die anfänglichen Thesen zur Unglücksursache: Aufprall auf dem Meeresgrund, Detonation einer Mine oder eines fehlerhaften Torpedos. Ein Zusammenstoß mit einem anderen U-Boot wird nach Untersuchung des Bordtagebuchs zum ersten Mal ausgeschlossen. Im Bordtagebuch finden sich keine Hinweise auf die Präsenz eines anderen U-Boots. Am 4. Dezember enthebt Präsident Putin 15 Offiziere der Nordflotte, darunter auch Admiral Popov, wegen schwerer Fehler im Dienstbetrieb ihrer Ämter. Am 22. Februar 2002 gibt der Generalstaatsanwalt das Ende der Untersuchungen des Wracks bekannt. Das Abfeuern einer Waffe durch die *Pietr Velikiy* wird ebenfalls als Unglücksursache ausgeschlossen. Der Oberbefehlshaber der Flotte, Admiral Kurojedow, spricht von einer möglichen Detonation des Torpedos *65-76*. Er befiehlt daraufhin die Außerdienststellung dieser Waffe und erklärt, dass das Vertrauen der Marine in diesen Torpedo ungerechtfertigt gewesen sei. Besatzungsmitglieder der *Kursk* sollen vor der Katastrophe den Austritt von Wasserstoff-Peroxyd aus einem Torpedo gemeldet haben. Egal, ob Wartungsmängel beim *65-76* oder Aufprall auf dem Meeresgrund, der zur Detonation des Wasserstoff-Peroxyd-Torpedos oder einer anderen Waffe, die gerade getestet wurde, führte, die Unsicherheit bleibt.

Die *Kursk* war nach der amerikanischen *Thresher* und *Scorpion* 1963 und 1969 sowie den sowjetischen *K-8*, *K-219* und *K-278* 1970, 1986 und 1989 das fünfte Atom-U-Boot, das auf See verloren ging. Berichte der russischen und japanischen Presse über den Verlust eines chinesischen U-Boots der *HAN*-Klasse im Jahr 1983 wurden nie bestätigt. Wie bei den beiden amerikanischen U-Booten, und im Gegensatz zu ihren drei sowjetischen Vorgängern, gab es bei der *Kursk* keine Überlebenden.

Die *Kursk* im Schwimmdock von Roslyakovo: Der restliche Bugteil mit den Torpedos wurde vor dem Heben des Bootes abgetrennt und gesondert geborgen.

145

Leistungsmerkmale der wichtigsten U-Boote und U-Boot-Projekte (1991–2002)

Gebaut in	Klasse	Baujahr	An-zahl	Entwickler	Werft	Verdr. (t) ü./u. Wasser	Maße (m) L/BH	Tiefgang (m)
Konventionelles U-Boot								
Deutschland	212	2000	0+12	HDW Th. IKL	HDW Th. IKL	1450/1830	55,9/7/6	300
	214	2001	0+4	HDW Th. IKL	HDW Th. IKL	1700/1980	65/6,3/6	400
China	SONG	1991	13		Wuhan	1700/2250	74,9/8,4/5,3	
	YUAN	2003	2+		Wuhan	2400/3000	80/9,9/6,2	
Spanien	S-80	2007	0+4	Navantia	Carthagène	2120/2425	71/8,4/7,3	
Frankreich	SCORPENE	1999	2	DCN	Cherb./Carth.	1668	66,4/6,2/5,8	300
Italien	PRIMO LONGOBARDO	1991	2	Fincantieri	Monfalcone	1653/1862	66,4/6,8/5,6	300
Japan	OYASHIO	1994	11		Kawa. Mitsu.	2700/3000	81,7/8,9/7,9	350
	OYASHIO MOD	2005	0+3		Kawa. Mitsu.	2900/4200	84/9,1/8,5	
Russland	LADA	1997	1+1	Rubin	Amirauté StP.	1450/2100	58/7,2/4,8	250
Schweden	GOTLAND	1992	3	Kockums	Malmö	1240/1494	60,4/6,2/5,6	300
Atomgetriebenes Mehrzweck-Angriffs-U-Boot								
China	Projekt 09-3 (Schätzungen)	1994	0+3		Huludao	6000	107/11/7,5	
Frankreich	BARRACUDA	2006	0+6	DCN	Cherbourg	4600	99,5 x	350
Indien	ATV (Schätzungen)	200?	0-1	DRDO	Divers	8000	110/14/8	
Vereinigtes Königreich	ASTUTE	2001	3+2	Royal Navy	BAE	6500/7200	97/10,7/10	
Russland	Projekt 885 (SEVERO-DVINSK)	1993	0+2	Malachit	Sevmash	8600/13800	119/13,5/9,4	600
USA	VIRGINIA	1999	2+4+2	US Navy/E.Boat	Gen. Dyn.	6930/7800	114,9/10,4/9,3	500
Atomgetriebenes BFK-U-Boot								
China	Projekt 09-4	2001?	0+1+1		Huludao	9000	125 x 11	
Frankreich	TRIOMPHANT	1989	2+2	DCN	Cherbourg	12 640	138/12,5	500
Vereinigtes Königreich	VANGUARD	1986	4	Royal Navy	Vickers	15900	149,9/12,8/12	
Russland	Projekt 955 YURYY DOLGORUKIY	1996	0+1	Rubin	Sevmash	14500/23400	168,8/13,5/9	600

Nebenstehend die Projekt *AMUR-1650* mit einem AIP-Modul, das Brennstoffzellen und einen Flüssigsauerstoff-Tank enthält; rechts die *Projekt 677* Sankt Petersburg, die erste Einheit der *AMUR/LADA*-Serie für die russische Marine.

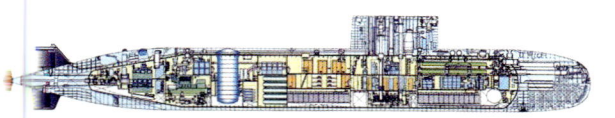

Be-satzung	Antrieb	Leistung (MW) ü./u. Wasser	Geschwindigk. (kn) ü./u. Wasser	Fahrbereich (sm/kn) ü./u. Wasser	Anzahl Schrau-ben	Kampf System	Bewaffnung Sensoren
27	dieselelektrisch/AIP	6	12/20	8000/8–420/8 3000/4 (AIP)	1	MSI-90U	6 TR (12t) ; Atlas
27	dieselelektrisch/AIP	6,2	12/20		1		8 TR (16t) ; Atlas
60	dieselelektrisch	4,4/?	15/22		1	Stn Atlas	6 TR
58	dieselelektrisch		16/23		1		6/8 TR ; C802 ou SS-N-27
32	dieselelektrisch/AIP	3,5	12/19	2000/4 (AIP)	1	Lockheed Martin	6TLT ; Harpoon ; DM-2A
31	dieselelektrisch	2,2/2,8	12/20		1	Subtics	4 TR Thomson DSUV
50	dieselelektrisch	2,7/2,3	11/19	11000/11–250/4	1	Sactis	6 TR Selenia IPD70S
69	dieselelektrisch	4,1/5,7	12/20		1	TFCS	6 TR Hugues/OKI
65	dieselelektrisch/AIP		13/20		1		6 TR ; Harpoon ; T89
41	dieselelektrisch	2,5/4,1	11/17	4000/7–300/3	1		6 TR(18t/m)
25	dieselelektrischAIP	?	10/20	2 semaines/5	1	Celsius	6 TR Atlas
100	atomar	150	-/30		1		6 TR ; C802
	atomar		25		1		4 TR ; 20 armes
	atomar	150			1		
98	atomar	98	-/29		1 (PH)	BAE	6 TR (38 t/m)
93	atomar	31,6	16/31		1		10 TR (30t/m) ; 8x3BFKAE (24m)
120/134	atomar	29,8	-/34		1 (PH)	Lockheed-Martin	4TR (38t/m)
140	atomar						12 BFKAE (JL-2) 6 TR SNOOP TRAY
111	atomar	31	-/25	5 000 (Dieselmotor)	1	SAD	16 BFKAE (M45) 4 TR ; DMUX80
135	atomar	29,5	-/25		1	SMCS	16 BFKAE ; 2054
110	atomar	33			1		8TR (28t/m) ; 12 BFKAE (D-19M) ; SAM IGLA

Ein britisches U-Boot der *Oberon*-Klasse mit einem Tarnanstrich für Spezialoperationen während des Golfkriegs. Dank seiner Sandfarbe konnte er bei Dunkelheit unbemerkt vor einem Felsen auftauchen.

KAPITEL VI

SPEZIALOPERATIONEN UND KLEIN-U-BOOTE

Spezialoperationen können von normalen U-Booten oder von Klein-U-Booten durchgeführt werden.

Unter einer »Spezialoperation« versteht man eine Militäroperation, bei der bestimmte und vorab definierte Mittel geringer Größe ohne Vorankündigung eingesetzt werden und dadurch eine beachtliche Wirkung erzielen. Der Einsatz dieser Mittel erzeugt ein Überraschungsmoment, da er außerhalb der Normen der Taktik, der Kinematik sowie der Kühnheit oder des physischen Widerstands der Kämpfer stattfindet.

Der Ausdruck »Klein-U-Boot« entstand zu einer Zeit, als die Entwicklung von Tauchbooten rasant voranschritt. In Anlehnung an andere Kriegsschiffe (z.B. Westentaschen-Schlachtkreuzer) bezeichnet er vollwertige Tauchboote mit einem möglichst geringen Verdrängungsvolumen, um die bei internationalen Konferenzen festgelegten Quoten sparsam einzusetzen. In der modernen Sprache wurde der Begriff »Mini-U-Boot« als Abgrenzung zu den kleinen Küsten-U-Booten geprägt.

Die Suche nach einem idealen Kleingerät führte zu zahlreichen mehr oder weniger erfolgreichen Entwicklungen, die an jene der ersten U-Boote erinnerten. Noch zögerte man, ob die Klein-U-Boote reine Schwimmer sein sollten, die ihre fischförmigen Geräte blind steuerten, oder Taucher, die sich ihrem Ziel an der Oberfläche näherten.

Hauptmerkmal dieser Art von Gerät ist die entscheidende Rolle, die den Fähigkeiten desjenigen zukommt, dem sie anvertraut werden. Seine Körperkraft und seine Widerstandsfähigkeit, seine Entschlossenheit und sein Mut – Eigenschaften, die im Übrigen alle Kämpfer der Spezialkräfte besitzen –, aber auch sein unermüdliches Training, ja sogar seine allmähliche psychologische Verwandlung in ein Wasser- oder zumindest amphibisches Wesen sind die Voraussetzung für die Heldentaten der Fahrer von Klein-U-Booten.

149

SPEZIALOPERATIONEN

Kampfschwimmer an Bord des amerikanischen atomgetriebenen Angriffs-U-Bootes L. Mendel Rivers der *STURGEON*-Klasse bereiten sich auf ihren Einsatz vor. Das U-Boot führt ein Modul für Kampfschwimmer, das sogenannte DDS (*Dry Dock Shelter*), mit, in dem bis zu 16 Kampfschwimmer mit ihren Antriebsmitteln Platz finden.

SEAL beim Verlassen eines ASDS (*Advanced Sea Delivery Vehicule*): Dieses ermöglicht es dem Träger-U-Boot auf offenem Meer zu bleiben, verringert die Strapazen für die Schwimmer und lässt ihnen mehr Zeit für das Ziel.

Taucher im Innenraum der *Sea Wolf*.

Das U-Boot, das über die Fähigkeit zur Ausnutzung des Überraschungsmoments verfügt, da es unsichtbar ist und von den meisten Ortungsmitteln aus der Luft nicht entdeckt werden kann, ist ein normales Instrument der indirekten Strategie, die den Gegner beim Schwanz und nicht bei den Hörnern packt. Es besitzt somit alle Voraussetzungen, um bei Spezialoperationen der Marine eine zentrale Rolle zu spielen und wurde deshalb bei den jüngsten Konflikten häufig eingesetzt. Im Übrigen sei darauf verwiesen, dass es sich bei den ersten Unterwasser-Glanzleistungen von *Cyana*, *Bushnell* und der *DAVID* tatsächlich um Kommandounternehmen oder Handstreiche handelte, die alle Merkmale einer Spezialoperation aufwiesen: die Fähigkeit zur Überraschung dank einer Kombination aus Vorstellungskraft, Kühnheit und Unsichtbarkeit.

Gute Aufklärungsergebnisse sind für einen Angreifer unabdingbar, um eine Spezialoperation erfolgreich durchführen zu können. Es ist im Grunde überflüssig, sich folgende Tatsache noch einmal vor Augen zu führen: Wenn man nur eine Möglichkeit hat, den Gegner zu treffen, dann ist es umso wichtiger, die verwundbarste Stelle zu finden. Ob die Wespe in den Schenkel oder Mund sticht, ist nicht das Gleiche. Starke Schmerzen kann eine Wespe außerdem zufügen, indem sie im Schwarm auftritt und auf diese Weise die Abwehrmechanismen des angegriffenen Organismus bindet. Diese Taktik gilt auch für kleine U-Boot-Operationen, bei denen zur Genauigkeit des Treffpunkts die Sättigung der gegnerischen Abwehr hinzukommen muss.

Im offenen oder geheimen Krieg sind Spezialoperationen von U-Booten normaler Größe (egal, ob diese auf hoher See oder in Küstengewässern operieren) keine Seltenheit. Die U-Boote sind dafür zuweilen mit speziellen Mitteln ausgestattet: Schleusen zum Absetzen und Aufnehmen von Kampfschwimmern, außenbords gelagerte Schlauchboote, wasserdichte Aufbewahrungsmöglichkeiten für Gerät, Waffen und Sprengstoff sowie Signalvorrichtungen (unauffällige Laternen, Erkennungssignale). Ihre Eigenschaften wie die geräuscharme Fahrt und die Manövrierfähigkeit über und unter Wasser bei geringer Geschwindigkeit müssen in manchen Fällen durch eine gründliche Ausbildung und spezielles Gerät verbessert werden.

Ein britisches *Midget* (Kleinst-U-Boot) der *X-51 Stickleback*-Klasse. Als Vorlage diente die *X-Craft* aus dem 2. Weltkrieg (*Serien X, XT und XE*). Zwischen 1954 und 1955 wurden vier Einheiten dieses Typs gebaut. Sie sollten in den Stützpunkten des potenziellen Gegners Atomminen verlegen, die jedoch nicht gebaut wurden. Nach Aufgabe des Projekts wurden die Einheiten 1966 außer Dienst gestellt.

Spezialoperationen, die von U-Booten normaler Größe durchgeführt werden, zeichnen sich durch ihre große Vielfalt aus. Eine Besonderheit dieser Operationen ist, dass die Ausbildung für das Personal fast genauso gefährlich ist wie der reale Einsatz und dass sie im Krieg und im Frieden gleichermaßen wichtig und geheim sind. Spezialoperationen lassen sich in folgende Kategorien einteilen, die jedoch keinen Anspruch auf Vollständigkeit erheben:

– Operationen, die vom U-Boot allein durchgeführt werden: Markierung, Aufklärung, Aufnahmen von Küsten und Stränden, Beobachtung des Verkehrs, Abhören und Erfassen hoher Frequenzen, Minenverlegen;
– Operationen mit Beteiligung von Kampfschwimmern: Untersuchung des Meeresbodens, Entfernen oder Verlegen von Hindernissen, Arbeiten an Netzen und Kabeln, Anbringen von Unterwassersprengmitteln an Schiffsrümpfen, in Häfen, an Brücken, an Docks etc.;
– Operationen mit Beteiligung bewaffneter Kommandokräfte: Operationen an Land, Aufklärung, Vermessungen, Schädigung oder Zerstörung wichtiger Einrichtungen, Ergreifung Gefangener, Ein- oder Ausschleusen von Personen;
– Transport von Gütern (Edelmetalle, Munition, Brennstoff, Geld, Flugblätter, Befehle, Post etc.) oder Personen (Aufnahme abgeschossener Piloten auf See oder an Land, Agenten, Politiker etc.);
– Operationen mit speziellen Plattformen: Beobachtungs- oder Angriffshubschrauber oder -Flugzeuge,

Tauchroboter zur Beobachtung und Minenabwehr, luftgestützte Beobachtungs- oder Verbindungs-Roboter etc.

Bei diesen Operationen besteht neben der Schwierigkeit des Manövrierens in flachen Gewässern, die wenig bekannt oder schlecht markiert sind, in denen es Gezeitenströmungen gibt, die in der Nähe von Klippen liegen und in denen möglicherweise Minen verlegt sind, das Problem des Risikos, das je nach Bedeutung des Einsatzerfolges eingegangen werden muss.

Diese zuweilen schmerzliche Frage konnte durch die Mini-U-Boote und die kleinsten U-Boote in Form bemannter Torpedos einfacher beantwortet werden, wenn auch manchmal auf eine paradoxe Art und Weise. Bei diesen kleinen Einheiten vermischte sich das Schicksal der Mission mit dem der Menschen, die sie ausführten. Dass der Erfolg einer Operation mit dem Verlust des U-Boots oder zuweilen auch der Besatzung bezahlt werden musste, die sich freiwillig gemeldet hatte und über das Risiko, bei einem solchen Einsatz zu sterben oder – was menschlich nicht unbedingt besser war – in Gefangenschaft zu geraten, Bescheid wusste, wurde im Allgemeinen hingenommen.

Zwei Arten von Trägern wurden speziell zur Durchführung von Spezialoperationen entwickelt: bemannte Torpedos und Klein-U-Boote, von den Engländern *midgets* genannt.

Das Interesse der Historiker an diesen Geräten liegt weniger in den Schilderungen über die einsamen, heroi-

Dieser Anblick bot sich den Amerikanern am Kriegsende in der Schiffswerft von Kure: Von den 540 in Auftrag gegebenen Klein-U-Booten vom Typ *Koryu* (Schupperdrache) wurden nur 115 Einheiten gebaut, die jedoch vergeblich auf ihren Einsatz warteten. Die *Koryu* oder *Typ D* mit fünf Mann Besatzung führte zwei Torpedos in übereinander gelagerten Torpedorohren im Bugteil mit und konnte getaucht vier Minuten lang eine Geschwindigkeit von 16 kn halten.

schen Kämpfe der Besatzungen dieser U-Boote begründet, sondern vielmehr in den Überlegungen zu den Umständen, die zu ihrer Wahl geführt haben. Diese Überlegungen sollten heute fortgeführt werden, denn die Mittel, die einst für die Generalstäbe in Kriegszeiten verlockend waren, könnten in Zukunft auch für terroristische oder sonstige Gruppierungen interessant sein, um damit Glanzleistungen mit wenig aufwändigen Mitteln zu vollbringen.

Die folgenden vier Faktoren waren bei der Wahl von Klein-U-Booten zur Durchführung von Spezialoperationen ausschlaggebend:

– politischer Faktor: Nachdem bei internationalen Konferenzen in der Zwischenkriegszeit Beschränkungen für den Schiffbau der Alliierten des 1. Weltkriegs – insbesondere Quoten für die Gesamttonnage der U-Boote – festgelegt worden waren, suchte man nach einem Mittel, um diese Auflagen zu umgehen; durch den Bau vieler kleiner Einheiten konnte das industrielle Know-how bewahrt und die Ausbildung des Personals fortgesetzt werden, ohne die festgelegten Quoten zu überschreiten;

– technischer Faktor: Hier stand das Bemühen um schnellstmögliche Umsetzung eines technologischen Durchbruchs (Atemgasgemische, spezifische Kapazität der Akkumulatoren, Verbesserung der Torpedos) oder das Ausgleichen eines aus einem technischen Fort-

schritt resultierenden Vorteils (z.B. Reduzierung der physikalischen Felder und der Silhouette angesichts der Minengefahr) wie im Falle Japans in der Zwischenkriegszeit im Vordergrund;

– wirtschaftlicher Faktor: Anpassung an die Kriegswirtschaft, in der die Nutzung der Ressourcen mehr von ihrer Verfügbarkeit als von der Wirtschaftlichkeit der Mittel abhing, und an die Bedingungen der Massenproduktion als Folge der industriellen Mobilisierung; des Weiteren machte die Mangelwirtschaft im Krieg, das Fehlen von Edelmetallen (z.B. in Deutschland) sowie von Metallen und Brennstoffen (z.B. in Japan) den Bau kleiner Luft-, Boden- und Unterwasser-Einheiten erforderlich, die die im Kampf verlorenen Einheiten rasch und zahlreich ersetzen konnten; schließlich die Einführung einer verkürzten Ausbildung, durch die geeignetes Personal ohne große Erfahrung, aber mit großem Engagement und hoher Kampfbereitschaft gewonnen werden konnte in einer Zeit, in der das vor dem Krieg gut ausgebildete Personal durch den Abnutzungskrieg dezimiert wurde;

– militärischer Faktor: Suche nach einem für die Moral der Soldaten und eine wirksame Propaganda notwendigen Erfolg in Form eines Bravourstücks durch Ausnutzen des taktischen Überraschungsmoments oder Sättigung der gegnerischen Abwehr.

Da das U-Boot im Verborgenen operierte und über leistungsfähige Unterwasserwaffen verfügte, deren Wirkung durch die Begleitumstände der Unterwasserdetonation (Stoßwelle infolge hydrodynamischen Drucks, besondere Wirkung unter den Schiffsspanten, beachtliche Schäden durch Wassereinbrüche) noch verstärkt wurde, eignete es sich hervorragend für einen Überraschungsangriff und zur Auslastung der gegnerischen Abwehr.

Aus Sicht der Armeeführungen war es in jedem Fall wichtig, dieses Gebiet zu erforschen sowie entsprechende Versuche und Übungen durchzuführen, um in Kenntnis der Sachlage über mögliche Gegenmaßnahmen (z.B. Entermanöver, Einsatz von Artillerie, Netzen, Ausfälle und Hindernisse, Bekämpfung mit Wasserbomben *a priori*, Überwachung von Häfen und Reeden etc.) nachzudenken und sich darauf vorzubereiten.

Seit Beginn des 20. Jahrhunderts kannte man den Torpedo und das U-Boot; für die Planer von Klein-U-Booten gab es somit zwei mögliche Vorgehensweisen: Sie konnten entweder einen vorhandenen Torpedo verlangsamen und ergänzen, um einen bemannten Torpedo zu erhalten, oder sie konnten das U-Boot vereinfachen, um ein Mini-U-Boot zu erhalten.

Der *Neger* war der erste bemannte deutsche Torpedo und bestand aus zwei übereinander angeordneten G 7e. Er konnte nicht tauchen und blieb zum Navigieren und Angreifen an der Wasseroberfläche. Der Fahrer saß in einem Cockpit im Bug des Bootes und visierte sein Ziel mit Hilfe einer Gradskala in der Plexiglaskuppel und einer Visiernadel, die die U-Boot-Achse darstellte, an. Dieses Modell, von dem ca. 200 Exemplare gebaut wurden, wurde gegen die Landungstruppen in der Normandie eingesetzt.

Japanisches Mini-U-Boot, das in Pearl Habor gefunden wurde.

BEMANNTE TORPEDOS

Im Mai 1918 versuchten wagemutige italienische Taucher mit Hilfe eines Torpedobootes, das aus einem Torpedokörper und einem Aufbau bestand, auf dem der Pilot rittlings saß, die österreichischen Kriegsschiffe in den Kriegshäfen an der dalmatinischen Küste zu erreichen. Das Boot mit dem Namen *Grillo* fuhr knapp über der Wasseroberfläche und war mit Ketten ausgestattet, um die Netze zu überwinden. Es erreichte sein Ziel nicht, doch am 1. November desselben Jahres gelang zwei anderen Italienern namens Rosetti und Paolucci ein ähnlicher Angriff mit einem modifizierten Torpedo, genannt *Mignatta*. Sie versenkten das Schlachtschiff *Viribus Unitis*, indem sie mit Hilfe von Magneten Sprengladungen am Rumpf des Schiffes befestigten. Ironie des Schicksals: Das Schlachtschiff war zum Zeitpunkt seiner Zerstörung gerade in den Besitz des jungen Staates Jugoslawien übergegangen, gegen den Italien keinen Krieg führte. Somit riss es bei seiner Versenkung den ersten jugoslawischen Kommandanten mit in den Tod.

1935 wandten sich die Italiener erneut dem bemannten Torpedo zu. Es war das Jahr des Äthiopienkriegs, der das Startsignal für einen umfangreichen italienischen Wiederbewaffnungsplan der Marine gab. Forschungen im Bereich der Technik und der Taktik führten zur Entwicklung eines bemannten Torpedos, der später von anderen Ländern übernommen und nachgebaut wurde. Bei diesem Torpedo handelte es sich um das Modell SLC (*silure a lenta corsa*, langsamer Torpedo), der wegen seiner zum Teil unberechenbaren Bewegungen auch *maiale* (Schwein) genannt wurde und sowohl von einem Überwasserschiff als auch von einem U-Boot mitgeführt werden konnte. 80 Exemplare dieses Typs wurden gebaut und während des 2. Weltkriegs zunächst mit mäßigem Erfolg (Alexandria, Gibraltar, Malta 1940) eingesetzt. Später gab es neben einigen außergewöhnlichen Erfolgen, die den guten Ruf dieses Torpedos begründeten (Versenkung von zwei Schlachtschiffen in Alexandria im Dezember 1942, Zerstörung von sechs britischen Handelsschiffen in Algeciras im Jahr 1943 von einer im Rumpf des Tankschiffs *Olterra* eingerichteten geheimen Einsatzbasis aus), auch mehrere Teilerfolge oder Niederlagen (Haifa, Algier, Gibraltar 1941–1942).

Weitere italienische Einheiten wie die *Gruppo Gamma* wurden für die Zerstörung von Schiffen im Wasser ausgebildet. Ihre Taucher befestigten mit Hilfe von Saugnäpfen oder Magneten kleine Minen an den Schiffen, von denen einige explodierten, wenn das Schiff Fahrt aufnahm; in diesem Fall wurde die Zerstörung auf eine Mine oder einen U-Boot-Torpedo zurückgeführt.

Nach der Kriegswende für Italien im September 1943 wurden die SLC und ihre Nachfolger, die SSB (*Silure San Bartolomeo*), kaum noch eingesetzt. Man kann jedoch davon ausgehen, dass die Einheiten der Decimas (*10a Flottiglia Mezzi d'Assalto*) unter dem Kommando von Valerio Borghese die Berechtigung ihres durch eine feste Entschlossenheit des Personals untermauerten Konzepts unter Beweis stellten. Ihre Einsätze machten jedoch auch ihre durch Materialfehler und eine ungenügende Ausbildung bedingten Schwächen deutlich.

Ausgehend von einem an der spanischen Küste im Dezember 1941 gestrandeten *maiale* griffen die Briten das Konzept auf und entwickelten unter der Leitung des legendärer Kommandanten Lionel Crabb sogenannte Froschmänner-Einheiten (*frogmen*). Die von Großbritannien in Schottland heimlich gebauten und ausgebildeten *Chariots*, manchmal auch als Unterwasser-Jeeps bezeichnet, wurden später bei Operationen an der norwegischen Küste (1942), im Mittelmeer (Zerstörung eines Kreuzers in Palermo 1943, Angriffe in Tripoli 1943 und in La Spezia 1944) sowie für zahlreiche andere Aufgaben wie Nachrichtengewinnung, Erkundung von Stränden etc. eingesetzt. In Fernost war eine weiterentwickelte Version (*Chariot Mk-II* oder *Terry Chariot*) an einer Operation gegen den Hafen von Phuket in Thailand beteiligt, bei der im Dezember 1944 zwei Frachtschiffe versenkt wurden. Die Art und Weise, wie gefangen genommene britische Kommandokräfte von den Japanern behandelt wurden, veranlasste den britischen Generalstab schließlich dazu, diese Einheiten aufzugeben.

Unter dem Druck eines überzeugenden Offiziers billigten die Japaner ihrerseits nach 1942 das Konzept des Einsatzes bemannter Torpedos, wobei sie gleichzeitig – zumindest in öffentlichen Erklärungen – deren Anwendung für Selbstmordangriffe ablehnten. Das daraufhin nach dem Modell des Torpedos 93 – die japanischen Torpedos gehörten seit den dreißiger Jahren des vorigen Jahrhunderts zu den weltweit leistungsfähigsten – entwickelte Gerät, genannt *Kaiten*, konnte von Überwasser- oder Unterwasserplattformen aus abgeschossen werden und verfügte über einen Flüssigsauerstoff- und Kerosinantrieb.

Die Entwicklung der Marinepotenziale Japans und der Alliierten nahm Anfang 1944 wie von Admiral Yamamoto vorausgesagt einen katastrophalen Verlauf. Zu

Bemannter Torpedo vom Typ *Maiale*: Am 19. Dezember 1941 drangen drei dieser »Schweine« in den Hafen von Alexandria ein, dessen Netz zur Einfahrt der Zerstörer geöffnet war. Sie platzierten Ladungen am Rumpf der Schlachtschiffe *Queen Elizabeth* und *Valiant* sowie eines Zerstörers und eines Tankers und setzten diese damit außer Gefecht.

Am Strand zurückgelassene, bemannte Torpedos vom Typ *MOLCH*. Diese schwer zu manövrierenden und im getauchten Zustand instabilen Einheiten, von denen 363 gebaut wurden, wurden 1945 von Rotterdam aus eingesetzt und mussten schwere Verluste hinnehmen.

diesem Zeitpunkt beschloss der japanische Generalstab, den Bau bemannter Torpedos zu beschleunigen und entsprechendes Personal auszubilden. Sie wurden wie die anderen Spezialmittel einschließlich der *Kamikaze*-Einheiten zwischen November 1944 und Juli 1945 zunächst gegen Häfen (Ulithi im November 1944) und dann ab Ende April 1945 gegen Geleitzüge und Schiffe auf Schifffahrtsrouten eingesetzt, bevor sie auf die japanischen Küsten aufgeteilt wurden, um an einer aussichtslosen Operation gegen eine Landung teilzunehmen, die jedoch nicht stattfand. Die zahlreichen Maschinendefekte der *Kaiten* und ihrer Abschussvorrichtungen sowie die amerikanische Überlegenheit bei den Luft- und U-Jagd-Mitteln verhinderten, dass die 330 *Kaiten* des ersten Typs und der verbesserten Folgemodelle zu einer echten Bedrohung wurden. Sie kamen nicht über das Stadium des Prototyps hinaus oder wurden nicht eingesetzt. Jedoch war die moralische Wirkung des ersten Angriffs auf Ulithi beachtlich: Die Amerikaner mobilisierten daraufhin eine große Anzahl von Mitteln zur Verteidigung der Häfen, obwohl die durch die *Kaiten* verursachten Verluste (Versenkung eines Geschwadertankers und eines Geleitschiffs, Beschädigung von fünf Handelsschiffen) in keinem Verhältnis zu den 95 getöteten Piloten standen, von denen 15 bei der Ausbildung ums Leben kamen.

Außer den bemannten Torpedos gab es noch eine Art menschliche Mine, genannt *Fukuryo*. Dabei handelte es sich um Taucher, die eine an einem drei Meter langen Bambusrohr befestigte und von einem Schwimmer unterstützte ca. 10 kg schwere Sprengstoffladung mit sich führten, die sie bei Berührung eines gegnerischen Schiffsrumpfes, zu dem sie entweder auf dem Meeresboden laufend oder schwimmend gelangten, zur Detonation bringen sollten. Da die *Fukuryo*-Einheiten (insgesamt 6000 Mann, die sich auf die Küstengebiete oder die Umgebung der großen Häfen in der hintersten Seeverteidigungslinie verteilten) zum Zeitpunkt der Kapitulation Japans gerade aufgestellt wurden, kamen sie nicht mehr zum Einsatz.

Wie die Japaner interessierten sich auch die Deutschen für bemannte Torpedos, als sich die wirtschaftlichen Bedingungen für die Kriegsindustrie verschlechterten und frisch ausgebildetes, größtenteils junges und unerfahrenes, aber hoch motiviertes Personal das einzige Gut war, über das Deutschland reichlich verfügte. Der Angriff von Mini-U-Booten auf die *Tirpitz* im September 1943 führte zur Aufstellung des K-Verbands (Kleinkampfverband), der sich aus Einheiten mit Kleinkampfmitteln zusammensetzte. Torpedoteile wurde gemeinsam mit sehr einfachen und schwer zu manövrierenden Geräten in Serie gebaut: zunächst der *NEGER* (200 Exemplare), dann der *MARDER* (300 Exemplare) und der *MOLCH* (363 Exemplare). Erstere wurde gegen die alliierten Landungskräfte in Anzio in Italien und in der Normandie eingesetzt, wobei sie insbesondere von Villers-sur-Mer und Honfleur aus operierten. Sie konnte zwar einige Treffer verzeichnen, doch die Verlustquote lag bei 60%. Auch die *MARDER*, die zunächst von Houlgate und Courseulles aus und später im Mündungsgebiet der Maas und der Schelde operierten, erzielten einige Erfolge bei einer Verlustquote von 80%.

Die Taucher, die es während des Krieges wagten, auf oder in einen Torpedo zu steigen, um gegnerische Überwasserkräfte zu zerstören, bewiesen Mut und Entschlossenheit, doch diese Tugenden wurden durch mangelhaftes Material aus Kriegsproduktion und die Nachteile leichter Kleineinheiten – mangelnde Abwehr gegen die Umgebung (Kälte, Meereskräfte) und gegnerische Luft-

155

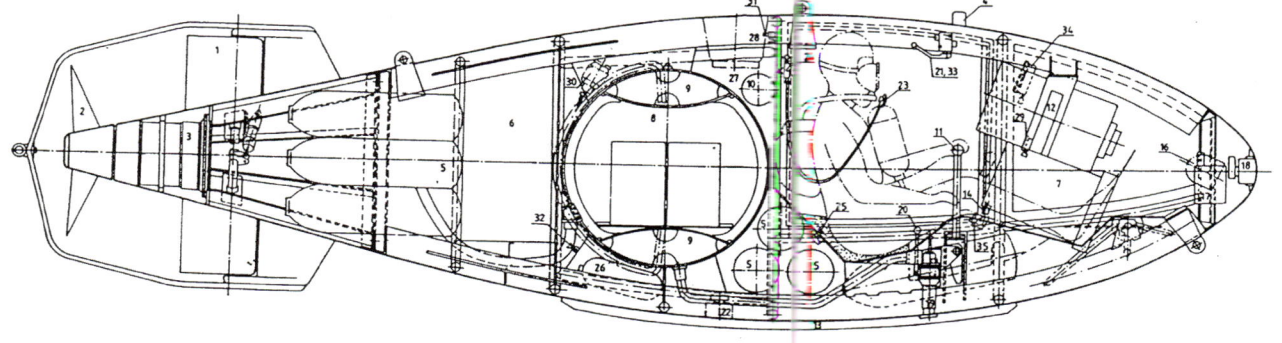

Der Unterwasserjeep *R-2 Mala* kann mit einem Schiff, einem Flugzeug und einem U-Boot transportiert werden. Er bietet Platz für zwei Taucher und ihre Waffen (bis zu 250 kg, vor allem Minen) und taucht in einer Tiefe von 60 m. Der in den achtziger Jahren des vorigen Jahrhunderts gebaute Jeep ist oder war in den Seestreitkräften von Kroatien, Libyen, Russland und Schweden vorhanden.

und U-Jagd-Mittel, Anfälligkeit für Schäden und unzureichende Energievorräte, die im Allgemeinen für eine Rückkehr nach erfüllter Mission nicht ausreichen – zunichte gemacht.

Seitdem konnte dank technischer Fortschritte die Sicherheit dieser Geräte verbessert werden. Sie sollten Kampftauchern und -schwimmern eine größere Beweglichkeit verleihen und gehörten zur Kategorie der Unterwasserschlitten oder Unterwasserjeeps für eine oder mehrere Personen, bei denen sich die Taucher im Allgemeinen im Wasser befanden, während sie in den weiter hinten beschriebenen Mini-U-Booten im Trockenen saßen. Diese Geräte wurden häufig von solchen Ländern entwickelt und für Spezialeinheiten zum Verkauf angeboten, die im letzten Weltkrieg mit der Produktion und dem Einsatz bemannter Torpedos berühmt wurden.

Unter den Ein-Mann-Geräten, die in den fünfziger Jahren aus den Unterwasserschlitten von J.-Y. Cousteau und dem amerikanischen Scuba Scooter entstanden, seien hier die sowjetischen *PROTON* und *PROTEI* aus

den sechziger Jahren des vorigen Jahrhunderts, ihr jugoslawisches Pendant, die *R-1*, sowie die britischen und amerikanischen *PEGASUS* genannt.

Unter den Mehrsitzern, bei denen es sich in der Regel um Zwei-Mann-Boote handelte, sei hier das italienische Unternehmen Cosmos erwähnt, das seit 1956 mit seiner Serie *CE-2F (X-30, X-60* und *X-100)* einen großen Marktanteil für sich erobern konnte. Diese Boote mit einer Tauchtiefe von bis zu 100 m konnten in einer Entfernung von 50 sm vom Ziel abgesetzt werden. Ca. 600 Exemplare dieser Serie wurden gebaut. Konkurrenzmodelle entstanden in Russland (*SIRENA* in den sechziger Jahren und die modernisierte Version *SIRENA-UM, TRITON 1-M, Projekt 907*), in den Vereinigten Staaten (*MINISUB mk-I bis IX*), in Jugoslawien (*R-2 MALA*, das der russischen *TRITON 1-M* entsprach), in Großbritannien (*SUBCAT* und *SUBTUG*) und in Frankreich (*HAVAS*).

Einige waren so klein, dass sie vom Torpedorohr eines U-Boots aus eingesetzt werden konnten (*SIRENA, HAVAS TTV-2*).

Kommando »Schweres Wasser«

Ende 1942 lag die Junon unter dem Kommando von Korvettenkapitän Querville in Dundee, wo sie der 9. britischen U-Boot-Flot-
tille zugeteilt worden war. Sie führte in diesem Zusammenhang verschiedene Einsätze unter der Flagge der Forces navales françaises
libres (Freie Französische Marine) durch. Ihr erster Auftrag war die
Suche nach der Tirpitz im März 1942 an der norwegischen Küste.
Im September erhielt sie von der britischen Führung einen beson-
deren Auftrag: Ein angelandeter Stoßtrupp sollte ein Kraftwerk, das
eine Schwerwasseranlage versorgte, sprengen. Die folgende Schilderung basiert auf Archivmaterial über die Junon.
»Die Junon lief am 8. September 1942 in Begleitung eines britischen Fischkutters aus Lerwick in Richtung Cul-Ness aus, wo sie
einen Stoßtrupp, der aus zwölf Mann – zwei Norweger und zehn
Männer vom SPOC (Special Operations Command) – bestand, mit
ihrem Gerät an Bord nahm. Man kann sich ausmalen, was es bedeutete, einen Stoßtrupp dieser Größe in einem U-Boot mit be-
grenzter Platzkapazität unterzubringen.
Am 9. September fuhr das Schiff Richtung Boastroom Voe, einer
Insel im Norden der Shetland-Inseln, um dort am Tage und in der
Nacht Landungsübungen durchzuführen. Der Einsatzbefehl erreichte das Schiff am 11. September, die Ankunft an der Anlandestelle war für den 14. vorgesehen.
Als der Führer des Stoßtrupps am 1. September seine Männer
zusammenrief, um die Rolle jedes Einzelnen ausführlich zu erläu-
tern und die Anlandestelle anhand einer Generalstabskarte bekannt
zu geben, fragte ihn einer der Norweger, ob er diese Stelle selbst
ausgesucht habe. Die Antwort lautete, dass natürlich der Generalstab diese Stelle festgelegt habe. Der Norweger erklärte daraufhin,
dass diese Stelle nicht besonders sinnvoll sei, da:
– er einen Monat zuvor selbst dort gewesen sei und die Stelle gut
  kenne,
– es dort von Deutschen nur so wimmele und
– der Stoßtrupp 25 km, also zwei Nächte, auf Skiern zurücklegen
  müsse, um das Kraftwerk zu erreichen.
Er schloss mit den Worten, dass, wenn der britische Generalstab
ihnen eine Falle hätte stellen wollen, er genau so vorgegangen
wäre. Der durch diese Äußerungen etwas verunsicherte Verantwortliche des Stoßtrupps fragte Kommandant Querville in Anwesenheit des Norwegers um Rat. Dieser gab nach Prüfung der
Angelegenheit dem Norweger Recht, sagte aber gleichzeitig, dass
Befehl Befehl sei und er deshalb die von der englischen Führung
festgelegte Anlandestelle nicht ändern könne. Der Admiral machte
ihm daraufhin deutlich, dass dieser Auftrag äußerst wichtig sei und
in jedem Fall erfolgreich abgeschlossen werden müsse, ungeachtet
der Konsequenzen.
Es war sicherlich nicht die Beharrlichkeit des britischen Offiziers,
die den Kommandanten überzeugte, sondern sein Pflichtbewusst-
sein, denn er wusste, dass er bei diesem Auftrag nur der Ausführen-
de und nicht der Initiator war und dass er im Falle eines erfolgreichen Ausgangs mit einem Verweis davon kommen würde, während er bei einem Scheitern der Mission die volle Verantwortung
übernehmen müsste. Doch es gab eine Sache, die Kommandant
Querville beunruhigte: Um zur gemäß dem norwegischen Führer
idealen Anlandestelle zu gelangen, musste man den Fjord getaucht
35 sm hinauffahren, womit die Batterien an die Grenzen ihrer
Leistungskapazität stoßen würden, insbesondere wenn das ge-
tauchte Boot gegen die Strömung fahren musste. Nach Ankunft an
der Anlandestelle müsste das Boot unbedingt unentdeckt bleiben,
denn eine Flucht wäre schwierig. Andererseits wäre der Stoßtrupp
nur 6 km vom Ziel entfernt und könnte es in einer Nacht erreichen.
Kommandant Querville stimmte einer Änderung der Anlandestelle
zu und übernahm die volle Verantwortung für die Konsequenzen.
Am 12. und 13. September machte sich die Junon aufgetaucht auf
den Weg zur Anlandestelle, wobei sie nur nachts fuhr, um den
feindlichen Luftangriffen zu entgehen. Sie überfuhr am 14. September um 3 Uhr die 200-Meter-Tiefenlinie und konnte um 5 Uhr Land

sehen. Sie verbrachte den Tag damit, sich mit den Landmarken und
der Küste vertraut zu machen.
Die Einfahrt in den Fjord erfolgte bei langsamer Geschwindigkeit,
da es zahlreiche Felsen auf der Route gab. Der Kommandant wech-
selte ständig zwischen Sehrohr und Detailkarte. Am 15. September
erreichte die Junon um 5.30 Uhr getaucht den Lyngvaerfjord und
fuhr zwischen Blevaer und Gjeso Flesa sowie zwischen den Inseln
Truenen und Myeken hindurch. Bis zur Ankunft am festgelegten Ort
verblieben noch 35 sm und 15 Stunden. Eine wirtschaftliche
Geschwindigkeit von knapp über 2 kn sollte ausreichend sein.
Da das Boot gegen die Strömung fuhr, musste Kommandant Querville die Geschwindigkeit auf 5 kn erhöhen. Die Behauptung von
Kapitän Nemo in Zwanzigtausend Meilen unter dem Meer, dass das
Meer seine Ströme habe und es sich um spezielle Strömungen
handle, die man an ihrer Temperatur und ihre Farbe erkennen
könne, traf also zu. Und der bedeutendste Strom ist der Golfstrom.
In einer Tauchtiefe von 35 m nutzte das U-Boot eine Strömungs-
änderung, um zwischen Blekvaer und Lyngvaer durchzufahren.
Etwas später sah der Kommandant durch sein Sehrohr mögliche
Ziele: einen Tanker um 8 Uhr im Melofjord, ein Militärschiff um
10 Uhr im Rolofjord und schließlich noch einen Tanker. Doch jetzt
ging es nicht darum, die Trefferquote zu verbessern, sondern die
Junon hatte einen anderen Auftrag zu erledigen. Mit einem Knoten
fuhr sie in den niedrigen Blekvaerfjord mit seinen fast senkrechten
Felswänden ein, die nicht die geringste Abweichung von der Route
zuließen.
Um 13.30 Uhr erreichte das U-Boot den Bjaerangsfjord und setzte
in einer Tiefe von 60 m am Meeresboden auf. Die Entfernung zum
nördlichen Ufer betrug 400 m und zum anderen Ende des Fjords
3 000 m. Gegen 16 Uhr war ein Propellergeräusch zu hören, das
sich wieder entfernte und alle dreißig Minuten erneut auftauchte,
was den Kommandanten beunruhigte, da er befürchtete, entdeckt
worden zu sein, obwohl das Boot nicht mit Wasserbomben
bekämpft wurde. Einige Zeit später erfuhr er, dass die Geräusche
von der Fähre kamen, die den Verkehr zwischen den beiden Ufern
sicherstellte.
Um 21 Uhr tauchte die Junon auf; der Kommandant war als Erster
auf der Brücke und sah beleuchtete Häuser. Als die Besatzung die
beiden Schlauchboote aufpumpen wollte, bemerkte sie, dass sie bei
der gründlichen Vorbereitung des Auftrags ein Detail vergessen hatte:
die Außentemperatur. Die Füllventile an den Luftflaschen zum
Aufpumpen der Schlauchboote waren gefroren. Folglich konnten
sie nicht aufgeblasen werden. Also besann man sich eines guten
alten Hausmittels und erhitzte Wasser in der Küche!
Um 22.15 Uhr ging der Stoßtrupp von Bord, und Kommandant
Querville musste nur noch die Leuchtzeichen abwarten, um zu
wissen, dass er erfolgreich angelandet war. Als er die Leuchtzeichen
einige Minuten später sah, war der erste Teil der Mission beendet
und die Junon konnte zurückfahren.
Am 16. September wurde die Fahrt der Junon um 1.30 Uhr erneut
durch Strömungen aus einem Fluss, die schneller waren als das
U-Boot, behindert. Doch der Kommandant wusste, was zu tun war,
und um 3 Uhr konnte die Junon ihre Rückfahrt normal fortsetzen.
Das U-Boot legte am 19. in Lerwick und am 22. in Dundee an.
Kommandant Querville wurde zum Admiralstab zitiert, wo ihn
Admiral Max Horton über den erfolgreichen Verlauf des Einsatzes
informierte. Die Schwerwasseranlage musste ihren Betrieb einstel-
len, nachdem das Wasserkraftwerk noch in der Nacht der
Anlandung vom Stoßtrupp gesprengt worden war, was den Admiral
stutzig machte.
Der Einsatz war zwar erfolgreich, aber es gab auch Verluste: Sechs
Männer konnten sich nach Schweden retten, doch ein Mann starb
und fünf Männer wurden gefangen genommen.«

(Dieser Bericht wurde freundlicherweise von Jean Perrot, einem
ehemaligen Besatzungsmitglied der Junon der DAPHNE-Klasse zur
Verfügung gestellt).

Mini-U-Boote

Die Methode der Vereinfachung und die Suche nach kostengünstigen und in Serie hergestellten Plattformen auf der Grundlage technischer Lösungen, die sich an denen großer U-Boote orientierten, versprach *a priori* mehr Erfolg und weniger Menschenopfer. In der Folge entstand eine Vielfalt an neuen Formen: kleine U-Boote – die sogenannten Küsten-U-Boote – mit 200 t, Kleinst-U-Boote, genannt *midgets* oder *SWATS (Shallow Water Attack Submarines)* mit einer Verdrängung von 10 bis 100 t, die in der Regel von einem anderen Trägerfahrzeug transportiert wurden, und U-Boote zur Beförderung von Tauchern (auch *SDV, Submarine Delivery Vehicle* genannt).

Mini-U-Boote im Osten

Man kann davon ausgehen, dass alle in der Zeit vom ausgehenden 19. Jahrhundert bis zu Beginn des 20. Jahrhunderts gebauten Mini-U-Boote – auch die italienischen Projekte aus dem 1. Weltkrieg (U-Boote vom Typ *alpha*, *A* und *B*) – in erster Linie Modelle technischer und taktischer Versuchsanstalten waren. Japan hat wohl als erstes Land bewusst den Weg der Mini-U-Boote beschritten, indem es ab 1934 eine Familie von kleinen Einheiten (die

allesamt mit dem Schriftzeichen *Ha* bezeichnet wurden) der Typen *A, B, C* und *D* entwickelte. Der Hauptgrund für die Entwicklung solcher Einheiten war der weiter oben erwähnte politische Faktor: Die U-Boot-Tonnage, die auf der Londoner Konferenz 1930 für Japan festgelegt wurde, betrug 52.700 t, während Japan seinen Bedarf auf 78.000 t schätzte.

Die U-Boote vom Typ *A* waren Mini-U-Boote mit zwei Mann Besatzung, 46 t, und einer Reichweite von 80 sm über- und 18 sm unter Wasser, die zwei Torpedos mitführten und nur für den einmaligen Gebrauch gedacht waren, da ihre Batterien nicht aufgeladen werden konnten. Die vor und während des Krieges gebauten 62 Einheiten wurden *ko-hyoteki*, d.h. »Ziel«, genannt, um ihren Verwendungszweck zu verschleiern.

Diese für Angriffe gegen gegnerische Häfen entwickelten Klein-U-Boote wurden mit Überwasserschiffen oder U-Booten in die Nähe ihres Ziels verbracht; sie konnten auch Defensivaufgaben übernehmen und zum Schutz von Küsten eingesetzt werden. In Pearl Harbor kamen sie gleich zu Beginn zum Einsatz, jedoch ohne Erfolg. Überdies waren sie an Angriffen auf Diego Suarez, wo sie im Mai 1942 das britische Schlachtschiff *Ramillies*

Japanisches Kleinst-U-Boot vom Typ *A*, das in der Nähe von Pearl Harbor gefunden und 1960 geborgen wurde. Die am Angriff auf Pearl Harbor beteiligten fünf Einheiten dieses Typs waren in der Nacht vor der Bombardierung von Träger-U-Booten abgesetzt worden. Drei wurden geortet und mit Wasserbomben angegriffen. Sämtliche Boote gingen verloren. Da 1950 keine Spur von den Piloten gefunden werden konnte, ist davon auszugehen, dass sie die Zerstörung ihrer Boote überlebten.

und einen Tanker beschädigten, sowie auf Sydney, Guadalcanal und den Aleuten beteiligt.

Die verbesserten Versionen *B* und *C* wurden zwischen 1942 und 1944 gebaut (insgesamt 16 Einheiten). Sie hatten einen Fahrbereich von 300 sm über und 120 sm unter Wasser und einen Dieselmotor zum Aufladen der Batterie. Bei Einsätzen dieser U-Boote in den Jahren 1944 und 1945 gab es erhebliche Verluste.

Als gegen Kriegsende die Verluste der japanischen Flotte auch durch den Bau neuer Schiffe nicht mehr ausgeglichen werden konnten, wurden aussichtslose Programme für Schnellbau-U-Boote ins Leben gerufen. Dazu gehörte das Klein-U-Boot vom Typ *D* (oder *koryu*), das den Vorgängermodellen entsprach, aber fünf Mann Besatzung und einen größeren Fahrbereich (1000/125) hatte. Von 540 in Auftrag gegebenen Einheiten wurden 115 fertig gestellt. Auch das kleinere als Kamikaze-U-Boot konzipierte *kairyu* mit 20 t war Teil dieser Programme. Von 760 in Auftrag gegebenen Einheiten wurden 244 fertig gestellt, aber nie eingesetzt.

Im Fernen Osten waren einige Marinen auch weiterhin am Konzept des Mini-U-Boots interessiert, insbesondere während des Kalten Krieges. Nahe der Grenzlinie zu Korea gab es zahlreiche geheime Operationen. Über die dabei eingesetzten Mittel und die Resultate ist wenig bekannt. Sowohl Nord- als auch Südkorea machte von der Möglichkeit der Beschaffung und später des Baus moderner Mini-U-Boote Gebrauch, wie die Öffentlichkeit nach der tragischen Strandung einer *SANG-O* (300 t,

bis zu 30 Mann Besatzung, davon 12 Kampfschwimmer) im September 1996 erfuhr, die einen zuvor abgesetzten Kommandotrupp wieder aufnehmen wollte. Nordkorea baute eine umfangreiche Serie von 48 Mini-U-Booten mit 25 t, zwei Torpedos und zwei Mann Besatzung und war außerdem an leichten Halbtauchgeräten sowie an Kleinst-U-Booten verschiedener Größe interessiert. Vietnam hat übrigens 1997 zwei Mini-U-Boote zum Absetzen von Kampftauchern vom Typ *YUGO* gekauft, der dem jugoslawischen Typ *M-100-D* entspricht. Südkorea ist seinerseits im Besitz von Kleinst-U-Booten vom Typ *TOLGORAE* (vier Einheiten mit 150 t, ähnlich der deutschen *100*) und vom Typ *SX-756* (drei vom italienischen Konzern Cosmos gebaute Einheiten mit 80 t). Auch die Volksrepublik China stattet ihre Marine mit solchen U-Booten nationaler Bauart aus.

Nach den Russen, die während des russisch-japanischen Krieges und im 1. Weltkrieg verschiedene Klein-U-Boote für Einsätze in Flüssen und Mündungsgebieten beschafft hatten, interessierte sich später die Sowjetunion im Rahmen ihres umfangreichen U-Boot-Bau-Programms in den dreißiger Jahren des vorigen Jahrhunderts für das Konzept der Mini-U-Boote. Dies geschah natürlich nicht auf internationalen Druck hin, denn die Sowjetunion hatte nicht an den Marinerüstungskonferenzen teilgenommen. Doch heute weiß man, dass dort zu dieser Zeit systematisch nach einem funkferngesteuerten automatischen Gerät für Angriffe unter Wasser geforscht wurde. So entwickelte die Sowjetunion 1936 das Mini-Tauchboot

Nach der Strandung des nordkoreanischen U-Bootes *SANG-O* an der südkoreanischen Küste gehen südkoreanische Spezialkräfte an Bord des U-Bootes. In Küstennähe sind die Umgebungsbedingungen häufig schlechter als auf hoher See (Flachwasser, Strömungen, menschliche Aktivitäten, Umgebungsgeräusche, Mischung aus Salz- und Süßwasser). Die Ortung von U-Booten ist unter diesen Bedingungen besonders schwierig, weshalb die nordkoreanische Einheit mindestens drei Tage in südkoreanischen Gewässern operieren konnte. Erst bei ihrer Strandung am 17. September 1996 wurde Alarm ausgelöst.

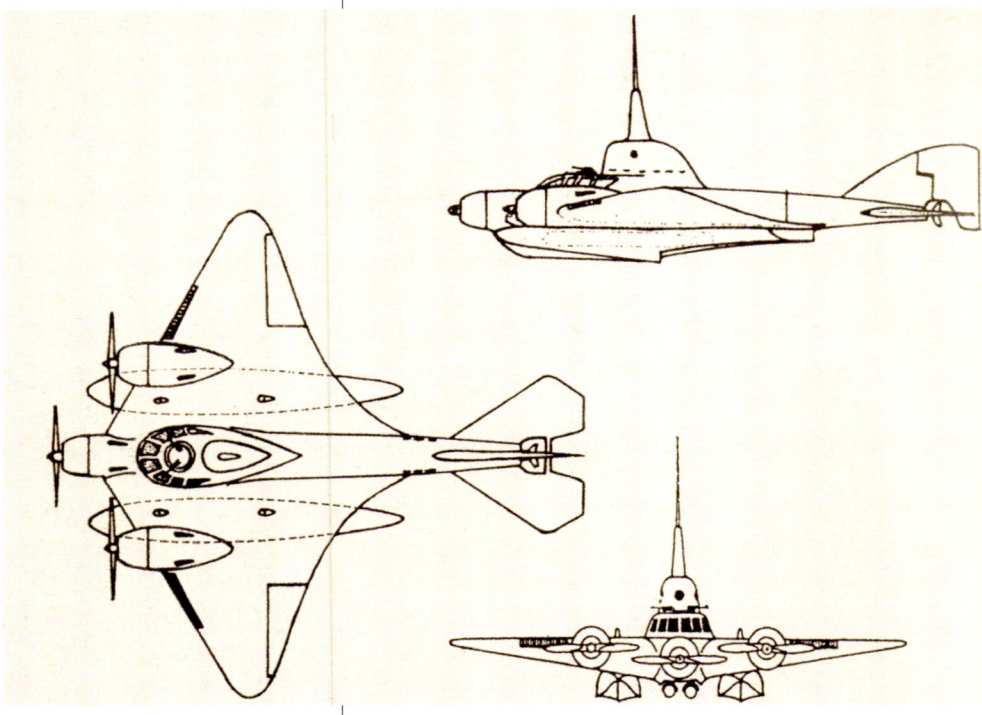

Entwurf des fliegenden U-Bootes *LPL* nach einer Idee von Ouchakov B.P aus dem Jahr 1934, das 800 km bei 100 kn in der Luft und 6 sm bei 3 kn im Wasser zurücklegen konnte. Es war mit zwei Torpedos bewaffnet.

APSS (oder autonomes Unterwasser-Spezialschiff mit 8 t und einem Torpedorohr) in zwei Varianten – automatisch oder bemannt – sowie später Prototypen für Geräte mit 18 t (die im Schwarzen Meer erprobte *PIGMEI* mit vier Mann Besatzung und einer Tauchtiefe von bis zu 30 m) und 60 t. Für die 1937 geplante Serienproduktion der *PIGMEI* wurde kein Auftrag erteilt. Dennoch erbeuteten deutsche Truppen 1941 in Feodossia auf der Krim-Halbinsel ein Exemplar dieses Typs. Weitere Projekte mit 50 t wie das tauchfähige Torpedoboot *M-400 BLOKHA* und mit 30 t (*MOSKIT*) wurden untersucht, aber nicht umgesetzt.

Der originellste Entwurf aus dieser Zeit war sicherlich das *LPL* (fliegendes U-Boot) nach einer Idee von Ouchakov aus dem Jahre 1934. Es handelte sich um ein kleines Eindecker-Wasserflugzeug mit 15 t und drei Mann Besatzung, das 48 Stunden in einer Tiefe von 45 m tauchen konnte. Die Vorstellung, Überwassereinheiten tauchfähig zu machen, reizte die Sowjets, vor allem zu Zeiten Chruschtschows. Damals wurden Pläne für tauchfähige Flugkörperschiffe erstellt, und auch heute noch gibt es Pläne russischer Hersteller für tauchfähige Wasserfahrzeuge oder Kajütboote.

Während des Kalten Krieges verfolgten russische Schiffsbauer häufig eine Politik der Prototypen oder kleinen Serien, mit der Waffensysteme sehr gut weiterentwickelt werden konnten. Es liegt also auf der Hand, dass damals in der Sowjetunion zahlreiche Modelle von militärischem Interesse in begrenztem Umfang produziert wurden. Dazu gehörte das Mini-U-Boot *PIRANYA* (oder *LOSOS*, Typ 865, 250 t, drei Mann Besatzung, Transport von sechs Kommandosoldaten), von dem nur zwei Exemplare fertig gestellt wurden: der Typ 1837 mit 35 t, von dem jeweils zwei Exemplare auf *INDIA*-Rettungs-U-Booten vom Typ 940 verladen wurden, und der Typ 1839 mit 45 t, von dem jeweils vier Exemplare auf Bergungsschiffen der *Elbruz*-Klasse mitgeführt wurden. Kleinst-U-Boote mit Ketten (z.B. vom Typ *ARGUS* mit 8 t und drei Mann Besatzung) sollen sowohl für wissenschaftliche als auch für militärische Zwecke konzipiert worden sein. Dies erklärt die Fülle an bemannten Unterwasserfahrzeugen, die die russischen Schiffswerften heute in Ermangelung sonstiger Aufträge anbieten: *TRITON-2* oder *Projekt 908* (15 t, zwei Mann und vier Taucher, 13 Einheiten), *ISSLEDOVATEL* (250 t, fünf Mann) und die Serie P-137 bis *P-750* mit einer Verdrängung von 160 bis 1000 t.

Kleine Einheiten bildeten in einigen Fällen die Grundlage für die Aufstellung von Unterwasserkräften. Dies galt für Kolumbien, Südkorea, Libyen, Taiwan und Pakistan, das italienische *SX-404*, *SX-756* und *MG-110/120* kaufte. Dieses Bild zeigt eine *MG-120*.

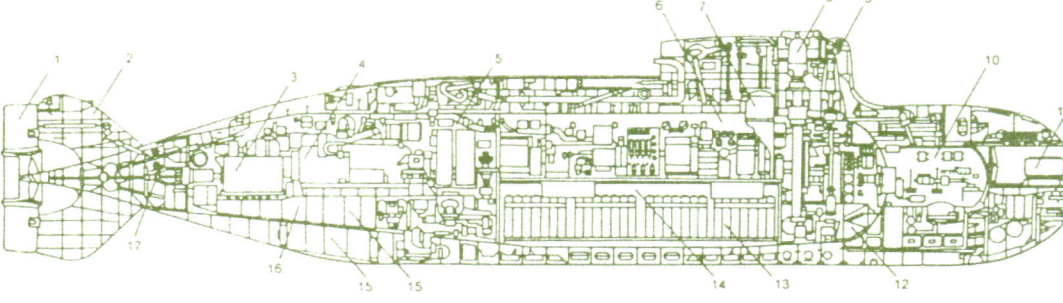

Mini-U-Boote im Westen

In Italien, Großbritannien und Deutschland wurden im 2. Weltkrieg neben bemannten Torpedos auch Mini-U-Boote gebaut.

Italien stellte zwischen 1938 und 1942 vier Küsten-einheiten (*CA*, 15 t, zwei bis drei Mann) fertig. Sie sollten im Rahmen ehrgeiziger militärischer Projekte eingesetzt werden wie das Eindringen in den Hafen von New York nach Überquerung des Atlantiks auf dem in Bordeaux beheimateten U-Boot *Leonardo da Vinci*. Dieses Vorhaben wurde jedoch später aufgegeben.

Ab 1940 wurden auf der Grundlage der *CA* etwas größere Modelle gebaut wie die 22 *CB* (36 t und vier Mann), von denen sechs in den Jahren 1941 und 1942 im Schwarzen Meer operierten und dabei einige erfolgreiche Angriffe wie die Versenkung dreier sowjetischer U-Boote verzeichnen konnten. Im September 1943 wurden die italienischen Kleinst-U-Boote vom Schwarzen Meer nach Rumänien verlegt, während die Einheiten in Pula und Triest sowie die im Bau befindlichen Einheiten in Mailand von den Deutschen erbeutet und der Italienischen Sozialrepublik (RSI) überlassen wurden, ohne dass sie bis Kriegsende zum Einsatz kamen.

Eine *CB* soll gegen Kriegsende von jugoslawischen Partisanen erbeutet worden sein. Sie war vielleicht der Auslöser für die Entwicklung von Kleinst-U-Booten in Jugoslawien, das aufgrund seiner Pufferstellung zwischen beiden Lagern während des Kalten Krieges einen kleinen Durchbruch auf dem Markt der Klein-U-Boote erzielen konnte. Einige Modelle wurden von der jugoslawischen Marine übernommen (Typ *M-100-D* oder *UNA*, 100 t und vier Mann), andere exportiert, insbesondere nach Schweden und Libyen. Kroatien, dessen Marine über zwei *UNA* verfügt, hat die ehemals jugoslawischen Werften wieder aktiviert und produziert dort die *VELEBIT*, eine umgerüstete *M-100-D* mit Dieselmotor (90 t, sechs Mann und sechs Kommandosoldaten).

Einige Zeit nach Kriegsende begann Italien mit der Entwicklung einer großen Palette an maßgefertigten Mini-U-Booten. Die bekanntesten Modelle waren die *SX-404* (40 t, drei Mann und acht Kommandosoldaten), die *SX-506* (70 t, fünf Mann und acht Kommandosoldaten), von der 60 Stück gebaut wurden, die *SX-756* (80 t, sechs Mann und acht Kommandosoldaten), von der mindestens 40 Einheiten gebaut wurden, und deren modernisierte Nachfolgemodelle *MG-110*, *MG-120/ER* und *MG-130-ER* (120 t, sechs Mann und ca. zehn Kommandosoldaten) sowie die Serie *S-150*, *S-200* und *S-300* (sechs Mann und sechs Kommandosoldaten) der Firma Cosmos. Diese hat sich seit dem *MG-120/ER* auf die Lieferung kleiner U-Boote mit außenluftunabhängigem Antrieb (AIP) in Form eines Dieselmotors mit geschlossenem Kreislauf (CCD, *Closed Cycle Diesel*) konzentriert. In einigen Fällen wird der Druckkörper nach einem ganz neuen Bauprinzip, der sogenannten Ringbauweise (GST, *Gaseous oxygen Stored in the Toroidal pressure hull*), gefertigt wie bei den *GST-9* oder den *S-300* (AIP) mit einer Tauchtiefe bis 300 m. Die Modelle der Cosmos-Gesellschaft werden in verschiedene Länder exportiert, darunter Pakistan (fünf *SX-404*, sechs *SX-506* und drei *MG-110*), Kolumbien (zwei Einheiten) und Südkorea.

Doch kehren wir zum 2. Weltkrieg zurück, um die Entwicklung in Großbritannien zu verfolgen. 1942 entstand dort die *X-craft*-Serie (14 *X*, sechs *XT*, 31 *XE*, fünf *X-51*), die alle eine Verdrängung von ca. 30 t und vier Mann Besatzung hatten. Ihnen gelangen einige kühne Operationen wie gegen die *Tirpitz* im März und im Juni 1943 auf dem Grund der Fjorde des besetzten Norwegens und im Fernen Osten (Zerstörung des Kreuzers *Takao* in Singapur im Juli 1945). Andere britische Projekte aus der gleichen Zeit wie die *WELMAN*, von der 100 Einheiten für die Armee gebaut wurden, bevor man das Projekt fallen ließ, oder die *WELFREIGHTER* konnten sich nicht durchsetzen.

Nach dem Ende des 2. Weltkriegs wurden die Taktiken dieser kleinen Einheiten gründlich untersucht. Schweden kaufte 1958 die *Spriggen* von Großbritannien. Die Vereinigten Staaten erprobten gemeinsam mit

Sowjetisches dieselelektrisches U-Boot vom Typ *Projekt 865 (PIRANYA)*. Dieses U-Boot sollte die üblichen Aufgaben von U-Booten erfüllen, jedoch in flachen Gewässern (10 bis 200 m) und sehr unauffällig. Außerdem verfügte es im mittleren Teil und im Bug über Taucherschleusen für Spezialoperationen. Sein Rumpf bestand aus Titan. Die zwei gebauten Einheiten wurden nie in Dienst gestellt.

161

Klein-U-Boot *ASDS* auf einem modifizierten Träger-U-Boot der *LOS ANGELES*-Klasse.

Montagehalle für Kleinst-U-Boote vom Typ *SEEHUND* in einem Bunker in Kiel im Jahr 1945. Da der Zeitfaktor bei der Produktion eine entscheidende Rolle spielte, wurden die einzelnen U-Boot-Sektionen in verschiedenen Betrieben hergestellt und im geschützten Bunker zusammengebaut. Der *SEEHUND* führte auf jeder Seite einen G 7e-Torpedo mit, der auf Schienen befestigt war, die man unter den seitlichen Ausbuchtungen sieht. In den Ausbuchtungen befand sich zusätzlicher Dieselkraftstoff, mit dem das Boot 300 sm bei 7 kn zurücklegen konnte.

Großbritannien, Frankreich und Italien Kleinst-U-Boote aus dem Krieg. Bei dieser Gelegenheit bauten die Amerikaner das Kleinst-U-Boot, *X-1* (30 t, vier Mann und vier Taucher), das trotz einiger Enttäuschungen (durch Wasserstoffperoxyd ausgelöste Explosion an Bord eines Bootes im Jahr 1958) bis 1973 in Dienst blieb. Die Schweden untersuchten ihrerseits verschiedene Modelle von Mini-U-Booten mit der Bezeichnung *SEA DAGGER*, die zur Ausbildung von Überwasserkräften, zum Abschuss von Torpedos und zum Verlegen von Minen sowie zum Absetzen von Kommandosoldaten dienten.

Über die Entwicklungen in Großbritannien während des Kalten Krieges ist mit Ausnahme einer kurzen Serie von *XE*, deren Bau 1954 wieder aufgenommen wurde, wenig bekannt. Doch heute fertigen die britischen Schiffsbauer hochentwickelte U-Boote zum Absetzen von Kampftauchern wie die *PIRANHA* (136 t, sieben Mann und 17 Kampftaucher), die ein tauchfähiges Schlauchboot wie die *EXCALIBUR-180* mit negativem Auftrieb mitführt, das mehrere Monate auf dem Meeresboden bleiben kann. Weitere Modelle sind die neuere *SUB-SKIMMER-80* mit einem Antrieb für die Tauchfahrt oder auch die *SRC (Submarine Recovery Craft)* mit einer Geschwindigkeit von 45 kn über Wasser, die getaucht 10 sm bei 3 kn zurücklegen und über einen tauchfähigen Spezialcontainer versorgt werden kann.

Im 2. Weltkrieg zwangen wirtschaftliche Faktoren (Mangel an Stahl und Edelmetallen) sowie Zeitdruck die deutschen Generalstäbe, sich dem Konzept der Klein-U-Boote zuzuwenden, von denen Ende 1943 mehrere aufgrund ihrer Anzahl beeindruckende Serien produziert wurden: 324 *BIBER* (ein Mann), 53 *HECHTE* und 285 *SEEHUNDE* (zwei Mann). Viele dieser Einheiten erreichten die Kampfgebiete nicht, doch einige wurden gegen die Landungsoperationen der Alliierten in der Normandie eingesetzt, wo die alliierten Kräfte bereits die Herrschaft in der Luft und am Boden errungen hatten und ihre Verluste größer waren als ihre Erfolge. Im August 1944 operierten die deutschen Klein-U-Boote von Le Havre und Fécamp sowie im Dezember von der niederländischen Küste aus. Im Januar 1945 führten sie einen Angriff auf Murmansk durch. Heutzutage findet man in norddeutschen Gewässern sowie in der Nordsee noch relativ häufig Wracks dieser Klein-U-Boote, die von alliierten Luftfahrzeugen auf ihrer Fahrt zerstört wurden.

Die Aufmerksamkeit der Öffentlichkeit richtete sich weiterhin auf die heldenhaften, aber überwiegend wirkungslosen Taten der Klein-Boot-Einheiten, deren Besatzungen aus Offizieren und frisch ausgebildeten Marinesoldaten bestanden. Sie waren das einzige Gut, über das Deutschland 1945 noch reichlich verfügte. Diese Aufmerksamkeit erklärt auch, weshalb die Bun-

desmarine gleich zu Beginn ihrer Gründung die Mini-U-Boot-Projekte im Bereich 50 bis 100 t fortsetzte, wobei sie dabei sicherlich auch an die Operationen in der Ostsee dachte. Im Jahr 1959 wurden zunächst die *H.Techel* und die *F. Schürer* (100 t), dann ein Projekt des Ingenieurs Walter und die *Projekt 70* (77 t) gebaut und schließlich in den siebziger Jahren des vorigen Jahrhunderts die *Projekt 75* und *100* von IKL. Außerdem wurde für die deutsche Marine eine Einheit zum Absetzen von Tauchern vom Typ *Narwhal* (12 t) fertig gestellt. Ein anderer U-Boot-Bauer bot U-Boote vom Typ *SEEPFERD* (zwei Mann und sechs Taucher, mit einer AIP-Version) für von Tauchern durchgeführte Unterwasserarbeiten an.

Eine neue Zukunft zeichnet sich mit Produkten wie der deutschen *ORCA* (28 t, 150 sm, ein Mann und fünf Kommandosoldaten) ab. Spanien entwickelte in den fünfziger Jahren des vorigen Jahrhunderts die folgenden Kleinst-U-Boote: die *FOCA-1* und *FOCA-2* (20 t und drei Mann), die mit dem deutschen *SEEHUND* vergleichbar waren, und später die *TIBURON* (80 t und fünf Mann). Im Nahen Osten waren mehrere Länder an diesen Fahrzeugen interessiert. Saudi-Arabien erwarb sechs Mini-U-Boote vom Typ *100* von Deutschland. Die Vereinigten Arabischen Emirate setzten U-Boote vom Typ *LRSC (Klasse 4x5,* Long Range Submersible Carrier*)* ein. Dabei handelt es sich um Träger-U-Boote mit großer Reichweite, deren Rumpf aus einem Glas/Harzgemisch und einem Kohlenstoffverbundstoff besteht (60 sm und zwei Mann). Der Iran erhielt 1988 ein nordkoreanisches Mini-U-Boot und baute zwei weitere Einheiten nach Vorlagen aus dem 2. Weltkrieg. Diese sollen nicht mehr einsatzbereit sein. Im Jahr 2000 lief in Bandar Abba die *Al Sabehat* 15 vom Stapel, ein U-Boot zum Absetzen von Tauchern mit zwei Mann Besatzung und drei Tauchern. Israel und Ägypten verfügen seit langem über Kampftaucher und Trägerfahrzeuge.

Einige abschließende Anmerkungen

In unserer heutigen globalen Welt mit ihren asymmetrischen Konflikten bieten Spezialoperationen sowohl geheimen Netzwerken (Terroristen, Drogenhändler, Waffenschmuggler, Unruhestifter und Desperados) als auch Spezialkräften, die gegen sie vorgehen, viele Möglichkeiten. Moderne Technologien tragen zur ungebrochenen Anziehungskraft von Spezialoperationen und ihrer Mittel bei. Die Leistungen der heute verfügbaren Mittel sind um ein vielfaches höher als die der bei Konflikten in der jüngeren Vergangenheit (einschließlich des Kalten Krieges) eingesetzten Mittel. Im Folgenden werden einige Bereiche aufgezählt, in denen beachtliche Fortschritte erzielt wurden:

– Atemgasgemische für große Tiefen,
– hochenergetische, leistungsfähige, zuverlässige und unentdeckbare Sprengstoffe,

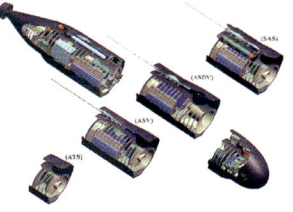

Schwedisches U-Boot für Spezialoperationen vom Typ *SEA DAGGER.* Dieses 16 bis 20 Meter lange Gerät mit vier Mann Besatzung setzt sich je nach Auftrag – Feinddarstellung bei U-Jagd-Übungen oder -Ausbildung, Legen von Unterwasserminen oder Absetzen von Tauchern – aus verschiedenen Modulen zusammen.

Sowjetische Kampfschwimmer mit ihrem Unterwasser-Antriebsgerät *Proton.* Sie werden als *Spetsnaz* (Sondereinheit) bezeichnet und entsprechen unseren Spezialkräften.

– Batterien, Motoren, Brennstoffzellen und sonstige luftunabhängige Energiequellen,
– Hydrodynamik, Antikavitationsschrauben,
– schallabsorbierende Beschichtungen,
– antimagnetische Druckkörper aus Plastik und Verbundstoffen,
– Selbststeueranlagen,
– Satellitennavigation oder Navigation mit Hilfe eingebauter Mittel.

Schließlich ist auch eine gewisse Übereinstimmung des militärischen und zivilen Bedarfs im Bereich der Unterwassermittel festzustellen. Die Doppelwertigkeit der dem militärischen oder zivilen Sektor zur Verfügung gestellten Mittel erschwert zwar ihre Klassifizierung, steigert aber gleichzeitig die Vorstellungskraft und fördert das Zusammenwirken der verschiedenen Beteiligten. Im maritimen Bereich kann ein und dieselbe Aufgabe zwei unterschiedliche Aspekte beinhalten. So ist es möglich,

– an einem Unterwasserkabel oder an einer Untersee-Pipeline zu arbeiten, um es/ sie zu zertrennen oder um es/ sie zu verlegen, freizulegen oder zu warten;
– sich einer Küste zu nähern, um diese für eine Anlandung zu erkunden, zu verminen oder von Minen zu räumen oder um Minen, Wracks und Müll zu beseitigen;
– sich einer wichtigen Anlage (Hafen, Brücke) zu nähern, um diese zu sprengen oder ihren Zustand zu prüfen;
– sich einem Schiff zu nähern, um es zu zerstören oder den Rumpf zu reinigen.

Alle Marinen müssen gleichermaßen darüber nachdenken, wie sie sich gegen die militärischen Wirkungen der für industrielle und Vergnügungszwecke entwickelten zahlreichen zivilen Unterwassermittel schützen können, die im nächsten Kapitel behandelt werden. Es ist ihre Aufgabe herauszufinden, wie sie diese anfordern können, um sie zu ihrem Vorteil zu nutzen und wie sie sie außer Gefecht setzen oder zerstören können.

Die amerikanische NR-1, ein Veteran der Spezialoperationen.

Im Kalten Krieg nutzten die Vereinigten Staaten und die Sowjetunion die U-Boot-Waffe zur Erkundung der Küsten des Gegners oder dessen Verbündeten sowie zur Installation von Mitteln zur Informationsgewinnung in der Nähe der gegnerischen Stützpunkte.

Die amerikanischen Journalisten Christopher Drew und Sherry Sontag enthüllen in ihrer Studie »Jagd unter Wasser« die waghalsigen Operationen amerikanischer U-Boote während des Kalten Krieges. Sie verschafften den Amerikanern einen Wissensvorsprung und ermöglichten ihnen die Ortung sowjetischer Einheiten. Bereits 1948 schickte die US Navy zwei U-Boote in die Barentsee, um dort den Sprechfunkverkehr der russischen Schiffe abzuhören und deren Schallsignaturen zu ermitteln. Im August 1949 kehrten zwei U-Boote der GUPPY-Klasse, die Tusk und die Cochino, in das Gebiet nördlich von Murmansk zurück, wo sie Informationen über Schießen mit den Flugkörpern V-1 oder V-2 sowie über mögliche Atombombenversuche sammeln sollten. Nach dem Ausfall der Batterie ging die Cochino verloren. Die Besatzung wurde von der Tusk aufgenommen und in die Vereinigten Staaten zurückgebracht. In den fünfziger Jahren des vorigen Jahrhunderts machten amerikanische U-Boote Aufnahmen von Erprobungsfahrten

der jüngsten sowjetischen Einheiten und sammelten im Rahmen des Binnacle-Programms Alarmhinweise an der Grenze der Hoheitsgewässer.

Die zu diesem Zweck eingesetzte Gudgeon musste im August 1957 auftauchen, nachdem sie von sowjetischen Patrouillenbooten mit Wasserbomben bekämpft worden war. Auch die U-Boote Ronquil und Trumpetfish gerieten Anfang der sechziger Jahre bei solchen Einsätzen in Schwierigkeiten. Erst mit dem Einsatz von Atom-U-Booten für diese Art von Operationen waren die amerikanischen U-Boote schwerer zu orten. Die Flugkörper-Sektion der Halibut wurde modifiziert, um dort 2 Tonnen schwere Lenkflugkörper mit Kameras unterbringen zu können. Das Programm für Rettungsgeräte vom Typ DSRV diente als Tarnung zur Finanzierung dieser geheimen Mittel, die durch das atomgetriebene Klein-U-Boot NR-1 ergänzt wurden. 1968 ortete die Halibut die Wracks eines sowjetischen GOLF-U-Boots und einer amerikanischen Scorpion. 1971 wurde sie in die See von Okhotsk geschickt, um dort ein Registriergerät an einem Unterwasser-Fernmeldekabel, das das Hauptquartier der Pazifikflotte in Wladiwostock mit dem Stützpunkt Petropawlosk verband, zu installieren und Reste sowjetischer Marschflugkörper in Übungsge-

Kleines russisches U-Boot mit Atomantrieb vom Typ Projekt 1910 (UNIFORM) für Einsätze in mehr als 1000 Meter Tiefe.

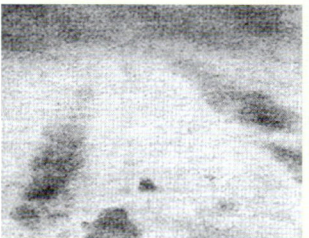

Die *Parche*, ein am Bug durch eine 27 Meter lange Sektion modifiziertes U-Boot der *STURGEON*-Klasse, war auf Spezialoperationen und das Bergen von Objekten am Meeresboden spezialisiert. Es wurde für seine Einsätze sieben Mal vom amerikanischen Präsidenten ausgezeichnet.

Spuren von Ketten am Meeresboden in Harsfarden im Jahr 1982.

bieten aufzunehmen. Anschließend wurde das alte Typboot *Seawolf* für den Einsatz von Tauchern und zum Bergen der Aufzeichnungen des Unterwasserkabels in der See von Okhotsk umgebaut und später durch ein Boot der *STURGEON*-Klasse, die *Parcha*, deren Rumpf einige Meter länger war, ersetzt. Sie sollte 1979 eine ähnliche Operation an der Einfahrt in den Fjord von Murmansk durchführen. 1981 wurde das am Kabel in der See von Okhotsk angebrachte Registriergerät von den Sowjets entdeckt. Die im darauf folgenden Jahr in die Barentsee geschickte *Parche* machte auf dem Weg dorthin eine große Reise über das Kap der Guten Hoffnung, um jeglichen Verdacht zu zerstreuen. 1984 und kurz vor dem Treffen zwischen Reagan und Gorbatschow im September 1986 in Reykjavik kehrte sie in die Barentsee zurück. Nach dem Gipfel durfte die *Parche* ihren Auftrag in den sowjetischen Gewässern fortsetzen. Der Kommandant wurde nach ihrer Rückkehr von Präsident Reagan empfangen und das U-Boot erhielt seine fünfte Auszeichnung.

Über die russischen Spezialoperationen ist wenig bekannt. Verschiedene U-Boot-Klassen wurden für Spezialaufträge in den Tiefen der Meere eingesetzt. Dazu gehörten insbesondere die für den Transport von Tauchern und zum Trennen von Unterwasserkabeln modifizierten Versionen (BS-69, BS-891 bzw. BS-82) der *Projekt 611*-Klasse. Sie wurden später durch andere Einheiten wie die *Projekt 10831 (PALTUS)*, die *Projekt 1910 (UNIFORM)* und die *Projekt 1851 (X-RAY)* ersetzt. Da diese 40 bis 60 Meter langen Einheiten bei der Nordflotte stationiert waren, wurden sie nicht mit den zahlreichen U-

Booten in Verbindung gebracht, die nach 1975 in die schwedischen Gewässer der Ostsee eindrangen.

Mit Ausnahme der Strandung einer *Projekt 613 (B-137)* im Archipel von Karlskrona im Jahr 1981 infolge eines Navigationsfehlers konnte kein U-Boot ergriffen oder identifiziert werden. 1983 und 1984 wurden mehr als 70 Kontakte gemeldet gegenüber nur 15 in den Jahren 1985 und 1986. Von 1981 bis 1994 berichteten ca. 4500 Augenzeugen über Beobachtungen von U-Booten und Tauchern. Die schwedische Marine gestand jedoch ein, dass sie aufgrund der zahlreichen, unter anderem auch von Nerzen verursachten Geräusche in diesen niedrigen Gewässern nicht in der Lage sei, die eingedrungenen U-Boote zu orten. Auf dem Meeresboden in Harsfarden beobachtete Spuren (1989), die den in Japan aufgenommenen ähnelten, deuteten auf Kettenfahrzeuge hin, deren Existenz jedoch bis heute nicht bewiesen werden konnte. Zwei zunächst als Forschungseinheiten getarnte sowjetische Mini-U-Boote vom Typ *Projekt 865 (PIRANYA)* schienen für das Eindringen in Archipelgewässer gut geeignet zu sein. Doch sie wurden erst in den Jahren 1988 und 1989 in Dienst gestellt und waren damit über jeglichen Verdacht erhaben. Das Rätsel bleibt also ungelöst.

Kleines russisches U-Boot für Einsätze am Meeresboden, das auch exportiert wurde. Das äußere Erscheinungsbild der *Projekt 10831 (PALTUS)* und der *Projekt 1910 (UNIFORM)* dürfte ähnlich sein. Man beachte die Greifarme.

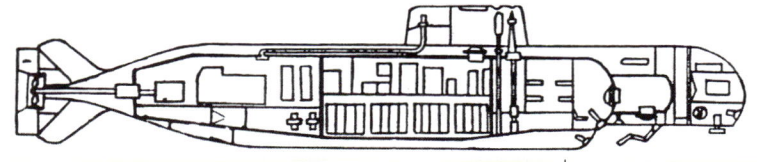

Die wichtigsten Klein-U-Boote für Spezialoperationen

Gebaut in	Klasse	Baujahr	Anzahl/Land	Werft	Verdr. (t) ü./u. Wasser	Maße (m) L/B/h	Tiefgang (m)	Antrieb
Nass-Mini-U-Boote								
Deutschland	MARDER	1944	300		3	8,3		elektrisch
	NEGER	1944	200		2,7	7,1/0,5		elektrisch
	STN	1999			28	12		
Frankreich	HAVAS Mk9	zeitgenössisch				?/0,9/0,9		
Iran	AL SABEHAT 15	2000	1		2 (?)	8 (?)/1,5		elektrisch
Italien	SLC MAIALE	1935				6,7/05/0,5	25–30	elektrisch
	CE2F/X30/60/100	zeitgenössisch	Pak. Libyen Ägypten	Livorno	2	6,7/0,8/0,8	30–60–100	elektrisch
Japan	KAITEN-3	1945	1		8,3	16,7/1,3		elektrisch
Vereinigtes Königreich	CHARIOT Mk-I	1943			5	7/5,3		elektrisch
	SUBCAT	1980			9	3,1/1,6/0,7	60	elektrisch
Sowjetunion/Russland	MAI III	1968			4	3,1/1,4/?	50	elektrisch
	SIRENA	zeitgenössisch			9	11,3/0,5	40	elektrisch
	TRITON 1-M	1972		Leningrad	1,5/3,7	0,5/1,4	40	elektrisch
USA	Mk-IX	1985			23	5,9/1,9/0,8	100	elektrisch
Jugoslawien	R-1	ca. 1970	Libyen Schweden	Brodosplit	0,14	3,7/1/0,7	60	elektrisch
	R-2 MALA	ca. 1980	Libyen	Brodosplit	1,4	4,9/1,4/?		elektrisch
Trocken-Mini-(oder Taschen-)U-Boote								
Deutschland	BIBER I	1944	324		6,3	9,4/1,6		
	HECHT	1944	53		11,8	10,4/1,7		elektrisch
	MOLCH	1944	383		11,8	9,7/1,8		elektrisch
	SEEHUND	1944	285		14,9	13,6/1,7		elektrisch
	DELPHIN I	1944	3		2 5	5/1		Benzin-Kreislauf
	Typ 100	ca. 1970	Saudiarab. (6) Südkorea (4)		77/95	18/3,8/2,4	100	dieselelektrisch
Nordkorea	YUGO	1960	36+	Yukdaeso-ri	90/110	20/3,1/		elektrisch
	SANG-O	1991	35 (+)	Sinpo	256/277	35,5/3,8/3,7	180	elektrisch
Südkorea	TOLGORAE	1983	2		150/175			elektrisch
Spanien	FOCA	1957	2		16/17	11,9,1,8/1,5		elektrisch
	TIBURON	1958	2		76,8/79,3	21,1/2,4/2,4		elektrisch
Italien	CA	1938	2	Caproni Taliedo	13,5/16,4	10/1,96/1,6		elektrisch
	CB	1941	22	Caproni Taliedo	36/45	15/3/2,1		elektrisch
	SX-404	1966	Libyen (2); Paki.	Livourne/Cosmos				elektrisch
	SX-506	ca. 1970	Kolumb.(2); Ägy.(6); Taiw.(3)	Livourne/Cosmos				elektrisch
	SX-756	ca. 1970		Livourne/Cosmos	80/?	25,2/2/		elektrisch
	MG-110	ca. 1980	Pakistan	Cosmos/Karachi				elektrisch
Japan	Ha (type A)	1938	2		40/46	23,8/1,8		elektrisch
	Ha (Type D)	1944	115		53/59,3	26,2/1,8		elektrisch
	KAIRYU-2	1945	207		19,3	16,7/1,2		elektrisch
Vereinigtes Königreich	X-3	1942	2	Varley Marine	27/35	15,2		elektrisch
	X-51	1954	4	Vickers	35/41	16,4/?/?		dieselelektrisch
Schweden	SEA DAGGER	Entwurf		Kockums	55/72	19,9/?/?		
Sowjetunion/Russland	M-400 BLOKHA	1939			52			
	Projekt 865 (LOSOS)	1984	2	Leningrad Amirauté	218/390	28,2/4,8/5,1	200	dieselelektrisch
USA	X-1	1954	1	Fairchild, LI Farming.	31,5/36,3	15,1/2,1/2		dieselelektrisch
Jugoslawien	M-100-D	1985	6	Split	76/88	18,8/2,7/2,5	120	elektrisch

Leistung (kW)	Geschwindigk. (kn) ü./u. Wasser	Fahrbereich (sm/km) ü./u. Wasser	Anzahl Schrauben	Besatzung	Bewaffnung
9	4	48/4	1	1	1 Torpede
9	4	48/4	1	1	1 Torpedo
		150/4	1		
		40/?	1		
			1		2 Kampfschwimmer
11	4,5				Sprengladung 220 kg
			1		Sprengladung 300 kg
5	40	50/3,3	1	1	Kamikazegerät
		18/2,9	1	1	Sprengladung 500 kg
		50/4	1	2	
	50		2	2	
	4	16/2	1	2	Sprengladung 460 kg
	6		1	2	
	10		1	2	Sprengl./2 Kampfschw.
	3	8/2,5 ; 6/3	1	1	
	4	18/4	1	1	
	6,5/5	130/6	1	1	2 Torpedos
	6	69/4	1	1	2 Torpedos
	4,3/5	50/4	1	1	2 Torpedos
	8/10,3	340/8	1	2	2 Torpedos
	14/17		1	1	1 Torpedo
			1		2 TR
236			1	4	2 TR ; 6/7 Kampfschw.
–	7,6/7,2	2700/7	1	21	2/4 TR
	9/6		1	6	2 TR
	9/12	700/?	1	2	
	9,7/9,7	2040/6	1	5	2 TR
–	6,2/5	700/4	1	2	2 ALT
–	7,5/7	1400/5	1	4	2 TR
			1	5	2 Torp.; 8 Kampfschw.
			1	5	2 Torp.; 8 Kampfschw.
			1	6	2/4 Torp.; 8 Ka.schw.
			1		2 TR ; 8 Kampfschw.
	23/19	11/19 ; 80/2	1	2	2 TR
	6,5/		1	5	2 TR
			1		
50	6,5/4,5		1	3	2 Minen o. 2 Torp
50	6,5/6		1	5	2 Minen o. 2 Torp.
			1		
			2	3	2 TAE
	6,5/6,5	1000/4	1	9	2 TR/Kampfschw.
300	12/8	500/?	1	4	
36	6/7	200/4	1	6	Minen, 4 Kampfschw.

Der französische Bathyscaph (Tiefsee-Tauchgerät) *Archimede* im Jahr 1973: Er führte 1962 im Kurilengraben ein Tauchmanöver bis zu 9 550 m Tiefe durch.

KAPITEL VII

RETTUNGS-, FORSCHUNGS- UND HANDELS-U-BOOTE

In diesem Kapitel werden bisher noch nicht vorgestellte U-Boot-Arten vorgestellt. Dabei handelt es sich um kommerzielle oder wissenschaftliche U-Boote (für Arbeiten auf hoher See und zur Erforschung der Ozeane), Spezialgeräte zur Rettung in Not geratener U-Boot-Fahrer und sonstige zivil genutzte U-Boote (Transport, Tourismus).

Erstere stehen im Zusammenhang mit einer wirtschaftlichen Tätigkeit und sind Bestandteil der Meerestechnik. Ihre Gruppe ist sehr umfangreich, man könnte sagen unbegrenzt, denn jedem neuen Bedarf entspricht ein neues Gerät, manchmal sogar mehrere. Diese Art von U-Booten wird in folgende Kategorien unterteilt: bemannte Unterwasserfahrzeuge MUV, Manned Underwater Vehicle, HOV, Human Occupied Vehicle und unbemannte Unterwasserfahrzeuge UUV Unmanned Underwater Vehicle, die sich wiederum in AUV,

Autonomous Underwater Vehicle, unabhängige Unterwasserfahrzeuge, und in ROV, Remotely Operated Vehicle, ferngesteuerte Unterwasserfahrzeuge aufteilen); weiterhin wird zwischen Tiefsee-Tauchgeräten und Tauchgeräten für flache Gewässer unterschieden.

Zur zweiten U-Boot-Kategorie gehören Spezialgeräte zur Rettung von Besatzungen. Diese zunächst nationale Aufgabe wurde später von den jeweiligen Bündnissen (NATO, Warschauer Pakt) übernommen. Heute stellen sich alle Länder ihre Rettungsmittel gegenseitig zur Verfügung. Dies ist eine Konsequenz aus der Kursk-Tragödie.

Das Kapitel endet mit einem kurzen Überblick über sonstige zivil genutzte U-Boote oder militärische U-Boote, die vorübergehend oder endgültig für den zivilen Bereich genutzt werden (Abschuss von Raketen, Forschung, Transport).

MEERESTECHNIK

Unter der Meerestechnik versteht man sämtliche zur Erschließung der Meeresressourcen notwendigen Kenntnisse und Techniken. Dieser Begriff umfasst folglich sowohl die Erforschung und das Studium der Meere als auch deren Nutzung. Um diese beiden Funktionen – Erforschung und Nutzung – zu gewährleisten, bediente man sich zunächst des Menschen, der später mit einem Tauchgerät oder einer Taucherglocke ausgerüstet wurde oder von einem kleinen U-Boot aus arbeitete. Beispiele dafür sind das Tauchgerät von John Smeaton (1788), der Tauchapparat von Klingert aus dem Jahr 1797, die Taucherglocke von Spalding (1783) und die kleinen Einmann-Tauchboote wie das *Aquapede* von Alvary Templo aus dem Jahr 1896 oder der *Arbeiter* von Pino (1903). Auch die U-Boote von Lake gehören dazu. Einige Vorschläge dieses amerikanischen Konstrukteurs für Tauchfahrzeuge für Unterwasserarbeiten wurden umgesetzt: die *Argonaut* im Jahr 1897, die *Argonaut-II* im Jahr 1900 zur Prüfung von Unterwasserkabeln und zur Erforschung des Meeresbodens und die mit einer Taucherschleuse ausgestattete *Protector* aus dem Jahr 1902, die problemlos auf dem Grund aufsetzen und getaucht vor Anker gehen konnte.

Verbesserte Plattformen und Ausrüstungen eröffneten immer größere Möglichkeiten. Die zahlreichen Wracks und großen Metallvorkommen waren Ausgangspunkt für eine große Zahl von Projekten im 19. Jahrhundert wie der Druckluftsenkkasten von Triger aus dem Jahr 1841, der *Hydrostat* von Dr. Payerne aus dem Jahr 1844, der Unterwasserarbeiter *La France* von Piatti del Pozzo (1897) oder der *Hydrophilos* von L. de Rigault (1899).

Heute werden diese mittlerweile komplexen Aufgaben von immer leistungsfähigeren Systemen übernommen, die vor allem auf zeitgenössische technische Entwicklungen wie die Automatik, die Robotertechnik, moderne Materialien und die Datenverarbeitung zurückgreifen. Die Vereinigten Staaten, Europa und Japan sind auf diesem Gebiet am aktivsten.

Ein System besteht aus einem Segment an Land, einem Segment an der Oberfläche und einem Segment unter Wasser. Vor allem Letzteres ist von uns von Interesse, wobei es nicht zwangsläufig das teuerste und komplexeste sein muss. Man ist heute bemüht, umrüstbare Plattformen zu schaffen, deren Module und Besatzungen dem jeweiligen Auftrag – Forschung oder Nutzung, z. B. Instandhaltung von ortsfesten Fördernlagen – angepasst werden.

Das Unterwassersegment ist entweder ein bemanntes Fahrzeug oder ein Roboter.

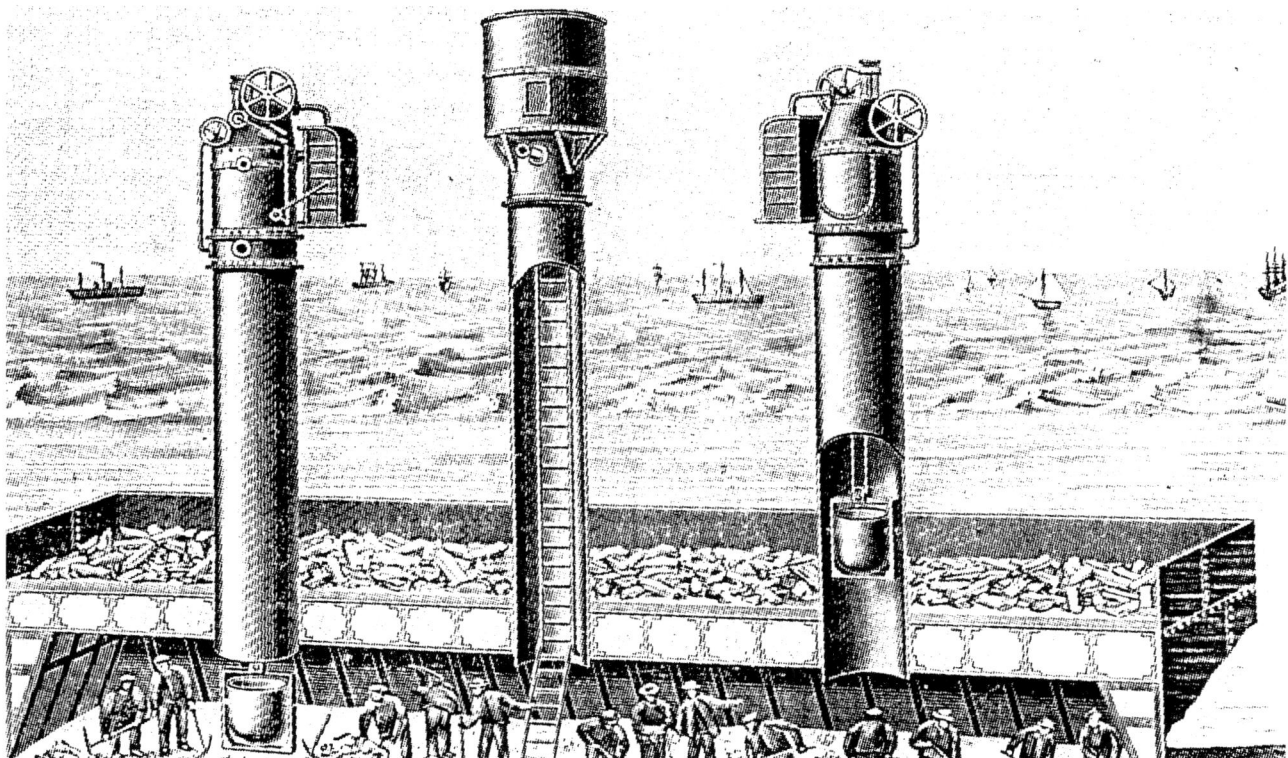

Dieser Stich aus der Mitte des 19. Jahrhunderts zeigt die Anlagen, mit denen damals große Hafenarbeiten durchgeführt wurden. Zur Verankerung des Druckluftsenkkastens von Tiger (1841) wurde das Dach mit Ballast beschwert.

Die Argonaut von Simon Lake

Diese Zeichnung zeigt die *Argonaut* von Simon Lake, die nach 1897 auf großes Interesse stieß. Das in Baltimore gebaute Arbeitsgerät verfügte über einen Benzinmotor und rollte mit Hilfe zweier Antriebsräder und einer Schraube über den Meeresboden. Um die vom Benzin ausgehenden Gefahren zu verringern, wurde der Treibstoff in Tanks außerhalb des Druckkörpers gelagert, die um den Beobachtungsturm herum angeordnet waren. Die Luftzufuhr für den Motor erfolgte über das 15 Meter lange senkrechte Rohr. Die Abgase wurden durch das schräge Rohr nach außen geleitet. Das dank seiner drei Räder sehr stabile U-Boot konnte seine Masse den Umgebungsbedingungen anpassen: Auf schlammigem Untergrund machte es sich leichter, um die Wirkung der Schraube auszunutzen; auf felsigem Untergrund erhöhte es sein Gewicht für eine optimale Nutzung der Räder; bei schlechtem Wetter oder bei einer Steigung machte es sich wieder leichter etc. Das Seegangsverhalten an der Oberfläche war verhältnismäßig gut: Als die *Argonaut* auf offener See von einem denkwürdigen Unwetter überrascht wurde, dem ca. 100 Segelschiffe zum Opfer fielen, ließ sich Lake auf der Brücke festbinden und rief seiner Besatzung die Befehle zu. Für diese Heldentat erhielt er ein Glückwunschtelegramm von Jules Verne, dessen Bücher Simon Lakes Leidenschaft für U-Boote geweckt hatten.

Die *Argonaut* mit sechs Mann Besatzung führte zahlreiche erfolgreiche Tauchfahrten und mehrere lange wissenschaftliche, touristische und Werbereisen getaucht durch. Als das amerikanische Schlachtschiff *Maine* im Februar 1898 vor Havanna sank, hielt es die Untersuchungskommission für möglich, dass das Schiff von einem spanischen Gerät ähnlich der *Argonaut* angegriffen

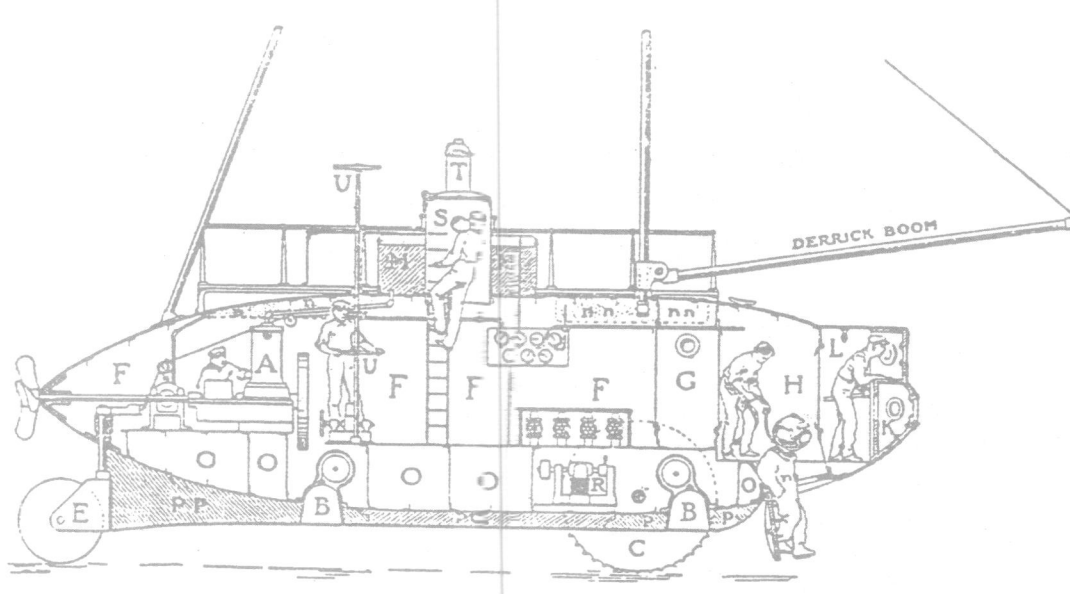

worden sei. Lake bot seine Dienste der Marine an. Um sich der Marine zu empfehlen, beschrieb er ein zum Schutz von Hampton Roads angelegtes (amerikanisches) Minenfeld, das er selbst zuvor besichtigt hatte, in allen Einzelheiten. Er erhielt keine Antwort. Aus dem offiziellen Wettbewerb zwischen seinem Modell und dem Modell von Holland (*Octopus*) ging letzteres 1907 endgültig als Sieger hervor.

Der für Unterwasserarbeiten konzipierte *Arbeiter* oder Pino nach dem Namen seines Erbauers wurde von 1901 bis 1903 in Genua erprobt. Er gehört zur Kategorie der abhängigen U-Boote, da er von Anlagen an Land oder an Bord eines anderen Schiffes mit (elektrischer) Energie versorgt wurde.

Die *Aluminaut* (81 t, sieben Mann, 3 300 m) wurde 1966 in Palomares mit Erfolg eingesetzt. Es gab jedoch auch mehrere Zwischenfälle, die zeigten, wie heikel extreme Tauchgänge waren: 1966 rutschte das Boot in einen Unterwassercanyon und blieb im Schlamm stecken; im selben Jahr konnte gerade noch verhindert werden, dass das Boot abrupt an Tauchtiefe verlor; 1968 verkohlte eine Dichtung infolge eines Kurzschlusses, und es trat Wasser ein.

Die *Archimede* aus dem Jahr 1973 wies gegenüber den vorherigen Bathyscaphen zahlreiche Verbesserungen auf: größere Hydrodynamik durch den Einbau der Kugel unterhalb des Bugs, Einbau von drei Bullaugen, Verlagerung der Elektronik nach oben und dadurch Erhöhung der Seeausdauer und der Leistungsfähigkeit der Beleuchtung. Sie führte 1962 im Kurilengraben ein Tauchmanöver bis 9 550 m Tiefe durch. 1973 und 1974 nahm die Archimede an der Expedition *FAMOUS* auf dem Mittelatlantischen Rücken teil. Zurzeit wird sie umgebaut und soll später in der »Cité de la mer« in Cherbourg ausgestellt werden.

Die nach dem Geophysiker Allyn Vine benannte *Alvin* entstand im Jahr 1964 in den Vereinigten Staaten, als die Begeisterung für die Ozeanografie sehr groß war. Die Kugel mit einem Durchmesser von 2,1 m bietet Platz für drei Personen und kann bis zu 4 500 m tief tauchen. Die Aufbauten bestehen aus Aluminium- und Mikrokugeln aus einem Glas/Harz-Gemisch. Ein Greifarm mit Zange ermöglicht die Entnahme von Proben. Mit der *Alvin* wurden die 1966 in der Nähe von Palomares verloren gegangenen Atombomben geborgen und zahlreiche wissenschaftliche Expeditionen durchgeführt, darunter die französisch-amerikanische Expedition *FAMOUS* im Jahr 1974. 1986 unternahm sie einen Tauchgang zur *Titanic*.

Sie waren die Pioniere und werden auch in Zukunft eine bedeutende Rolle spielen, da der Mensch am Steuer dieser Fahrzeuge die Fähigkeit zur Koordinierung, Anpassung und Entscheidung besitzt, aber auch, weil das Auge des Wissenschaftlers oder Technikers für die Beobachtung eines Naturphänomens mit seinen Formen und seiner Dynamik unerlässlich ist.

Die Tiefsee-Tauchfahrzeuge gehören zu dieser Kategorie, denn es sind die Bathyscaphen – bemannte Unterwasserfahrzeuge –, die die extremen Tiefen des Ozeans in einem Zeitraum von zehn Jahren eroberten.

Ihre Geschichte beginnt mit den Tauchgängen der *Bathysphere* des amerikanischen Biologen W. Beebe und des Ingenieurs O. Barton, die bereits 1934 vor den Bermuda-Inseln bis zu 908 m tief tauchte. Es handelte sich um eine einfache Stahlkugel, die an einem Kabel ins Meer heruntergelassen wurde.

Nach dem 2. Weltkrieg ging die Jagd nach Tauchrekorden auf beiden Seiten des Atlantiks weiter. Der Schweizer Professor Auguste Piccard, dessen Ballonaufstiege in den dreißiger Jahren des vorigen Jahrhunderts vom belgischen Fonds für wissenschaftliche Forschung unterstützt wurden, erforschte den tiefsten Teil des Meeres mit einem Bathyscaphen, den er *FNRS-II* nannte. Der Bau dieses Tiefsee-Tauchboots begann während des Krieges und wurde 1947 gemeinsam mit dem belgischen Ingenieur Cosyns in Zusammenarbeit mit dem französischen und belgischen Forschungszentrum fertiggestellt. Ein Tank mit Benzin (leichter als Wasser), der mit der druckfesten Beobachtungskugel verbunden war, verlieh diesem Gerät einen positiven Auftrieb wie bei einem Ballon. Stahlschrotballast gab dem Boot den notwendigen Untertrieb zum Tauchen. Zum Auftauchen wurde

dieser Ballast je nach gewünschter Geschwindigkeit nach und nach abgeworfen. Dieses Boot verzeichnete zwar keine Rekorde, doch es bereitete den Weg für spätere Expeditionen aus Europa und Amerika, wo sich konkurrierende Teams in einem sportlichen Wettkampf an die Eroberung der großen Tiefen unseres Planeten machten.

Den Anfang machte in den Vereinigten Staaten O. Barton, der 1948 mit der *Benthoscope* vor der Küste Kaliforniens bis 1 380 m tief tauchte.

In Frankreich setzte der Nationale Fonds für wissenschaftliche Forschung seine Bemühungen ohne Professor Piccard fort, jedoch mit Unterstützung der Abteilung Schiffbau und Marinerüstung und insbesondere mit Hilfe von André Gempp und Pierre Willm. Das Resultat dieser Zusammenarbeit, der Bathyscaph *FNRS-III*, erreichte im August 1953 mit Schiffbauingenieur Pierre Willm als Piloten und Korvettenkapitän Georges Houot als Begleiter eine Tiefe von 2 500 m. Professor Piccard konnte seinerseits die italienische Regierung für den Bau der *Trieste* gewinnen, mit der er in Begleitung seines Sohns Jacques im September 1953 im Golf von Neapel 3 150 m tief tauchte.

Doch bereits 1954 stellte die *FNRS-III* mit Willm und Houot einen neuen Tauchrekord von 4 050 m vor der Küste Dakars auf. 1960 holte sich die *Trieste-II* das Blaue Band zurück, als sie mit Jacques Piccard und Leutnant D. Walsh von der US Navy zur tiefsten Stelle im Marianengraben (10.916 m u. NN) tauchte – ein bis heute ungeschlagener Rekord. Die beiden Männer entdeckten bei dieser historischen Tauchfahrt, dass auch in dieser Tiefe Fische und Krustentiere leben.

Das U-Boot *Griffon* aus dem Jahr 1971 in einer frühen Bauphase: Es wurde zur Prüfung der Druckfestigkeit des Bootskörpers auf einem Anhänger von Brest nach Cherbourg transportiert. Die *Griffon* (8 m lang, 14 t, 600 m Tauchtiefe) war gemeinsam mit ihrem Trägerschiff, der *Triton*, mehrere Jahre im Einsatz für die französische Marine und das französische Zentrum für Ozeanographie.

1962 tauchte ein neuer französischer Bathyscaph mit dem Namen *Archimede* im Kurilengraben bis zu einer Tiefe von 9 550 m und beendete die Zeit der Rekordtauchfahrten, die zugegebenermaßen wenig zur Kenntnis der Meere beigetragen haben. So lässt sich ermessen, wieviel Zeit der Mensch im Vergleich zur Eroberung der Erd- und Meeresoberfläche brauchte, um in große Tiefen vorzudringen. Die Tiefsee ist nach wie vor wenig erforscht, da sich die Fortschritte in der Ozeanographie und der Umweltforschung auf die obere Schicht der Meere und Ozeane konzentrieren, in welcher der Austausch von Luft und Wasser stattfindet.

Dieses 1971 in Großbritannien gebaute Tauchfahrzeug mit zwei Mann Besatzung konnte bis zu 900 m tief tauchen und war mit modernen optischen Sensoren ausgestattet. Es kündigte einen technologischen Fortschritt an, der dem Bedarf der Atom-U-Boot-Flotten an Einsatzmitteln entsprach.

Heute wird die Erforschung der dritten Dimension des
Ozeans mit modernem Gerät, den bemannten Unterwasserfahrzeugen, mit einer Tauchtiefe von 600 m bis
6000 m fortgesetzt. 40% des Meeresbodens können mit
einem Tauchfahrzeug mit einer Tauchtiefe von 1 000 m
und 97% mit einer Tauchtiefe von 6 000 m tief erreicht
werden.

Zu den bemannten Unterwasserfahrzeugen gehören
in der Reihenfolge ihres Baujahrs die *Alvin* (1964, USA,
4 500 m), die *Dolphin* (AGSS-555, 1968, 915 m), die
atomgetriebenen *NR-1* (1969, USA, 725 m), die tauchende Untertasse *Cyana* (1971, Frankreich, 3 000 m),
die *Sea Link I* und *II* (1971, USA, 900 m), die *Pisces-V*
(1973, USA, 2 000 m) als Teil einer Serie, zu der auch
die *Pisces-III* gehörte, die bei Arbeiten vor der irischen
Küste in einer Tiefe von 500 m sank, die *Griffon* der französischen Marine (1973, 600 m), die *Shinkai-2000*
(1981, Japan, 2 000 m), die *Nautile* (1984, Frankreich,
6 000 m), die beiden *MIR* (1987, Sowjetunion, 6 000 m)
und die *Shinkai-6500* (1989, Japan, 6 500 m).

Einige dieser bemannten Tauchfahrzeuge können
auch Tauchroboter einsetzen. So erforschte die *Nautile*
1987 mit Hilfe des mit Kameras ausgestatteten Tauchroboters *Robin* das Innere der Titanic. Die Bilder wurden
live vom amerikanischen Fernsehen übertragen.

Am anderen Ende des Spektrums findet man die in
der Anfangszeit als »Taxis der Meere« bezeichneten
bemannten Unterwasserfahrzeuge für flache Gewässer,
deren Prototyp die 1957 gebaute »tauchende Untertasse«
(*SP-350*) von Kommandant Jacques-Yves Cousteau war.
Dieser wollte die praktische Freitauchgrenze, die damals
bei ca. 100 Meter lag, durchbrechen und über ein schnelles, sehr bewegliches Gerät mit ferngesteuertem Greifarm
verfügen. 1959 führte Hubert Falco den ersten Tauchgang
mit der Untertasse durch, bei dem auch die beeindruk-
kenden Aufnahmen zum Film »Die Welt der Stille« entstanden. In der Folge wurde eine Reihe neuer Geräte für
mittlere Tauchtiefen gebaut, die häufig auf eine bestimmte Aufgabe spezialisiert waren. Dazu gehören unter ande-

rem die *Aluminaut*, die gemeinsam mit der *Alvin* eine
1966 im Mittelmeer in der Nähe von Palomares verloren
gegangene Atombombe aus einer Tiefe von 870 m ber-
gen konnte, die *Deep Star 4000* (1965, 1 200 m), die
Deep River und die *Deep Quest* (1967, 2 600 m), die
Sea Cliff (1968, 2 100 und später 6 000 m) sowie die
Deep Rover Jules und *Jim* (1995, USA, 1 000 m), die
Remora (1995, Frankreich, 610 m) und die sowjetische
Atlant (1963), *Thetis-N* (1973, 300 m), *Benthos* (1966,
300 m) und *Osa-3-600* (1976, 600 m).

Während die oben genannten Fahrzeuge im
Allgemeinen von einem speziellen Überwasser-Ver-
sorgungsboot aus eingesetzt werden, bauten einige
Unternehmer kleine, unabhängige bemannte U-Boote
für Unterwasserarbeiten wie die *US Corsair (RS-1)* und
die *US Constellation (RS-2)*. Diese 12 m langen diesel-
elektrischen U-Boote sind mit einem Schnorchel ausgestattet und bieten Platz für sechs Personen. Sie können
200 bzw. 300 m tief tauchen. Ihr Fahrbereich beträgt
400 sm bei 8 kn über Wasser, und sie können bis zu
einer Woche getaucht bleiben. Die *RS-1* verfügt über
einen luftunabhängigen AIP-Antrieb. Ihr Dieselmotor
kann mit einem Sauerstoff/Argon-Gemisch betrieben
werden.

Dank neuer Materialien erlebten auch die Taucheranzüge eine Renaissance. Seit den siebziger Jahren entwickelten verschiedene Firmen leichte, druckfeste und
bewegliche Taucheranzüge, die unter der Bezeichnung
Jim, Wasp, Sea Mantis, Spide und *Hornet* auf den Markt
kamen. Heute steht mit dem *Newtsuit* ein Mehrzweck-
gerät zur Verfügung, das sowohl für die Marine als auch
für zivile Firmen interessant ist. Bei diesen Geräten werden die Nachteile des Tauchens – Kompression und
Dekompression – überwunden.

TAUCHROBOTER

Auch wenn der Mensch bei neuen und schwierigen Operationen nach wie vor unersetzbar ist, insbesondere wegen seines räumlichen Wahrnehmungsvermögens, so gibt es doch viele eintönige Tätigkeiten, die von Robotern übernommen werden können. Ihrem Einsatz werden allein durch den Energieverbrauch Grenzen gesetzt und nicht durch die mangelnde Widerstandsfähigkeit von Piloten und Beobachtern gegen Kälte, Erschöpfung und Müdigkeit. Mit der Zunahme kompakter Energiequellen gegen Ende des 20. Jahrhunderts schritt auch die Entwicklung von Tauchrobotern rasch voran. Diese gemeinhin als *UUV (Unmanned Underwater Vehicle*, unbemanntes Unterwasserfahrzeug) bezeichneten Geräte können entweder unabhängig von ihrem Trägerschiff operieren – in diesem Fall heißen sie *AUV (Autonomous Underwater Vehicle*, unabhängiges Unterwasserfahrzeug) – oder sind über ein Kabel zur Energieversorgung und Informationsübertragung mit dem Trägerschiff verbunden. In diesem Fall handelt es sich um *ROV (Remotely Operated Vehicle*, ferngesteuertes Unterwasserfahrzeug), die in zwei Kategorien unterteilt werden: schweres Gerät, sogenanntes Arbeitsgerät, mit leistungsfähigen Werkzeugen und hydraulischen Manipulatoren, das jedoch nicht besonders beweglich ist und leichtes Gerät, sogenanntes Beobachtungsgerät, mit elektrischen Werkzeugen und Sensoren zur Unterstützung von Tauchern, Helmtauchern und schweren *ROV*. Weltweit gibt es heute ca. 500 Arbeits-*UUV* und 2500 Beobachtungs-*UUV*. Eines dieser *UUV*, das japanische *Kaiko*, tauchte 1995 im Marianengraben bis auf eine Tiefe von 10.910 m und wiederholte damit die Rekordfahrt der *Trieste-II*.

Tauchroboter werden für unterschiedliche Aufgaben eingesetzt:
– Sammeln ozeanographischer Daten über die unbelebte und belebte Umwelt, Erkundung und Kartographierung des Meeresbodens;
– Prospektion für die Fischerei, geophysikalische Unterwasser-Prospektion im Rahmen der Kohlenwasserstoffforschung;
– Abbau von Diamanten und Manganknollen;
– Verlegen, Überwachung, Wartung und Reparatur von Pipelines, Kabeln und Bohranlagen sowie sonstige Unterwasserarbeiten;
– Unterwasserarchäologie, Suche nach und Inspektion von Wracks, Bergen von Blackboxes, Überwachung von Müllzonen.

Als Beispiel sei hier die voraussichtliche Leistungsfähigkeit eines geplanten japanischen Tauchroboters genannt, der mit einer Brennstoffzelle ausgestattet sein wird. Bei einer Geschwindigkeit von 4 kn wird er 300 sm (ca. 500 km) in 72 Stunden zurücklegen und bis zu einer Tiefe von 6 500 m tauchen können. Sein Gewicht wird ca. 2 t betragen.

Auch die derzeitigen Geräte sind sehr leistungsfähig. Das *ROV Victor-6000* des französischen Forschungs-

instituts für die Nutzung der Meere gehört zu einer Gruppe von Tauchrobotern, die bis zu 6 000 m tief tauchen können. Es ist über ein 8 500 m langes Kabel mit seinem Trägerschiff, der *Thalassa* oder *Atalante*, verbunden und kann sich in dieser Tiefe in einem Umkreis von 250 m ferngesteuert bewegen.

Einige *ROV* haben sich durch besondere Leistungen hervorgetan. So barg das 1993 von der Universität Wladiwostock entwickelte *ROV Roby* die Blackbox des nach einer Verletzung des sowjetischen Luftraums abgeschossenen südkoreanischen Passagierflugzeugs.

Unabhängige Tauchroboter haben eine noch größere Bewegungsfreiheit als die *ROV*. Bei einigen kann das ursprünglich vorgegebene Programm im Laufe einer Operation durch Schallsignale geändert werden. Dies trifft beispielsweise auf das russische *AUV MT-88* zu, das in 5500 m Tiefe das Wrack des 1986 vor den Bermuda-Inseln verloren gegangenen U-Boots *K-219* sowie das Wrack der *Komsomolets* in der Norwegensee in 1 650 m Tiefe entdeckte.

Einige *AUV* dienen als Modellschiff zur Verfeinerung der Formen größerer Schiffe. So wurde das amerikanische atomgetriebene Angriffs-U-Boot *USS Virginia* nach dem Modell des amerikanischen *LSV-2 Cutthroat*, »dem weltweit größten *AUV*« mit 205 t, gebaut.

Das ROV *Victor 6000* mit seinem Trägerschiff *Thalassa* bei Erprobungen in der Reede von Brest im Juli 1998. Es gehört zur Flotte des französischen Forschungsinstituts für die Nutzung der Meere und kann bis 6 000 m tief tauchen.

Dieses Bild zeigt die *Star III*, die 1968 für Ölgesellschaften eingesetzt wurde. Sie kann bis 600 m tief tauchen und hat eine Geschwindigkeit von 5 kn

175

RETTUNGS-U-BOOTE

Am 17. Dezember 1927 sank das amerikanische U-Boot S-4 in 35 m Tiefe nach einem Zusammenstoß mit einem Patrouillenboot in der Nähe von Cap Cod. Trotz des heldenhaften Einsatzes der Taucher konnte die vierzigköpfige Besatzung nicht gerettet werden. Auf der Suche nach neuen Mitteln baute man ein wegen seiner Taucherschleuse wertvolles altes Versuchs-U-Boot von Lake um, das auf dieser Aufnahme (1929) zwischen dem Torpedorohr und dem Bugrad leicht geöffnet ist.

Seitdem es bemannte U-Boote gibt, stellt sich das Problem der Rettung der Besatzung bei einem Unfall. Die diffuse Bedrohung, die von den Tiefen der Ozeane ausgeht, beunruhigt sei jeher die Verantwortlichen an Land und die Familien der Seeleute. Die Unzulänglichkeiten der ersten Boote führten in der Tat sehr früh zu Katastrophen.

Der Unfall des *Brandtauchers* von Wilhelm Bauer im Jahr 1851 machte den U-Boot-Fahrern bewusst, welche Gefahr das Eingeschlossensein in einem sinkenden Bootskörper bedeutete und wie man dieser Gefahr begegnen konnte: durch den Ausstieg mittels einer Luke und durch das Auftauchen in einer Luftblase nach dem Ausgleich zwischen Innen- und Außendruck. Die ersten Katastrophen zeigten schnell, dass ein solches Unterfangen nicht einfach war, doch dass bestimmte Vorrichtungen die Überlebenschancen im Falle einer Panne oder einer Kollision verbessern konnten, wie eine Notluke unter der Einstiegsluke, Heißhaken, Sicherheitsballasttanks, die Querunterteilung in Form von druckfesten Schotts, Luftaufbereitungsvorrichtungen, Atemgerät etc.

U-Boote sind jedoch kleine Kampfschiffe mit begrenztem Raum, so dass bis zur Umsetzung dieser Vorrichtungen weitere Katastrophen geschehen mussten, um die tatsächliche Existenz der Gefahren, aber auch der Möglichkeiten des Überlebens aufzuzeigen. Nach und nach begriff man, dass Überlegungen zu Rettungsmitteln seitens der Ingenieure sowie eine entsprechende Ausbildung der Besatzung unverzichtbar waren.

Solange die U-Boote in geringer Tauchtiefe operierten – ab einer Tauchtiefe von dreißig Metern ist der Ausstieg ohne zusätzliches Gerät problematisch – gab es für die Konstrukteure und die militärische Führung grundsätzlich

zwei Rettungsmethoden: zum einen das Heben mit externen Mitteln (die zur Rettung der Besatzung der *Farfadet* im Jahr 1905 fehlten, doch mit denen 1911 fast die gesamte Besatzung der *U3* dank des Schwimmdockkrans der Vulkan-Werft gerettet werden konnte), zum anderen der Einzelausstieg, d.h. das unversehrte Personal versuchte, das U-Boot aus eigener Kraft zu verlassen.

Doch sehr schnell kam man zu der Überzeugung, dass die Überlebenschancen nach einer Kollision oder Kampfhandlung von Zufälligkeiten abhängig waren wie

Die Übernahme der *S-48* hatte noch nicht stattgefunden, als sie im Dezember 1921 in flachen Gewässern sank. Man hatte vergessen, eine Klüse zu schließen, und als man die Ablasse öffnete, um zu tauchen, liefen die drei Hecksektionen gleichzeitig mit den Ballasttanks voll. Da dies in 20 Metern Tiefe geschah, gelang es der Besatzung, das Boot aufzurichten, so dass ein Torpedorohr aus dem Wasser ragte, und sich auf die Brücke zu retten. Nach acht Stunden wurden die Überlebenden von einem Schlepper aufgenommen, der auf dieser Aufnahme zu erkennen ist. Er war durch den Rauch einer Matratze, die die Besatzung als Notsignal in Brand gesetzt hatte, auf das U-Boot aufmerksam geworden. Kurze Zeit später ging H.G. Rickover als Ingenieur an Bord der *S-48*, die später in Brand geriet und strandete.

die zahlreichen Katastrophen im Frieden vor dem 1. Weltkrieg belegen. Von 1900 bis zu Kriegsbeginn gingen 15
U-Boote mit Teilen oder der gesamten Besatzung verloren: sechs britische (*A-1, A-8, C-11, A-3, B-2, A-7*), vier
französische (*Farfadet, Lutin, Pluviose, Vendemiaire*), drei
russische (*Delfin, Kambala, Minoga*) Einheiten sowie ein
italienisches (*Foca*), ein deutsches (*U3*) und ein japanisches (*I-6*) U-Boot.

Nach der Auswertung der Erfahrungen aus dem U-
Boot-Krieg und im Zuge der Suche nach neuen U-Boot-
Typen (vor allem Geleit-U-Boote und Hochsee-U-Boote)
in der Zwischenkriegszeit, wurden Verdrängung, Geschwindigkeit und Anzahl der Besatzungsmitglieder erhöht. Technische und taktische Versuche führten zu Unfällen, bei denen mehr Menschen starben als vor dem
Krieg. Diese Unfälle betrafen alle U-Boot-Flotten: die *S-48*
(1921), die *S-51* (1925), die *S-4* (1927) und die *Squalus*
(1939) der amerikanischen Flotte, die *K-5* (1921), die *H-42*
(1922), die *L-24* (1924), die *M-1* (1925), die *H-29* (1926),
die *H-47* (1929), die *Poseidon* (1931), die *M-2* (1932)
und die *Thetis* (1939) der britischen Flotte, die *70* (1923),
die *43* (1924) und die *I-63* (1939) der japanischen Flotte,
die *Ondine* (1928), die *Promethee* (1932) und die *Phenix*
(1939) der französischen Flotte, die *Rabotchi* (1933), die
Rys (1935), die *Tschtsch-424* (1939) und die *Dekabrist*
(1940) der sowjetischen Flotte, die *Nereus* (1931) der
griechischen Flotte, die *S. Veniera* (1925) und die *F-14*
(1928) der italienischen Flotte sowie die *Rucumilla* (1925)
der chilenischen Flotte.

Diese Serie von Tauchunfällen, von denen die meisten auf Kollisionen zurückzuführen waren, beschleunigte die Suche nach neuen Rettungsmitteln und sicheren
Rettungsmethoden. Mutige U-Boot-Fahrer verließen das
U-Boot über die Torpedorohre. Die theoretische Möglichkeit der Überflutung eines Zufluchtsraums oder einer
Ausstiegsschleuse wurde untersucht und in der Praxis von
den Besatzungen durchgespielt und geübt. Doch bald
wurden die Grenzen solcher Methoden sichtbar. Sie entsprachen im Wesentlichen den Küstengewässern, wo der
Schiffsverkehr – und damit das Risiko einer Kollision oder
eines Unfalls – am größten war und wo zusätzliche
Strömungen und Untiefen die Navigation erschwerten.
Die U-Boot-Fahrer gewöhnten sich daran, mit Gefahren
zu leben, die beim besten Willen nicht vollkommen aus-
geräumt werden konnten. Doch es war die Pflicht jedes
Kommandanten, seine Besatzung auf schwierige Operationen vorzubereiten, die durch moderne Mittel zur
Luftregulierung in einem U-Boot im Falle einer Panne in
flachen Gewässern erleichtert wurden.

Nach dem 2. Weltkrieg, in dem zahlreiche U-Boot-
Fahrer, vor allem aus Deutschland, ihr Leben ließen, wur-
den die Marinestäbe erneut von einer Reihe tödlicher
Unfälle überrascht: die *Truculent* (1950) und die *Affray*
(1951) in Großbritannien, die *2 326* (1946) und die
Sibylle (1952) in Frankreich, die *Dumlupinar* (1953) in

Diese Aufnahme zeigt den
triumphierenden Erfinder
der abwerfbaren Kapsel
für U-Boot-Fahrer in Not,
Menotti Nanni, der mit
seiner Tauchfahrt bewies,
dass er eine halbe Stunde in
seiner als Einmann-Rettungs-
Boot konzipierten kegelför-
migen Kapsel durchhalten
konnte.

Das *DSRV* kann auf dem
Luft- und Landweg sowie auf
Schiffen transportiert werden, um es schnellstmöglich
zum Einsatzort zu bringen.
Es kann auf einem Träger-
U-Boot befestigt werden und
ist damit von den Wetterbe-
dingungen an der Oberfläche
(Wind, Seegang, Packeis)
unabhängig.

Dieses Bild zeigt ein japanisches Rettungs-U-Boot (11 m, 30 t, sechs Mann, 600 m Tauchtiefe) mit dem Namen *Chihiro* (Rettung) aus dem Jahr 1978. Es wird mit einem Luftkissenfahrzeug transportiert und kann an die Luke eines havarierten U-Bootes andocken. Mit einer Schleuse im unteren Teil des Druckkörpers können bis zu zwölf Personen gleichzeitig geborgen werden.

der Türkei, die *M-200* (1956) und die *S-80* (1961) in der Sowjetunion sowie die *Thresher* (1963) in den Vereinigten Staaten.

Der Verlust der *Thresher* mit 129 Mann an Bord stellte die Sicherheit der anderen Atom-U-Boote dieser Serie in Frage. Gleichzeitig löste er beispiellose Bemühungen zur Entwicklung neuer Tauchfahrzeuge aus. Die amerikanische Marine stellte innerhalb kürzester Zeit zwei Klein-U-Boote zur Rettung manövrierunfähiger U-Boote in großen Tiefen fertig. Das *DSRV* (*Deep Submergence Rescue Vehicle*, Tieftauchrettungsboot) stellte neben dem Heben eines U-Boots und dem Einzelausstieg eine neue

Träger-U-Boot vom Typ Projekt *940* (*INDIA*) für kleine Rettungs-U-Boote: Die sowjetische Marine besaß zwei dieser Trägerschiffe, die in Polyarni und Wladiwostock beheimatet waren. Sie konnten jeweils zwei Kleinst-U-Boote bis zu einer Tiefe von 300 m einsetzen. Ihre Außerdienststellung machte sich beim Verlust der Kursk schmerzlich bemerkbar.

Möglichkeit zur Rettung der Überlebenden einer Kollision oder eines havarierten U-Boots dar. Dieses autonome U-Boot wird von einem Trägerschiff über Wasser oder einem Träger-U-Boot aus eingesetzt und ermöglicht das Bergen der gesamten Besatzung mit Hilfe eines externen Mittels unter Aufrechterhaltung der normalen Druckverhältnisse. Es kann bis zu 600 m tief tauchen, an die Luke eines havarierten U-Boots andocken – auch mit einer Krängung von 45° –, sich den Druckverhältnissen an Bord des havarierten U-Boots anpassen und bei jedem Tauchgang 24 Mann nach oben befördern.

Die beiden fertig gestellten DSRV-Einheiten *Mystic* und *Avalon* wurden fast vierzig Jahre lang von der amerikanischen Marine genutzt und instand gehalten. Später wurden sie der NATO im Rahmen der gegenseitigen Unterstützung von U-Boot-Marinen zur Verfügung gestellt. Sie konnten jedoch bei Unfällen, die sich nach ihrer Indienststellung ereigneten, keine große Hilfe leisten: die deutsche *Hai* (1966), die israelische *Dakar*, die französische *Minerve*, die amerikanische *Scorpion* (1968) und die französische *Eurydice* (1970). Jedoch ermöglichten sie die Entwicklung taktischer und strategischer Atom-U-Boot-Flotten, da mit ihnen ständig ein leistungsfähiges Rettungsmittel für den Notfall bereitstand. Die Russen hatten mit den gleichen Schwierigkeiten zu kämpfen (Verlust der *K-129* und der *K-27* im Jahr 1968 sowie der *K-8* im Jahr 1970) und führten deshalb ähnliche Untersuchungen durch, auf deren Grundlage schließlich eine Rettungs-U-Boot-Flotte entstand.

Einer der Vorzüge des *DSRV* besteht in seinem schnellen Transport zu Einsatzorten auf der ganzen Welt. Dieser erfolgt zunächst auf dem Luftweg mit einem Transportflugzeug und anschließend auf dem Seeweg mit einem Überwasserschiff oder einem U-Boot. Durch die Möglichkeit, das *DSRV* mit Hilfe eines anderen atomgetriebenen und schnellen U-Boots in unmittelbare Nähe des Unfallorts zu transportieren, wird die Zeit zwischen Unfall und Rettung kurz gehalten, und das Rettungs-U-Boot ist unabhängig von Witterungsbedingungen. Außerdem kann es auf diese Weise an einen Unfallort unter dem Eis verbracht werden.

Die Technik des *DSRV* ist heute überholt, und so arbeiten die Marinen der Verbündeten gemeinsam an der Entwicklung eines Nachfolgemodells. Zurzeit untersuchen die französische, die norwegische und die türkische Marine im Rahmen der NATO ein neues Projekt. Dabei dürfte es sich vorzugsweise um ein unbemanntes, sehr bewegliches und manövrierfähiges U-Boot handeln, das auch U-Booten in Schräglage zu Hilfe kommen kann. Es wird von einem Überwasser-Trägerschiff aus eingesetzt. Weiterhin wird das U-Boot dahingehend verbessert, dass es die Besatzung des havarierten U-Boots bei angemessenem Druck sicher und schnell bergen kann.

Gleichzeitig wurden auch die Mittel für den Einzelausstieg modernisiert. Die U-Boote sind heute mit einer

Schleuse für ein oder zwei Personen (Frankreich, Groß-britannien) oder einer vom U-Boot lösbaren Rettungs-kugel für eine große Anzahl von Personen (Deutschland, Russland) ausgestattet. Für U-Boot-Fahrer gibt es schwimmfähige, wasserdichte Tauchanzüge, die sowohl den freien Aufstieg erleichtern als auch nach dem Auf-tauchen vor Unterkühlung schützen. Außerdem lässt eine neue Art von Tauchanzug mit dem Namen Newtsuit – ein atmosphärischer Anzug für Rettungspersonal – darauf hoffen, dass das Andocken des Rettungsmittels an das havarierte U-Boot in Zukunft schneller und leichter sein wird. Die Ausbildung am Gerät wird von den nationalen Marinen durchgeführt, während die Alarmverfahren und die Zeiten für den Einsatz von Rettungsmitteln im Rahmen internationaler Übungen erprobt werden. Die Zahl der unabhängig von ihrer Zugehörigkeit zu einem militärischen Bündnis teilnehmenden Nationen wächst stetig.

Die jüngsten U-Boot-Unfälle ereigneten sich in der Sowjetunion, S-178 im Jahr 1981, K-429 im Jahr 1983, K-219 im Jahr 1986, Komsomolets im Jahr 1989) und in Russland B-313 im Jahr 1997, Kursk im Jahr 2000). Zu Zeiten der Sowjetunion wurden Rettungsmittel und Gerät für Arbeiten in großer Tiefe (U-Boote INDIA, PALTUS, UNIFORM, HOV MIR, BESTER sowie zahlreiche ROV) zur Rettung von U-Booten des Warschauer Pakts und für militärische Einsätze entwickelt. Sie wurden vor allem zur Rettung des Personals der S-178 eingesetzt, doch Russland konnte dieses Gerät nicht mehr unterhalten, so dass es zur Rettung der Kursk fehlte. Ein neues bemann-tes Fahrzeug mit dem Namen Rous wird zurzeit unter-sucht.

Nach dem gemeinsamen Einsatz von russischem und ausländischem Gerät zur Rettung der Besatzung der Kursk und später zum Heben des Wracks besteht die Hoffnung, dass alle Länder künftig bei einem U-Boot-Unfall zusammenarbeiten werden. Der nächste Schritt wird die Einführung eines einheitlichen Systems und gemeinsamer Standards zur Erleichterung gemeinsamer Rettungsoperationen sein. Die Russen scheinen diese Entwicklung zu unterstützen. Sie beabsichtigen den Ein-satz schwimmfähiger Bodeneffektfahrzeuge vom Typ EKRANOPLAN, um schnell zum Unfallort zu gelangen. Diese Fahrzeuge könnten die heute verfügbaren Ret-tungsmittel ergänzen.

200 Meter unter der Oberfläche

Das neueste Einsatzmittel hat zwei Funktionen: Es kann sowohl für Unterwas-serarbeiten als auch zur Rettungsausbildung und -unterstützung verwendet werden. Es handelt sich um den Newtsuit (Wassermolch-anzug). Eine kanadische Ge-sellschaft hat diesen Namen patentieren lassen. Der atmosphärische Druck bleibt erhalten, wodurch die Nach-teile des Tauchens und ins-besondere die für die De-kompression notwendigen Auftauchzeiten vermieden werden. Dieser Aluminium-guss-Anzug mit mehreren Gelenken wiegt 300 kg an der Luft und ermöglicht Tauchgänge bis zu 300 m Tiefe; der Sauerstoff reicht für 40 Stunden.

Befestigung eines Rettungs-U-Bootes auf einem U-Boot vom Typ 877 (KILO) in Baltisk. Die Umfassung der Luken aller neueren U-Boote besteht aus einer ringförmigen Fläche, auf der das Rettungs-U-Boot befestigt wird.

Sonstige Verwendungszwecke für U-Boote

Militärische U-Boote können mit ihrer militärischen Besatzung auch rein zivile Aufträge übernehmen, z. B. kurz vor ihrer Außerdienststellung oder wenn sie ihre Verteidigungsaufgaben vorübergehend für sonstige Aktivitäten von öffentlichem Interesse oder sogar private Aufträge unterbrechen.

Der Zerfall der Sowjetunion führte zu einer grundlegenden Veränderung des Gleichgewichts der Flotten, so dass nunmehr U-Boot-Einheiten unterschiedlicher Natur zur Verfügung standen, von denen viele einen zweiten Verwendungszweck fanden: Einige dienten als Kraftwerk zur Stromversorgung von Städten, andere wurden in Museen in Großbritannien, den Niederlanden, in Belgien und in den Vereinigten Staaten ausgestellt. Eine große Anzahl von U-Booten wurde wegen ihres Schrottwerts verkauft, während andere für den Handel oder Forschungsexpeditionen eingesetzt wurden.

Für Länder, die weit vom Äquator entfernt liegen, kann eine bewegliche Plattform für den Start ziviler Satelliten in der Tat von Interesse sein, denn diese bietet in geringen geographischen Breiten die besten Abschussbedingungen. Außerdem gibt es Länder, die nicht über Raketenstartplätze verfügen oder bei deren Startplätzen keine Garantie für den Schutz der Bevölkerung im Falle eines misslungenen Starts oder bei Abtrennung der Zwischenstufen gegeben werden kann.

Mit einem BFK-U-Boot lässt sich dieses Problem sehr gut lösen. So wurde ein deutscher Satellit mit einem zivilen Modell eines U-Boot-Flugkörpers von einem russischen atomgetriebenen Flugkörper-U-Boot aus auf die Umlaufbahn gebracht.

Im Bereich der Ozeanographie ist die Unterscheidung zwischen ziviler und militärischer Forschung zuweilen recht willkürlich. Nach den spektakulären Fahrten der ersten Atom-U-Boote zum Nordpol trugen diese entscheidend zur Erforschung der Arktis bei, denn zu den zivilen Aufgaben auslaufender U-Boot-Modelle gehören bathymetrische und sonstige Messungen. Nur Atom-U-Boote sind in der Lage, die Dicke der arktischen Eiskappe genau zu ermitteln, indem sie das Eisprofil von unten

Das 1916 gebaute U-Boot *Deutschland* beförderte im Krieg Güter für Deutschland. Die Besatzung gehörte zur Handelsmarine, unter deren Flagge das unbewaffnete U-Boot fuhr. Vor dem Kriegseintritt der Vereinigten Staaten unternahm es zwei Reisen nach New York. Das Schwesterschiff *Bremen* ging mitsamt Ladung unter ungeklärten Umständen verloren. Nach dem Kriegseintritt der Vereinigten Staaten wurden diese Handels-U-Boote zu militärischen U-Booten umgebaut und mit Kanonen ausgerüstet wie die *U151* (siehe Seite 37).

messen. Der Vergleich mehrjähriger Messungen gibt wertvolle Hinweise über die Erwärmung der Atmosphäre und den voraussichtlichen Anstieg des Meeresspiegels infolge der Eisschmelze.

U-Boote können auch zum Transport von Gütern eingesetzt werden, um eine Blockade zu durchbrechen oder das Packeis zu durchqueren. Diese Möglichkeit wurde untersucht und zuweilen kritisiert.

Im Krieg wurden militärische U-Boote zur Beförderung von Personen und wertvollen Gütern eingesetzt, um unbemerkt oder trotz gegnerischen Widerstands passieren zu können. Dies geschah dann, wenn keine anderen Transportmittel zur Verfügung standen. Das deutsche Handels-U-Boot *Deutschland* mit ziviler Besatzung unternahm im 1. Weltkrieg vor dem Kriegseintritt der Vereinigten Staaten zwei Reisen nach New York. Die 1943 gebauten italienischen U-Boote der *ROMOLO* oder *R*-Klasse mit 2 200 t beförderten 600 t wertvolle Fracht. Japanische U-Boote wurden im Pazifikkrieg zur Versorgung abgelegener Standorte eingesetzt. Sowjetische U-Boote versorgten belagerte Städte wie Sebastopol im Jahr 1943 mit Lebensmitteln. In den neunziger Jahren des vorigen Jahrhunderts entwickelte das Konstruktionsbüro Malachit aus Sankt Petersburg Tankschiffe oder atomgetriebene Unterwasser-Containerschiffe *UTCC, Underwater Transport Container Carrier*) für die transarktische Route zwischen Europa und den Pazifikstaaten (Japan, amerikanische Westküste, Südostasien).

Leichter umzusetzen, da die Boote sofort verfügbar waren, schienen die Vorhaben zur Wiederverwendung von U-Booten, für die es nach den Rüstungskontrollabkommen keine Verwendung mehr gab: Die atomge-

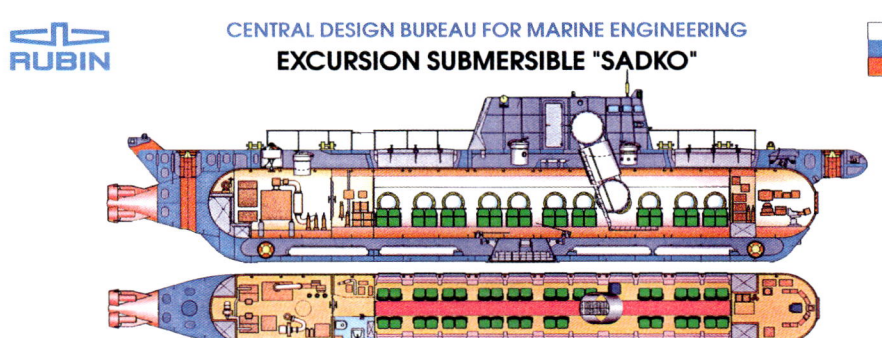

CENTRAL DESIGN BUREAU FOR MARINE ENGINEERING
EXCURSION SUBMERSIBLE "SADKO"

RUBIN

Principal Technical Parameters

Passenger capacity, persons	40
Excursion duration, hour	1
Number of excursions per day	up to 7
Diving depth, m	50
Crew, persons	3
Draught, m	3,8
Length, m	29,8
Breadth, m	4,2
Pressure hull diameter, m	2,8
Displacement, tons	170
Max. speed, knots	3

Das vom Konstruktionsbüro Rubin aus Sankt Petersburg entwickelte Touristik-U-Boot *Sadko*.

Vorschlag zum Umbau einer Projekt *941* (*TYPHOON*) zu einem Containerschiff im Rahmen des Konversia-Programms der Rüstungsindustrie. Dieses Vorhaben wurde nicht umgesetzt: Drei Einheiten wurden verschrottet und drei weitere im Rahmen ihrer strategischen Funktion modernisiert.

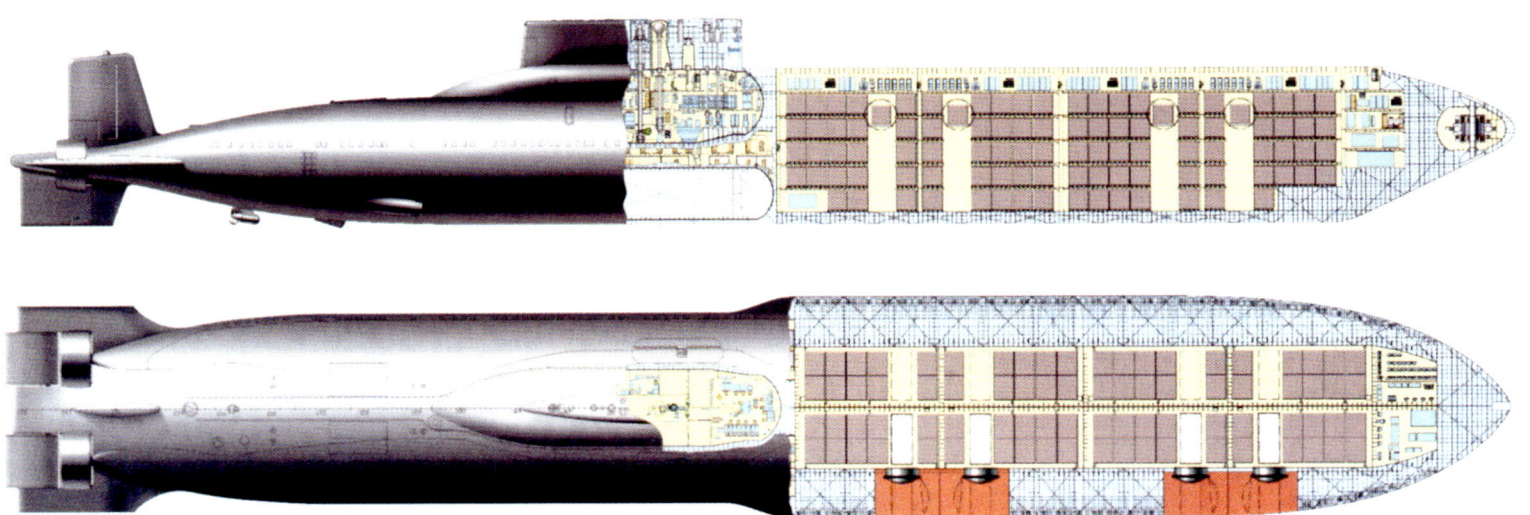

triebenen FK-U-Boote, die früher der Abschreckung dienten, boten enorme Transportkapazitäten für Forschungsexpeditionen und den Handel. Sie mussten dafür nur geringfügig umgebaut werden. So entwarf das Konstruktionsbüro Rubin Pläne für den Umbau der U-Boote *667, 941* und *949*.

Der einzige objektive Faktor, der für das U-Boot als Transportfahrzeug spricht, ist die Unabhängigkeit von den Bedingungen über Wasser wie Seegang, Nebel, der die Fahrt verlangsamt, Packeis, Wellen und Unwetter. Das U-Boot ist in der Tat magenfreundlicher und bietet die Möglichkeit, die durch die translatorischen Bewegungen verstreute Antriebsenergie einzusparen und Wirkungen von Stoßkräften auf die Schiffsstruktur zu vermeiden. Diese Vorteile haben jedoch ihren Preis: Die Kosten für den Bau von U-Booten sind wesentlich höher als die für den Bau von Überwasserschiffen, so dass diese Art von Seetransportmittel nicht mit wirtschaftlichen Argumenten zu rechtfertigen ist.

Bleiben also nur die Fälle, in denen der Einsatz solcher Transport-U-Boote aus politischen, diplomatischen, militärischen oder sonstigen Gründen zwingend erforderlich ist. Dies gilt für Spezialoperationen und Transporte von hochwertigen Waren mit geringem Volumen wie Edelmetalle, Diamanten, Drogen, Geldzeichen usw., wenn andere Transportmittel aus irgendeinem Grund nicht eingesetzt werden können, z.B. wenn man das Gesetz unterlaufen will.

Auch einige gut organisierte Gruppen haben dies erkannt, was die Entdeckung eines kleinen U-Boots lokaler Bauart vor einigen Jahren in Kolumbien erklärt, das für den Drogenhandel genutzt wurde.

Das Tauchfahrzeug der Drogenhändler ähnelte den zahllosen U-Booten, die von ihren eigenen Erfindern gebaut wurden und die in allen Ländern zu verschiedenen Zeiten wiederholte Male auftauchten. Diese Kreationen sind eine Hymne an die Freiheit, neue Formen und Systeme zu schaffen und zu erproben. Sie öffnen den Ingenieuren die Augen für die Geschicklichkeit der genialen Bastler, die heute immer noch den weiter oben beschriebenen Pionieren von gestern ähneln. Ein Beispiel aus der jüngeren Zeit für diese Leidenschaft, tauchende Maschinen zum Laufen zu bringen, sind die offenen Wettbewerbe für Studenten, bei denen diese ein ausschließlich durch die Körperkraft des Piloten angetriebenes Tauchfahrzeug bauen sollen. Die Steuer- und

Seetüchtigkeit des Fahrzeugs wird auf einer vorgeschriebenen Strecke getestet. Die bisherige Höchstgeschwindigkeit auf der ca. 1 km langen Strecke liegt bei 7,192 kn und wurde im Juni 2001 von einem Team der Universität von Québec mit dem Tauchfahrzeug *Omer 4* erreicht.

Transport-U-Boote werden auch zu touristischen Zwecken eingesetzt, doch in den meisten Fällen machen besondere Sicherheitsauflagen den Bau spezieller Fahrzeuge erforderlich, die jedoch auf bekannte Materialien und bewährte Technologien militärischer U-Boote zurückgreifen. Einer der Vorreiter von touristischen U-Booten war Jacques Piccard, der bei der schweizerischen Landesausstellung 1964 mit seiner *Mesoscaphe* im Genfer See mehrere Tauchgänge durchführte. Das U-Boot konnte mit seiner dreiköpfigen Besatzung 40 Passagiere bis zu einer Tiefe von 250 m befördern.

Weitere Touristik-U-Boote wie die vor den Kaimaninseln eingesetzte *Atlantis-I* kanadischer Bauart folgten. Andere Einheiten desselben Herstellers *Atlantis-II* bis *XIV*) fahren in der Karibik und vor Hawaii. Heute scheinen kanadische, amerikanische und russische Produkte den Markt zu beherrschen.

Die russische Schiffsbauindustrie entwickelte Modelle wie die *Neptun* oder die *Sadko*, die bis zu 40 Passagiere in einer Tauchtiefe von 40 m eine Stunde lang befördern kann. An dieser Stelle muss jedoch eingeräumt werden, dass eine Tauchfahrt mit einem U-Boot nicht so aufregend ist wie beispielsweise der *Scenic Railway*, da das U-Boot wesentlich langsamer fährt und die Sicht nach außen, sofern es Bullaugen gibt, trotz guter Beleuchtung eingeschränkt ist, sobald man die oberste Schicht verlässt. Nichtsdestoweniger ziehen eine Tauchfahrt zu römischen Schiffen und Amphoren, der Besuch der beim Vulkanausbruch untergegangenen Schiffe auf dem Meeresgrund von Saint-Pierre/Martinique, die Erforschung des Wracks der *Titanic* oder auch der Kampfstätten des Pazifikkrieges, wo Flugzeugwracks neben Wrackteilen von Flugzeugträgern zu finden sind, vor allem Neugierige an, die ein unvergessliches Spektakel erleben wollen.

Auch für Experten der Seegeschichte, die nach der Lösung bestimmter Rätsel suchen, sind die Stätten historischer Auseinandersetzungen von Interesse. So wurde nicht nur das Wrack der *Bismarck*, sondern auch das des britischen Schlachtkreuzers *Hood* entdeckt und photographiert, um herauszufinden, weshalb die *Hood* innerhalb von drei Minuten nach nur einem Treffer der *Bismarck* sank.

Die Hebung der GOLF und der Kursk

Ende Februar 1968 brach der Funkkontakt zwischen dem BFK-U-Boot *Projekt 658 (GOLF II)* mit drei Kernwaffen an Bord, das sich auf einer Patrouillenfahrt mitten im Pazifik befand, und seinem Stützpunkt ab. Das U-Boot war offenbar verloren gegangen. Was war passiert?

Die Sowjets vermuteten eine Kollision mit der amerikanischen *Swordfish*, da diese mit beschädigtem Turm nach Yokosuka zurückgekehrt war. Die Explosion einer Wasserstoffkonzentration beim Aufladen der Batterien war eine weitere Möglichkeit. Die Vereinigten Staaten wollten unter allen Umständen das Wrack finden, um an die Codebücher und Waffen zu gelangen.

Anhand der Aufzeichnungen des Hydrophonnetzes *SOSUS* konnte die *US Navy* eine geringe akustische Störung am Tag des Unglücks 1 700 sm nordwestlich von Hawaii ausmachen. Das Geräusch war offenbar sehr leise und man ging deshalb davon aus, dass das Boot beim Versinken mit Wasser voll gelaufen war und es somit nicht zu einer Implosion kam.

Im August 1968 entdeckte die Kamera des U-Boots *Halibut* das anscheinend unversehrte Wrack in 5 000 m Tiefe. Präsident Nixon genehmigte daraufhin einen Plan der CIA zum Heben des Wracks. Der Bau eines riesigen Schiffs zum Bergen des U-Boots mit dem Namen *Glomar Explorer* durch die Firma des Milliardärs Howard Hughes wurde offiziell mit einem Versuchsprogramm zum Abbau von Manganknollen gerechtfertigt.

Nach einer ersten Erkundung im März 1974 begann die Operation im Juli, nachdem das Gebiet nicht mehr von herbeigeeilten sowjetischen Schiffen überwacht wurde. Die Außenhülle der *GOLF* schien intakt zu sein, doch es bestand die Möglichkeit, dass die Schiffsstruktur durch den Aufprall am Meeresboden bei einer vermuteten Geschwindigkeit von 200 kn gebrochen war.

An Bord der *Glomar Explorer* befand sich ein riesiger Greifer mit acht Greifarmen. Diese waren an Kabeln befestigt, die bis zu einer Tiefe von 5 km herabgelassen werden konnten. Trotz eines Bedienfehlers, bei dem der Greifer beschädigt wurde, versuchte man, das U-Boot mit seinen 5 000 t Stahl zu heben. Doch angeblich gaben die Greifarme auf der Hälfte der Strecke nach, sodass zwei Drittel des U-Boots, darunter die Flugkörper und die Zentrale, in der sich die wertvollen Codebücher befanden, wieder auf dem Meeresboden versanken.

Dies war zumindest die Version der Presse im Februar 1975, die die CIA wegen der exorbitanten Kosten der Operation – eine halbe Milliarde Dollar – kritisierte.

Fast 26 Jahre später wurde eine weitere Bergungsoperation zum Heben der in der Barentsee versunkenen 25.000 t schweren *Kursk* eingeleitet. Die Bedingungen waren jedoch nicht die gleichen: Das Wrack war fünf

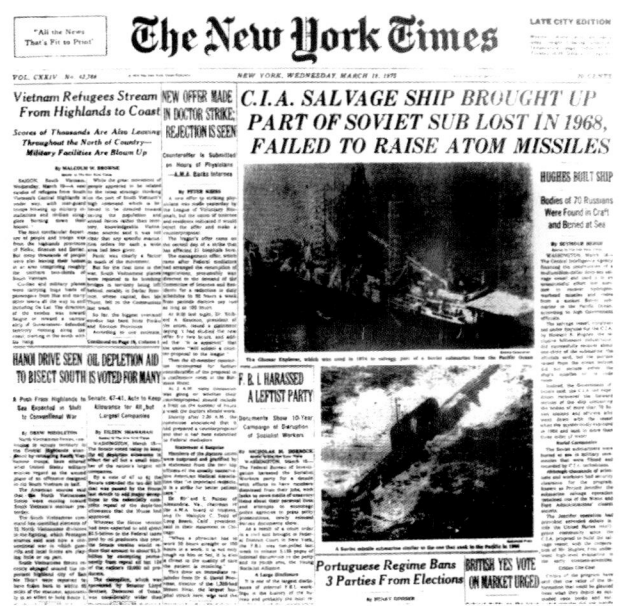

Mit diesem Presseartikel deckte die New York Times die in meerestechnischer Hinsicht außergewöhnliche Operation der CIA zum Bergen des nördlich von Hawaii verloren gegangenen sowjetischen U-Bootes *Projekt 658 (GOLF)* auf. Das Bergungsschiff *Glomar Explorer* wurde unter dem Deckmantel eines Versuchsprogramms zum Abbau von Manganknollen auf dem Meeresboden gebaut.

Mal so schwer, doch im Gegensatz zur *GOLF*, von der 1974 im Auftrag der CIA Teile geborgen worden sein sollen, lag es in nur 100 m Tiefe.

Am 18. Mai 2001 beauftragte die russische Regierung die niederländische Bergungsfirma Mammoet mit dem Bergen der *Kursk*. Diese gründete ein Joint-Venture-Unternehmen mit der niederländischen Bergungsfirma Smit und ließ in Rotterdam eine Hubbarge und eine riesige Säge sowie in Sewerodwinsk am Weißen Meer zwei halbtauchende Pontons vorbereiten. Die Bergungsoperation wurde in den Versuchsbecken des Krilov-Instituts in Sankt Petersburg mit Modellen dargestellt.

Am 27. Juli begannen Taucher der *Mayo*, Löcher in den Druckkörper der *Kursk* zu bohren, um die Klauen der Hebeseile zu befestigen.

Am 28. August verließ die für die Bergungsoperation modifizierte Hubbarge *Giant 4* Amsterdam, während die beiden in Sewerodwinsk gebauten Pontons *Mar* und *Gon* vom Stapel liefen.

Die von Mammoet & Smit verwendete Säge zum Abtrennen der Torpedosektion der *Kursk*.

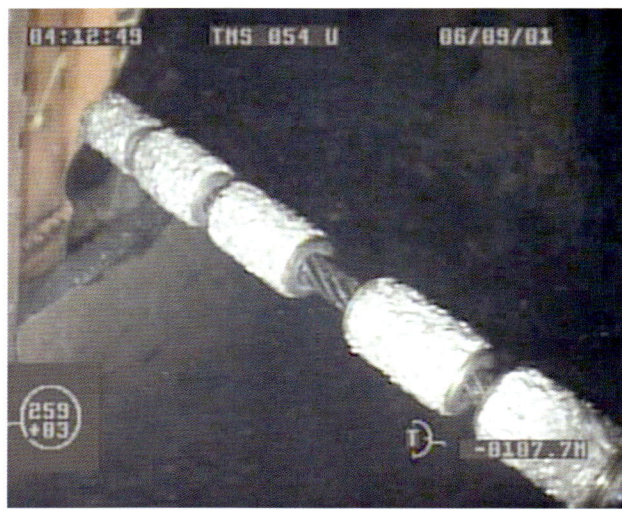

Am 3. September wurden zwei durch ein Sägeband verbundene Zylinder in einem Abstand von 20 m auf beiden Seiten der *Kursk* angeordnet. Die Torpedosektion konnte innerhalb von neun Tagen mit Hilfe des Sägebands vom restlichen U-Boot getrennt werden. Die Öffnung wurde abgedichtet, um zu verhindern, dass Teile des U-Boots beim Hebevorgang verloren gingen.

Am 27. September traf die *Giant 4* am Unglücksort ein, wo Taucher 26 Hebeseile an der *Kursk* befestigten.

Am 8. Oktober konnte die Bergungsoperation beginnen. Sie dauerte ca. zwölf Stunden und am Ende des Abends war die *Kursk*, deren Mittelstück herausgetrennt worden war, um Platz für den Turm der *Kursk* zu schaf-

Auftauchen der *Kursk* im gefluteten Schwimmdock in Roslyakovo, nachdem sie von der Hubbarge *Giant 4* abgesetzt worden war.

Die Barge *Giant 4*, unter der die *Kursk* hängt, wird von den beiden Pontons *Mar* und *Gon* gehoben, damit die Barge und das U-Boot in das geflutete Schwimmdock von Roslyakovo einfahren können.

fen, unter der Barge verzurrt. Die Fahrt des Schleppverbands *Giant 4/Kursk* zum kleinen Hafen von Roslyakovo im Murmansker Fjord dauerte zwei Tage. Nach dem Eintreffen wurden die beiden halbtauchenden Pontons *Mar* und *Gon* unter der Backbord- und Steuerbordseite der *Giant 4* positioniert und anschließend zum Heben von Barge und U-Boot mit Ballast versehen, sodass diese in das geflutete Schwimmdock einfahren konnten.

Am 22. Oktober verholte der Schleppverband *Giant 4/Kursk* in das Dock, und die Seile, mit denen das U-Boot an der Barge verzurrt war, wurden entfernt.

Am nächsten Tag hoben die *Mar* und die *Gon* die *Giant 4*, um das Dock frei zu machen. Daraufhin konnten die Ballasttanks des Docks leer gepumpt werden und der

offenbar unbeschädigte Turm der *Kursk* erschien an der Wasseroberfläche.

Nun begann die Arbeit der Ermittler. Die Reaktoren schienen abgeschaltet zu sein, sodass die 22 *P-700 GRANIT*-Flugkörper ohne die Gefahr einer versehentlichen Zündung durch einen falschen elektrischen Kontakt geborgen werden konnten.

Die Hebung des Wracks der *Kursk* war eine Meisterleistung, die dem Sachverstand zweier im Umgang mit schwierigen Bergungsoperationen erfahrenen niederländischen Firmen und der vor dem Unfall undenkbaren guten Zusammenarbeit mit dem Krilov-Institut und dem Konstruktionsbüro Rubin zu verdanken ist. Die Hebung der Torpedosektion war für das Jahr 2002 geplant.

Gebaut in	Klasse	Baujahr	An-zahl	Entwickler	Werft	Verdr. (t) ü./u. Wasser	Maße (m) L/B/H	Tiefgang (m)
Forschungs-U-Boote								
Deutschland	TOURS 66	1971	2	IKL	Maschinenbau	11,8	6,9/3,6/2	300/600
	MERMAID IV	1972	2	Bruker	Bruker	12	7,2/1,8/2,7	260
	SEA HORSE II	1983	?	Bruker	Bruker	54	15,5/2,2/4	450
Kanada	PISCES II	1969	2	HYCO	Vancouver	9,7/10,7	5,8/3/3,6	730
	TAURUS A	1977	1	HYCO	Vancouver	-/24	10,7/3,9/3,6	366
Finnland	MIR	1987	2 (Sowj.)	Rauma Repola	Rauma Repola	-/18,7	7,8/2,9/3,2	6100
Frankreich	HYDROSTAT	1846	1	Dr. Payerne	Paris		9/03/03	
	LA FRANCE	1897	1	Piatti Dal Pozzo	Vitry sur Seine		4/3,5/3,5	
	ARCHIMEDE	1961	1	DTCN	Toulon	203/208	22,1/5/9,1	11000
	CYANA	1971	1	CNEXO	Toulon	8,5	5,7/3/2,1	3000
	GRIFFON	1973	1	DTCN	Toulon	12,5	7,8/2,3/3,1	600
	NAUTILE	1984	1	Ifremer DCN		18,5		
Italien	TRIESTE	1953	1	Jacques Piccard	Naples	3	18,1/3,5/8	3150/6 000
Japan	HAKUYO	1972	1	Kawasaki	Kobe	6,6	6,4/1,6	300
	SHINKAI 2000	1981	1	Mitsubishi	Kobe	23,5	9,3/3/2,9	2000/3000
	SHINKAI 6500	1989	1					
Vereinigtes Königreich	TANGO-1	1977	1	Vickers		14	6,4/3,3/3,3	900
	LR 4	1978	1	Vickers		20	10,3/3/2,7	457
Schweiz	AUGUSTE PICCARD	1963	1	Jacques Piccard	Giovarola	168	28,5/4/3,7	650
Sowjetunion/Russland	ATLANT	1963	1		Kaliningrad	2	4,5	200
	SEVER	1969	1			40	12/2,5/4	2000
	OSA-3-600	1976	1	Gipro-rybflot		12	5/2,3	600
	BENTOS-300	1975	1	Gipro-rybflot		500	30,3/6,6/11	600
	ARGUS	1976	1	IOAN		600	6,9/2,5/4,5	600
	Projekt 1910 (UNIFORM)	1986	3	Lazourite	Leningrad	1340/1580	69/7/5,2	1000
	Projet 10831 (PALTUS)	1986	2	Lazourite	Leningrad	?/730	60/7/5,1	1000
USA	ARGONAUT-I	1897	1	Lake	Baltimore		11/2,8	
	ARGONAUT-II	1900	1	Lake	Brooklyn		20/3	
	TRIESTE-II	1964	1	USNavy	Litton	15	7/2,4/3	3 500
	ALVIN	1964	1	Reynolds Metals Cy	Electric Boat		15,3/4,8/5	4 500
	ALUMINAUT	1969	1	Westing-house	Westing-house	7,9	6,1/2,2/1,6	760
	SEA CLIFF TURTLE	1968	2	USNavy	Electric Boat	24	7,9/3,65/	1980
	DOLPHIN	1968	1	USNavy	Portsmouth	860/948	50,3/5,9/5,5	900
	NR-1	1969	1	USNavy	Electric Boat	380/700	44,8/3,8/4,5	900
	DEEP ROVER	1984	1	Deep Ocean In.	Oakland	3	2,5/1,9/2,2	1 000
Rettungs-U-Boote								
China	Typ DSRV	1986	2	CSSC			14,9/2,6/2,6	600
Italien	Typ DSRV		1			13,2	8/1,9/2,7	600
Japan	Type DSRV	1984	1		Kawasaki	40	12,4/3,2/4,3	
Vereinigtes Königreich	LR-5		1	Vickers	Vickers	20	9,4/2,9/2,7	450
Schweden	URF	1978	1	Kockums	Kockums	52	13,5/4,3/4,1	460
Sowjetunion/Russland	Projekt 940 (INDIA)	1978	2	Lazourite	Komsomolsk	3950/4800	106/10,6/7	300
	Projekt 1827 (BESTER)	1994	2	Lazourite	Nijnii Novgorod	39	12/?/?	1000
	Projekt 1681 (RUS)	2000	2				8/3,9/2,6	6000
USA	DSRV MYSTIC AVALON	1970	2	US-Navy	Lockheed	36	15/2,5/3,5	1 500

Antrieb	Leistung (kW)	Geschwindigk. ü./u. Wasser	Fahrbereich (sm/kn) ü./u. Wasser	Anzahl Schrauben	Besatzung	Anmerkungen
dieselelektrisch	11	4,5/3	21	2	2	1 U-Boot an Taiwan verkauft
elektrisch		1,5/2,5	15	5	4	
dieselelektrisch	115	6/6	450/6	5		1 U-Boot an Nordkorea verk.
elektrisch		1,2/2		2	3	an Vickers verkauft
elektrisch		3		5	2	an Vickers verkauft
elektrisch						für die Sowjetunion gebaut
manuell						
				3		Unterwasser-Fesselballon
elektrisch		0,7/2	6nq	3	3	
elektrisch		3	10 nq	2	3	
elektrisch		2/4	24/4	4		wird von der Triton aus einges.
elektrisch						
elektrisch	60			2	2	Verkauf an die US-Navy 1958
elektrisch		3,5		2	3	Ocean System ltd
elektrisch		3		3	3	
elektrisch						
elektrisch					2	
elektrisch		2			3+2	von Norwegen gekauft
elektrisch	75hp	4,5/4,5	700/39/3,2			an eine Gesellschaft verkauft
elektrisch						Fischforschung
elektrisch						wird v. d. Odissej aus einges.
elektrisch				4	3	
dieselelektrisch	50ch	12				
elektrisch		3		4	3	
nuklear	15 MW	10/28		1	36	
nuklear	10 MW	-/6		1	25	
	30ch			1	5	
Gas	60ch			1		
elektrisch		3	15/1		3	Woods Hole Inst.
elektrisch		3,5		3	7	Off-shore-Forschung
elektrisch	10ch	3		2	1+2	
elektrisch	45	3,4		2	3	
dieselelektrisch	0,6MW	7/15		1	41	im Mai 2002 abgebrannt
nuklear				2	13	
elektrisch		3,2		4	1	an Kanada verkauft
elektrisch		4	40/2	1	3	Transport auf DAJIANG
elektrisch		5			2	
elektrisch	22	4				Transport auf Chiyoda,
elektrisch		2,3		5	5	
elektrisch		2		1	5	
dieselelektrisch		15/10			94	Transport von zwei DSRV
elektrisch						
elektrisch		3			2	
elektrisch	22	4		1	3	kann bis zu 24 Mann befördern

AUSBLICK AUF DAS 21. JAHRHUNDERT

Die *Jimmy Carter*, Nachfolger der *Parch*. Sie war 30,5 Meter länger als die beiden anderen SEAWOLF, um fünfzig Spezialeinsatzkräfte und Gerät für Spezialoperationen (wie das ASDS und das DDS) an Bord nehmen zu können.

Umbau des indischen U-Boots Sinduratna der *KILO*-Klasse mit Überschallflugkörpern mit Medienwechsel vom Typ SS-N-27. Die Bewaffnung der indischen, iranischen und chinesischen *KILO*-U-Boote mit Überschallflugkörpern mit Medienwechsel verbesserte die Fähigkeiten dieser Trägerfahrzeuge.

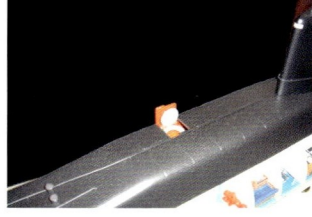

Ausschnitt eines Modells des U-Boots *AMUR 950*, das mit zwölf YAKHONT- oder BHRAMOS-Überschallflugkörpern mit Senkrechtstartsystem für den Export angeboten wurde.

188

Im 20. Jahrhundert wurden weltweit insgesamt ca. 5000 U-Boote gebaut. Deutschland lag mit mehr als 1 700 Einheiten an der Spitze, gefolgt von der Sowjetunion und Russland mit 1098 Schiffen, davon 248 mit Atomantrieb. An dritter Stelle standen die USA mit 644 U-Booten, davon 186 mit Atomantrieb.

Wie sehen die Entwicklungsperspektiven im 21. Jahrhundert aus? Die Anzahl der bisher 46 Länder, die U-Boote besitzen, wird offenkundig ebenso zunehmen wie die Zahl der Herstellerländer (19).

Mehrere technologische Entwicklungen sind denkbar.

Was die Druckkörper anbetrifft, werden die derzeitigen HY-80-Stahlplatten möglicherweise durch mit Gas oder Flüssigkeit gefüllte Rohrringe, deren Festigkeit bei gleichem Gewicht fünf mal so hoch ist, ersetzt. Außerdem wird es leistungsfähige, schallabsorbierende Verbundmaterialien geben.

Die Atomenergie wird auch in den nächsten Jahrzehnten die bestimmende Antriebsart mit unvergleichlichen Vorteilen in der Nutzung bleiben. Langfristig könnten Technologien zur Produktion außenluftunabhängiger Energie vielleicht eine Alternative zur Atomenergie bieten. In diesem Fall könnte eine solch revolutionäre Technologie nicht nur für U-Boote, sondern auch für alle anderen Transportmittel genutzt werden.

Im Bereich der Sensoren werden passive Sonare dank der Fortschritte bei der Signalverarbeitung höchstwahrscheinlich auch weiterhin eine wichtige Rolle spielen. Trotz Reduzierung der abgestrahlten Geräusche wird man die Schallabstrahlung nicht ganz beseitigen können. Die nichtakustische Ortung, die in der ehemaligen Sowjetunion wiederholt erforscht wurde, wird in Zukunft eine wesentlich größere Rolle spielen (Ortung des Kielwassers, der von einem vorbeifahrenden U-Boot verursachten Temperaturschwankungen, der marginalen Radioaktivität im Kielwasser, elektrische und elektromagnetische Erscheinungen in der Nähe eines U-Boots, blaugrüne Laser, die in das Wasser eindringen können usw.). Periskope werden wahrscheinlich durch Lichtfaserkabel

ersetzt, die an einer kleinen Boje befestigt sind. Die Boje steigt an die Oberfläche und übermittelt dem U-Boot Bilder, so dass dieses seine Tauchtiefe beibehalten kann. Der Ortungsbereich des U-Boots wird sich durch den Einsatz von Drohnen vergrößern, insbesondere über Land.

Im Bereich der Bewaffnung wird es zwei Hauptentwicklungen geben: die Zunahme von Marschflugkörpern in den Ländern, die über U-Boote verfügen, und die Entwicklung von Abwehrmitteln gegen den Luftfeind. Ein Flugkörper mit optischer Zielsuchlenkung wie der, soll angeblich ein Luftziel nach Verlassen des Wassers erfassen können. Damit werden in Zukunft auch Seeaufklärungsflugzeuge und U-Jagd-Hubschrauber verwundbar sein.

Was die Kommunikationsmittel anbetrifft, so werden auch Zweitmächte VLF-Stationen bauen. Im Übrigen könnte ein U-Boot mit Hilfe blau-grüner Laser (mit hoher Übertragungsgeschwindigkeit) an Bord von Satelliten Daten empfangen, ohne dass eine Antenne an der Wasseroberfläche sichtbar wäre.

Auch die Navigation wird von der Lasertechnologie profitieren, denn durch sie erhöht sich die Genauigkeit des Kreiselkompasses, der nun nicht mehr anfällig für Gravitationsbeschleunigungen ist.

Die Techniken der Luftaufbereitung werden ebenfalls voranschreiten.

Die Ingenieure Kuzin und Nikolski im Dienstgrad Kapitän zur See stellten 1996 folgende Entwicklungstendenzen für russische U-Boote im 21. Jahrhundert auf:
– Annäherung der Merkmale strategischer Atom-U-Boote und atomgetriebener Mehrzweck-Angriffs-U-Boote durch die Reduzierung des Umfangs von ballistischen Flugkörpern,
– unveränderte Größe der atomgetriebenen Mehrzweck-U-Boote (mit ca. 50 Waffen), da sich die Kampffähigkeit bei einer geringeren Verdrängung verschlechtern würde,
– Reduzierung der Besatzung,
– allgemeine Verwendung von 650 mm-Rohren (mit Verbindungsteilen für 533 mm-Rohre), um ein größeres Spektrum an Waffen und Flugkörpern abschießen zu können,
– Einsatztauchtiefe von über 500 m,
– analoge Geschwindigkeit, doch längere Seeausdauer für konventionelle U-Boote.

Die in amerikanischen Studien zu einem Nachfolger der nach 2020 vorgesehenen Entwicklungen gehen noch weiter:
– neue Schnittstelle zwischen Wasser, Waffen und U-Boot, die die Torpedorohre und Startrohre für Flugkörper ersetzen soll; dabei handelt es sich um eine flutbare Munitionskammer, von der aus die Waffen abgeschossen werden, so dass Torpedorohre und -sektionen künftig überflüssig sein werden,

– die Verdrängung wird mindestens gleich bleiben, um Schwergut und eine wesentlich größere Anzahl von Waffen transportieren zu können,
– Abschaffung des Turms und damit Erhöhung der Geschwindigkeit,
– Einführung mehrerer Druckkörper (Doppelrumpfform),
– Einsatz von kleinen Küsten-U-Booten und Drohnen,
– der Übergang zum vollständig elektrifizierten U-Boot (Optimierung der vom Atomreaktor je nach Bedarf produzierten Energieversorgung) wird von den erzielten Fortschritten abhängen.

Über diese Vorhaben hinaus geben Untersuchungen im Vorfeld Hinweise auf mögliche revolutionäre Entwicklungen:
– sowjetische und später russische Entwicklungen im Bereich extrem schneller Torpedoflugkörper, die sich in einer Gasblase fortbewegen, sind die Vorreiter für größere Flugkörper mit identischen Eigenschaften,
– durch die Verwendung von Beton können wesentlich größere U-Boote gebaut und Einsatztauchtiefen erreicht werden, die mit Stahl nicht möglich sind und die das U-Boot vor der Wirkung der derzeitigen Waffen schützen. Beton ist wesentlich druckfester als Stahl und verformt sich im Gegensatz zu Stahl unter Druck nicht,
– Verwendung von Verbundwerkstoffen, Kunststoffen oder Glas: Diese Materialien eignen sich im Übrigen auch für weitere Entwicklungen wie die intelligente Haut (die Formen oder Farben speichert, um mit der Umgebung zu verschmelzen) und die Entwicklung eines Druckkörpers, der genau wie ein Fisch durch Kontraktion angetrieben wird. So hat die *US Navy* mit der Universität von Texas einen Vertrag über den Entwurf eines U-Boot-Druckkörpers geschlossen, der sich im Wasser durch Kontraktion seiner Oberfläche wie ein Fisch durch seine Muskeln fortbewegt. Das MIT (*Massachussetts Institut of Technology*) untersucht die Bewegung der Schwanzflossen von Delfinen, während amerikanische, deutsche und russische Forscher herausgefunden haben, dass der Hai aufgrund der Be-

schaffenheit seiner Haut wesentlich höhere Geschwindigkeiten erreichen kann als mit normaler Kraft möglich wäre. Das Bestreben der *US Navy* ist es, dass das Kielwasser mit der Zeit vollkommen verschwindet, da es eines Tages leicht aus der Luft zu entdecken sein wird.

NACHWORT

Unsere gemeinsame Reise zum Mittelpunkt des Meeres ist eine Reise ohne Ende.

Sie haben vielleicht drei Minuten oder auch drei Stunden gebraucht, um dieses Buch durchzublättern und mit uns die Welt der U-Boote und U-Boot-Fahrer zu erkunden.

Wenn Sie dieses Buch wieder schließen, stellen Sie sich die unheimliche Stille vor, die alle schwarzen, grauen, grünen, blauen oder gelben Bootskörper der Vergangenheit und der Gegenwart, die wir beschrieben haben, umgibt. Weit entfernt von dem Lärm der Werften, in denen sie gebaut wurden, von dem Kommen und Gehen ihrer Heimathäfen, geschützt vor tobenden Unwettern, die die Schiffe über Wasser erschüttern, bewegen sich die starren U-Boote in ihrem Eisenkorsett geschmeidig wie Meerestiere oder Fische und sind dabei leise und stumm: Sie hören Ihnen zu.

Wenn Sie dieses Werk zur Seite legen, dann freuen Sie sich mit Jonas, der zur Strafe drei Tage im Bauch eines Wals verbringen musste, dass Sie im Freien und im Hellen leben; in einigen Tagen werden Sie feststellen, dass Sie jetzt nicht nur im Traum fliegen, sondern auch tauchen können.

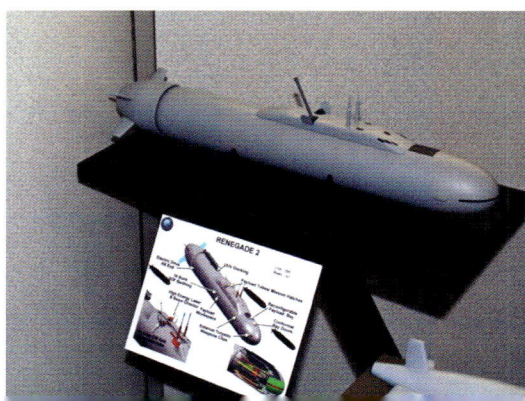

Zwei Studien zum künftigen amerikanischen Angriffs-U-Boot mit Nuklearantrieb. Die US Navy wird zukünftig die Torpedorohre durch Schleusen ersetzen, die den Einsatz verschiedener Waffentypen oder Drohnen ermöglichen.

ABKÜRZUNGEN

Abkürzung	Bedeutung
ABM	Anti Ballistic Missile
ACINT	ACoustic INTelligence
ADS	Atmospheric Diving Suit
AEC	Atomic Energy Commission
AFSR	Advanced Fleet Submarine Reactor
AIP	Air Independent Propulsion
AMETHYSTE	AMElioration Tactique HYdrodynamique, Silence, Trans, Ecoute
AS	Anti-Ship
ASDIC	Allied Submarine Detection Investigation Committee
ASDS	Advanced Seal Delivery System
ASDV	Autonomous Swimmer Delivery Vehicle
ASI	Atlantis Submarine International
ASV	Advanced Surveillance Vehicle
ATS	Advanced Tethered Vehicle, Advanced Technology Vessel
AUB	Anti-U-Boot
AUV	Autonomous Underwater Vehicle
BG	Badré-Guillerme
BIBS	Built-In Breathing System
BFK	Ballistischer Flugkörper
BFKAE	Ballistische Flugkörper-Abschusseinrichtung
BFKSR	Startrohr für ballistische Flugkörper
BSBBF	Ballistischer Strategischer Boden-Boden-Flugkörper
CCD(E)	Closed Cycle Diesel (Engine)
CG	Cousteau-Gagnan
COSMOS	Costruzione Motoscafi Sottomarine
CSSC	Chinese Shipbuilding & Shiprepair Corporation
DC	Dufau-Cazanave
DOT	Distance Off Track
DSEA	Davis Submerged Escape Apparatus
DSRV	Deep Submergence Recovery Vessel
DSV	Deep Submersible Vehicle
ECM	Electronic Counter Measures
EHF	Extremely High Frequency
ELF	Extremely Low Frequency
ELINT	Electronic Intelligence
EOD	Explosive Ordnance Disposal
EORSAT	Electronic Orbiting Satellite
ESFC	Enhanced Special Forces Capability (GEC Marine)
ESM	Electronic Support Measures
EW	Electronic Warfare
FAMOUS	French-American Mid-Ocean Study
FAT	Fläche absuchender Torpedo
FK	Flugkörper
FLTSATCOM	Fleet Satellite Communication
GIUK	Greenland Iceland United Kingdom
GPS	Global Positioning System
GRP	Glass reinforced plastic
GSC	German Submarine Consortium
GUPPY	Greater Underwater Propulsion Power
HDW	Howaldtswerke Deutsche Werft
HF	High Frequency
HOV	Human Occupied Vehicle
HYCO	International Hydrodynamics Company Limited
IBS	Inflatable Boat Small
IKL	Ingenieurkontor Lübeck
IPOD	International Program for Ocean Drilling
KSK	Kommando Spezialkräfte
KT	Kilotonne
KW	Kilowatt
LAMPS	Light Airborne Multipurpose System
LARU	Lamberten Amphibious Respiratory Unit
LF	Low Frequency
LMRS	Long-term Mine Reconnaissance System
LOFAR	Low Frequency Analysis and Ranging
LRSC	Long-range Submersible Carrier
LSV	Large Scale Vehicle
LUT	Lageunabhängiger Torpedo
LRMP	Long Range Maritime Patrol
MAD	Magnetic Anomaly Detection
MAS	Motoscafi Antisommergibili
MBT	Main Ballast Tank
MCM	Mine Counter Measures
MEK	Marineeinsatzkommando
MEZ	Missile Engagement Zone
MF/DF	Medium Frequency Direction Finding
MFK	Marschflugkörper
MFKAE	Marschflugkörper-Abschusseinrichtung
MFKSR	Startrohr für Marschflugkörper
MIRV	Multiple Independantly targetable Re-entry Vehicule
MMS	Marine Mammal System
MPA	Marine Patrol Aircraft
MR	Mini-ROV
MSC	Motor Submersible Canoe
MTV	Manta Test Vehicle
MUV	Manned Underwater Vehicle
MW	Megawatt
NCB	Naval Construction Battalion
NCDU/NDCU	Navy Combat Demolition Unit
NSWC/G	Naval Special Warfare Group/Command
NUWC	Naval Underwater Warfare Center (USA)
ODP	Ocean Drilling Program
PWR	Pressurised Water Reactor
RAM	Radar Absorbant Material
RDM	Rotterdamse Droogdok Maatschappij
RGF	Royal Gun Factory (Torpedos)
RL	Royal Laboratories (Torpedos)
RNTF	Royal Naval Torpedo Factory
ROE	Rules Of Engagement
ROV	Remotely Operated Vehicle
SAR	Search and rescue, Submarine Advanced Reactor
SAS	Special Air Service
SATCOM	SATellite COMmunication
SATNAV	SATellite NAVigation
SBS	Special Boat Service/Squadron/Section (GB)
SCICEX	Science Ice Expedition
SCUBA	Self-contained Underwater breathing apparatus
SDL	Submarine Diver Lock
SDV	Swimmer Delivery Vehicle
SDI	Strategic Defense Initiative
SEAL	Sea-Air-Land-Team
SEIS	Submarine Escape Immersion Suit
Abkürzung	**Bedeutung**
SFR	Submarine Fleet Reactor
SHF	Super High Frequency
SIR	Submarine Intermediate Reactor
SLC	Siluro a Lenta Corsa
SLCM	Submarine Launched Cruise Missile
SLBM	Submarine Launched Ballistic Missile
SEMM	Submarine Launched Mobile Mine
SOF	Special Operations Forces
SOFAR	Sound Fixing and Ranging (Piloten)
SOSUS	Sound Surveillance System
SPR	Small Power Reactor
SRB	Submersible Recovery Bag (UK)
SRC	Submersible Recovery Craft (UK)
SS	Submarine
SSB	Submarine Ballistic
SSBN	Submarine Ballistic Nuclear
SSG	Submarine Guided (missile)
SSGN	Submarine Guided (missile) Nuclear
SSK	Submarine Killer
SSN	Submarine Nuclear
SSR	Small Submarine Reactor
STR	Submarine Thermal Reactor
SUBROC	SUBmarine launched anti submarine ROCket
SWATS	Shallow water attack submarine
SWCC	Special Warfare Combat Crewmember
SWISS	Shallow Waters Intermediate Search System
TAE	Torpedo-Abschusseinrichtung
TERCOM	Terrain Contour Matching
TR	Torpedorohr
T-Sub	Tourist Submarine
TUP	Transfer Under Pressure
UAPE	Underwater Auxiliary Propulsion Engine
UBA	Underwater Breathing Apparatus
UDT	Underwater Demolition Team
UHF	Ultra High Frequency
UROV	Untethered ROV
USW	Undersea Warfare
UUV	Unmanned Underwater Vehicle
VDS	Variable Depth Sonar
VLF	Very Low Frequency
VSW	Very shallow waters
WHOI	Woods Hole Oceanographic Institution

LITERATURVERZEICHNIS

Anonymus: *The NOAA diving manual*. US D. of Commerce, USA 1975.

APAL'KOV, Ïou.V.: *Boievyie Korabli iaponskogo Flota (PL) 10/1918 - 8/1945*. Galëia Print, »BKM«, SPb 1999.

BAGNASCO, Erminio: *Sommergibili della seconda guerra mondiale*. Albertelli, Parma 1973.

BAGNASCO, Erminio: *Le motosiluranti della WWII*. Albertelli, Parma 1977.

BAKER, Arthur D.: *Combat Fleets of the World 2000-2001*. Naval Institute Press, Annapolis 2000.

BALLARD, R D, McConnell M.: *La grande aventure de l'exploration des oceans*. National Geographie Soc., France, Paris 2001.

BARTON, O.: *The world beneath the sea*. NY 1953.

BEEBE, William: *Half Mile Down, Duell*. Sloane & Pierce, NY 1934.

BEKKER, Cajus D Cdr: *Achtung! K-Männer/Einzelkämpfer auf See*. Koehlers, 1955.

BERTINO, Serge: *Les fonds sous-marins*. Ed. Planète, Paris 1968.

BOL'NYKH, Alexandre G.: *Spetsial'noï'ë oroujïïe flota (Nr 14)*. Zerkalo, Jekaterinburg 1998.

BOL'NYKH, Alexandre G.: *Sverkhmalyie PL vo 2. mirovoï voïne (Nr. 13)*. Zerkalo, Jekaterinburg 1998.

BORGHESE, J. Valerio: *Decima Flottiglia MAS*. Garzanti, Milano 1952.

BOSILJEVAC T.L.: *Seals (UDT/Seals ops in Viet-Nam)*. Paladin Press, USA 1990.

BREYER, Siegfried & KOOP, Gerhard: *Die Deutsche Kriegsmarine 1935-1945, Band 3 : U-Boote...* Podzun-Pallas, Friedberg 1987.

CARPENTER, D.B. & POLMAR, N.: *Submarines of the Imperial Japanese Navy*. Conway Mar. Press, 1986.

CHAPIRO, Lev Semionovitch: *Samyie nelegkïïe poutik Neptounou*. Soudostrïenïïe, Leningrad 1987.

COCKER, M.P.: *Royal Navy Submarines 1901-1982*. Frederick Warne, 1982.

Autorenkollektiv: *Jane's Ocean Technology*. Jane's, verschiedene Ausgaben. London.

Autorenkollektiv: *Conway's history of the ships: The eclipse of the big gun*. Brassey's, London 1992.

Autorenkollektiv: *Conway's history of the ships: Navies in the nuclear age*. Brassey's, London 1993.

Autorenkollektiv: *Conway's all the World's fighting ships 1860-1905*. Brassey's, London 1979.

Autorenkollektiv: *Conway's all the World's fighting ships 1906-1921*. Brassey's, London 1985.

Autorenkollektiv: *Conway's all the World's fighting ships 1922-1946*. Brassey's, London 1980.

Autorenkollektiv: *Conway's all the World's fighting ships 1947-1995*. Brassey's, London 1995.

COMPTON-HALL, Cdr P.Richard, MBE RN (rtd): *Submarine Boats*. Conway, USA 1983.

COMPTON-HALL, Cdr P.Richard, MBE RN (rtd): *The Submarine Pioneers*. Sutton Pub. Ld, Gloucester, UK 99/2000.

COTE, Owen: *The Third Battle: Innovation in the U.S. Navy's Silent Cold, War Struggle with Soviet Submarines*, http://www.chinfo.navy.mil/navpalib/ships/submarines/centennial/cold-war-asw.html.

COUSTEAU, J-Y & DUMAS, F.: *Le monde du silence*. Hachette/Ed., Paris 1953/1956.

CROSS, W.: *Challengers of the Deep*. William Sloane Associates, 1959.

DELPEUCH, LV Maurice: *Les sous-marins à travers les siecles*. Société d'edition et de pub., Paris 1907-1905.

FOCK, Harald: *Marinekleinkampfmittel*. JF Lehman/Nikolverlag, München/HH 1968-1996.

KORGANOFF, Alexandre: *Le dossier des sous-marins de poche et torpilles humaines 1914-1978*. Nr. 1, Dez. 1977, Forces sous-marines.

FRANCIS, T.-L.: *Submarines, Leviathans of the Deep*. Metrobooks, New York 1997.

FRIEDMAN, Norman: *Submarine, Design & Development of US Submarines through 1945*. Naval Institute Press, Annapolis 1984.

FRIEDMAN, Norman: *US Submarines since 1945*. Naval Institute Press, Annapolis 1994-1995.

FRIEDMAN, Norman: *The fifty-year War*. Naval Institute Press, Annapolis 1999.

FRIEDMAN, Norman: *World Naval Weapons Systems*. Naval Institute Press, Annapolis 2000.

GABLER, Ulrich: *Submarine Design/Unterseebootbau*. Bernard & Graefe Verlag, 1986/Koblenz 1964-1978.

GAGNEUX, J.L.G., C.V.: *Dossier descriptif du sous-marin Nautilus* (Auszug). Bulletin d'information armement Nr. 66, Paris 1981.

GARIER, Gerard: *L'odyssee technique et humaine du sous-marin en France, Bd. 1: du Plongeur (1863) aux Guepe (1904), Bd. 2 : des Emeraude (1905-1906) au Ch. Brun (1908-1911), Bd. 3 : Des Clorinde (1912-1916) aux Diane (1912-1917)*. Marines Editions, Bourg-en-Bresse 1996, 1997, 2000.

GENAT, Robert und GENAT, Robin: *Modern USNavy Submarines*. Motorbooks International, Osceola, WI, USA 1997.

GILSTOV, L., Mormoul, N., OSSIPENKO, L.: *La dramatique histoire des sous-marins nucléaires sovietiques*. Robert Laffont, Paris 1992.

GRÖNER, Erich, UD 1(UK 50): *Ein Turbinen-U-Kreuzer*. Mar. Rundschau, 1956.

GRÖNER, Erich, UD 1(UK 50): *Die Schiffe der deutschen Kriegsmarine und Luftwaffe 1939-1945 und ihr Verbleib*. J.F.Lehmanns, München 1976.

GRÖNER, Erich, UD 1(UK 50): *Die deutschen Kriegsschiffe 1815-1945 (2 Bd.)*. J.F.Lehmanns, München 1966.

GROVE, Eric: *Vanguard to Trident*. Naval Institute Press, Annapolis 1987.

HACKMANN, Willem: *Seek & Strike*. HMSO, London 1984.

HERVEY, JB Rear-Adm. CB OBE: *Submarines*. Brassey's, London 1997.

HEZLET, Sir A.Vice-Adm. RN.: *The Submarine and Sea Power*. Peter Davies, 1967.

HIRANANDANI, GM: *Transition to triumph, History of the Indian Navy 1965-1975*. Lancer, New Delhi 1999.

HOUOT, Georges CV: *Vingt ans de bathyscaphe*. Arthaud, 1971 -1972.

HOUOT & WILLM, Pierre: *Le bathyscaphe à 4050 m au fond de l'ocean, La découverte sous-marine, Plongée sans câble*. Ed. de Paris, 1954.

HUAN, Claude: *Les S/M français 1918-45 Le croiseur sous-marin Surcouf*. Marine Editions, Paris 1995.

HUCHTAUSEN, Peter (Capt. USN, Retd), KURDIN, Igor (Capt. VMF, Retd), WHITE, Alan: *Hostile Waters*. St Martin's Press, New York 1997.

HUTCHEON, Wallace S. Jr.: *Robert Fulton*. Naval Institute Press, Annapolis 1981-1988.

ÏOURNEV, A.P., SAKHAROV, B.D. & SYTINE, A.V.: *Avarii pod vodoï*. Soudostrïenïïe, Leningrad 1986.

KAHN, David: *Seizing the Enigma*. Houghton Mifflin, USA 1991.

KAHN, David: *The Code Breakers*. Scribner's, USA 1996.

KAUFMAN, Yogi (Vice-Adm. USN, Retd.), KAUFMAN, Steve: *Silent Chase, submarines of the US Navy*. Naval Institute Press, USA 1989.

KEMP, Paul. J.: *Midget submarines of WWII, Midget submarines*. NIP/ChA&AP, 1999.

KOUTCHER, V.A., MANOUÏLOV, Ïou.V, SEMENOV, V.P.: *Rousskïïe podvodnyie lodki (1834-1923)T. 1 Tchast' 1 i 2*. Roubine, St. Petersburg 1994.

KOUZINE, Nikolskiï: *VMF SSSR, 1945-1991*. IMO, St. Petersburg 1996.

LAISNE, André: *Le Redoutable et l'histoire des techniques des sous-marins*. Marines Editions, Nantes 2001.

LEARY, William Matthew: *Under Ice, Waldo Lyon and the Development of the Arctic Sub*. A & M Uni. Press, Hist Nr, 62, College Station Texas 1999.

LE MASSON, Henry: *Du Nautilus (1800) au Redoutable*. Presses de la Cité, Paris 1969.

LEWIS, John Wilson und LITAI, Xue: *China's Strategie Seapower*. Stanford University Press, Stanford 1994.

MASSON, Philippe: *Histoire de la marine (2 Bd.)*. Lavauzelle 1983.

MATTES, Klaus: *Die Seehunde – Klein-U-Boote*. Köhler/Mittler, Hamburg 1995.

MICHELETTI, Eric: *COS. Le commandement des operations speciales*. Histoires et Collections, Paris 1999.

MITCHELL, Pamela: *The tip of the spear (Midget subs)*. R. Netherwood Ltd, Huddersfield 1995.

MITCHELL, Pamela: *Chariots of the sea (WWII)*. R. Netherwood Ltd, Huddersfield, 2. Ausgabe 1995.

NGUYEN, Hung P.: *Submarine Detection from Space*. Naval Institute Press 1993.

PAVLOV, Alexandre: *Warships of the USSR and Russia 1945-1995*. Naval Institute Press, Annapolis 1997.

PERRY. Milton F.: *Infernal Machines: The Story of Confederate Submarine & Mine Warfare*. Louisiana State Uni. Press, Baton Rouge, La. 1965-1985-1995.

PICCARD, Jacques: *The Sun Beneath the Sea/ Le soleil sous la mer*. Ch. Scribner's Sons/Eiselé, NY 1971 / Lausanne 1974.

PICCARD, Jacques: *Profondeur 11 000 m*. Arthaud, Paris 1961.

PICCARD, Prof. Auguste: *In Balloon & Bathyscaphe*. Cassell 1956.

POLMAR, Norman & NOOT, Jurrien: *Submarines of the Russian & Soviet navies 1718-1990*. Naval Institute Press, USA 1990.

POLMAR, N. & ALLEN, Thomas: *Rickover, controversy andgenius: a biography*. Naval Institute Press, New York 1982.

POLMAR, N. & ALLEN, Thomas: *The American Submarine*. Simon & Schuster, USA 1982-1983.

PRESTON, Anthony: *Submarines: The History and evolution of Underwater*. Octopus Books/Phoebus 1979.

PRESTON, Anthony: *Submarines, Fighting Vessels*. Bison Books/Gallery 1975.

PRESTON, Anthony: *The Submarine since 1919*. Thunderbay Press/BEC Publishing 1999.

PREZELIN, Bernard: *Flottes de Combat 2002*. Ouest-France, Rennes 2001.

PREZELIN, Bernard: *Historique et perspectives d'avenir des sous-marins nucléaires lanceurs d'engins, S. 47-56*. Revue Historique des Armées, Nr 3/90, Paris 1990.

RODENGEN, Jeffrey L.: *The legend of electric boat*. Write Stuff Syndicate, Fort Lauderdale 1994.

ROESSLER, Eberhard: *The U-Boat. Evolution & technical history of German Submarines*. A & AP, London 1981.

ROHWER, Jürgen: *Die U-Boot-Erfolge der Achsenmächte 1939-1945*. Lehmanns Verlag, München 1968-1969.

ROLAND, Alex: *Underwater warfare in the age of sail*. Indiana U.P., USA 1978.

SAUNDERS, Stephen: *Jane's Fighting Ships 2001-2002*. Jane's, Couldson 2001.

SCHEINA, Robert: *Latin America: a naval history, 1810-1987*. Naval Institute Press, USA 1987.

SONTAG, Sherry und DREW, Christopher: *Blind man's bluff, the untold history of submarine espionage*. Perseus Bks, Public affairs, USA 1998.

TARAS, A. Ïe. & BECHANOV, V.V.: *Lïoudi-Lïagouchki*. Harvest/AST, Minsk/Moskva 2000.

TERZIBASCHITSCH, Stepan: *Submarines of the US Navy*. A&AP/Koehlers/Sterling 1991.

TURRINI, Alessandro: *Sommergibili italiani tra le due guerre mondiali*. St. Maggiore della Marina, Roma 1990.

VERNE, Jules: *20.000 lieues sous les mers*. Hetzel/Bellerive fac-simile, Paris 1967/Genève 1995.

VAISSE, Maurice: *Le Q-244, le premier sous-marin atomique français, S.35-46*. Revue Historique des Armées, Nr. 3/90, Paris 1990.

VEZ, Serge: *Des oeufs*. S. Vez, Le Beausset 1999.

DANKSAGUNGEN

Die Autoren danken all jenen, die sie bei diesem Buch unterstützt haben.

Dazu gehören insbesondere die Mitglieder des Verbandes Französischer U-Boot-Fahrer (AGAASM) D. Chaplain, P. Deloye, J. Esmein, C. Huan, A. Lambert, A. Leuntench, P. Magot-Cuvrû, J. Marion, J. Perrot und S. Vez.

Unser Dank gilt auch Flottillenadmiral Beauvois, der uns die Nutzung der Bildarchive des »Service Historique de la Marine« (französisches Marinearchiv) ermöglicht hat sowie Flottillenadmiral Bellot und den Mitarbeitern des »Service Historique de la Marine«.

Weiterhin möchten wir folgenden Personen und Institutionen danken:

– L. Fournier, D. Girard und A. Lathière vom Französischen Forschungsinstitut für die Nutzung der Meere,
– M.B. Prézelin, Herausgeber von *Flottes de Combat*, der uns Zugang zu seiner Bildersammlung gewährt hat,
– den Kapitänen zur See Nguyen Tan (französische Marine) von der Zeitschrift *Marines*, Peter Huchthausen (US Navy), Igor Bozyr und Igor Kurdin (beide von der russischen Marine),
– dem Verein der U-Boot-Fahrer in St. Petersburg,
– der *US Navy* und dem *Navy Historical Center* in Washington,
– dem Regisseur D. Camus

sowie vielen Freunden und Bekannten, die hier nicht alle erwähnt werden können.

BILDNACHWEIS